化学工业出版社"十四五"普通高等教育规划教材

C语言程序设计
（慕课版）

C Programming Language
（MOOC Edition）

王富强　王景景　梁宏涛　主 编

陈双敏　王莉莉　宫 道　副主编

化学工业出版社

·北 京·

内容简介

本书以强化理论、精选案例、增强实践创新能力、注重理论联系实际，并与人工智能部分知识点和应用相结合为原则，以社会和企业需求为导向，以 C 语言的发展为切入点，以基本语法、语句为基础，以结构为主线，以程序案例驱动的编写方式，深入浅出地阐述了 C 语言的程序设计思想和流程。本书注重对读者设计开发能力的培养，锻炼读者自我思考和解决问题的能力，培养读者的计算思维、编程能力和创新意识，最终结合数据科学计算和人工智能实现读者对常规问题进行自动化和专业化的数据信息处理的目标。

本书共 13 章，可分为 4 个部分。第 1 部分为基础知识，包括第 1 章 C 语言简介，第 2 章程序设计算法与人工智能，第 3 章数据类型与运算符；第 2 部分为程序设计基本结构，包括第 4 章顺序结构程序设计，第 5 章选择结构程序设计，第 6 章循环结构程序设计；第 3 部分为程序高级设计与应用，包括第 7 章数组，第 8 章函数，第 9 章预处理命令，第 10 章指针，第 11 章构造数据类型与应用，第 12 章文件；第 4 部分为项目综合应用，包括第 13 章项目综合实训。

书中设置了人工智能和课程思政案例，并通过二维码提供新形态教学资源共享，提升教材的严谨性、代表性和数字化水平。本书内容细致，实例丰富、通俗易懂，适合作为普通高等院校理工类本/专科专业的程序设计语言类教材，也可作为计算机应用工作者的参考书。

图书在版编目（CIP）数据

C 语言程序设计：慕课版 / 王富强，王景景，梁宏涛主编；陈双敏，王莉莉，宫道副主编. -- 北京：化学工业出版社，2025. 8. --（化学工业出版社"十四五"普通高等教育规划教材）. -- ISBN 978-7-122-48682-0

Ⅰ. TP312.8

中国国家版本馆 CIP 数据核字第 2025ZOW377 号

责任编辑：陶艳玲　　　　　　　文字编辑：徐　秀　师明远
责任校对：李露洁　　　　　　　装帧设计：史利平

出版发行：化学工业出版社
　　　　　（北京市东城区青年湖南街 13 号　邮政编码 100011）
印　　装：北京云浩印刷有限责任公司
787mm×1092mm　1/16　印张 17½　字数 429 千字
2025 年 10 月北京第 1 版第 1 次印刷

购书咨询：010-64518888　　　　售后服务：010-64518899
网　　址：http://www.cip.com.cn

前言

党的二十大报告中提出：教育、科技、人才是全面建设社会主义现代化国家的基础性、战略性支撑……深入实施科教兴国战略、人才强国战略、创新驱动发展战略，开辟发展新领域新赛道……。教育部等九部门印发《关于加快推进教育数字化的意见》提出：深化教育大模型应用……，将人工智能技术融入教育教学全要素全过程……，建设"通用+特色"高校人工智能通识课程。在信息时代快速发展和电子信息、人工智能成为国家战略性新兴产业的背景下，在人工智能快速发展的基础下，高等院校的程序设计教学面临新的发展机遇和挑战。基于此，编写了本新形态教材《C 语言程序设计（慕课版）》。

"C 语言程序设计"是高等院校程序设计语言类的通识核心课程，通过该课程的学习，学生可全面了解程序设计语言的基本结构、解题算法，从而提高信息素养和计算思维能力，培养编程能力和创新意识，能够熟练应用 C 语言程序设计和成熟算法，结合人工智能进行大型应用程序开发，进而为实现数据处理自动化和专业化打下良好的基础。

本书在结构设计、算法优化、案例选择以及编写过程中充分考虑了读者需求，并结合全国计算机等级考试——C 语言考试大纲（2025 年）和人工智能发展，设计了本书的相关章节内容，力求内容新颖化、案例实用化、课程思政化。本书知识体系贯穿了校内教育和校外需求，也适合不同专业、不同地区院校的教学与社会各层次人士的自学。

本书内容翔实、图文并茂，各章节安排各有特色，以浅显易懂、明确实用的形式详细讲解知识要点，并将理论与实际相结合，指导读者如何强化基础知识，应用程序设计基本思想开发设计程序，使读者能够举一反三。

本书是在人民邮电出版社《C 语言程序设计》第 2 版（2016）的基础上修订和更新的新形态教材（慕课版），本书具有以下特色。

1. 紧密结合程序设计大赛和人工智能发展，全面培养程序设计思维和编程能力。本书所有编者都具有丰富的一线教学经验，多数编者参加过企业的社会实践和 C 语言实训，指导的学生在全国计算机程序设计大赛、蓝桥杯以及 RAICOM 等比赛中多次获国家级、省部级奖励。本书的编撰思路以企业、社会需求为导向，紧密结合程序设计大赛和人工智能发展，紧跟当前 C 语言程序设计的发展和应用水平，注重实际开发设计能力，全面培养学生的程序设计思维和编程应用能力。

2. 本书实例丰富、特色突出。编者对实例的选取以解决实际问题为导向，同时兼顾中国优秀传统文化和课程思政以及人工智能实例，如迭代法求解、"百钱买百鸡"、矩阵运算、学生成绩的数据处理、数据科学计算与分析、嵌入式单片机开发以及文件的存储操作等，特色突出。

3. 分析透彻，可移植性高。编者将程序设计思想贯穿全书。每一个知识点几乎都有或简或难的实例讲解，每一个实例几乎都有解题思路的分析和延伸指导，无论对初学者还是自学者的思维开拓都具有很好的启发和带动作用。本书所有案例主要以 Dev C++为主要编译环境，在大部分 Turbo C 3.0 之前的版本和 Microsoft Visual Studio 2020 中均可执行。

4. 共享二维码扫码资源。本书作为慕课版，配备了重难点教学视频，可扫描书中二维码观看。同时，为了更好地调动初学者和自学者的学习积极性，巩固所学，本书在每一章的后面都附有典型习题，部分习题的分析解答过程可扫描章节最后的"习题解析二维码"，所有习题参考答案可扫描"资源下载二维码"，从而更好地服务广大读者，便于理解与掌握。

本书适合普通高等院校理工类本/专科专业的学习和教学，也可作为程序设计工作者的参考书。

本书集合了教学和科研一线十多位教师共同编写。由王富强、王景景、梁宏涛担任主编，负责书稿的设计、修改和统稿，陈双敏、王莉莉、宫道任副主编。第 1 章由胡强编写；第 2 章和第 11 章由李朝玲和宫道编写；第 3 章、第 5 章和第 7 章由王富强、王景景编写；第 4 章和第 12 章由刘明华和卢中彬编写；第 6 章由刘秀青和王莉莉编写；第 8 章和第 9 章由孙劲飞和陈双敏编写；第 10 章由张春玲和张元刚编写；第 13 章由张春玲、陈双敏和王富强编写；附录等由梁宏涛编写。

在本书编写过程中，得到了青岛科技大学相关职能部门、信息科学技术学院、中德双元工程学院、中德科技学院和高密校区等多位教师的支持与帮助，在此表示感谢。由于时间仓促，编者水平有限，书中难免存在疏漏和不妥之处，恳请各位读者指正，以便再版时及时修正。

编　者
2025 年 4 月

目录

001 | **第1章**
C语言简介

1.1 计算机语言的发展 /001
    1.1.1 机器语言 /001
    1.1.2 汇编语言 /001
    1.1.3 高级语言 /002
    1.1.4 指令与程序 /002
1.2 C语言的发展及其特点 /002
    1.2.1 C语言的发展 /002
    1.2.2 C语言的特点 /003
1.3 C语言的程序格式和结构 /004
    1.3.1 C语言程序举例 /004
    1.3.2 C语言程序结构 /006
1.4 C语言程序的运行与调试 /007
    1.4.1 C语言程序的运行环境 /007
    1.4.2 C语言的程序概念 /008
    1.4.3 C语言程序的调试运行 /008
1.5 C语言程序设计开发流程 /011
小结 /011
习题 /011

013 | **第2章**
程序设计算法与人工智能

2.1 程序设计 /013
2.2 算法 /013
    2.2.1 简单算法举例 /014
    2.2.2 算法的性质 /014

  2.2.3 结构化算法的三种结构 /014

  2.2.4 算法的表示方法 /015

2.3 结构化程序设计方法 /019

2.4 程序设计、算法与人工智能的融合 /020

小结 /020

习题 /021

022 | 第 3 章
数据类型与运算符

3.1 计算机数据的存储与表示 /022

  3.1.1 整数的二进制表示 /022

  3.1.2 浮点型数据的二进制表示 /022

3.2 数据类型与取值范围 /023

  3.2.1 数据类型 /023

  3.2.2 不同数据类型的取值范围 /024

3.3 常量与变量 /025

  3.3.1 标识符 /025

  3.3.2 常量与符号常量 /026

  3.3.3 变量 /030

  3.3.4 变量类型的确定 /031

3.4 C 语言运算符 /031

  3.4.1 算术运算符 /032

  3.4.2 赋值运算符和复合赋值运算符 /033

  3.4.3 关系运算符 /034

  3.4.4 逻辑运算符 /035

  3.4.5 逗号运算符 /037

  3.4.6 条件运算符 /037

  3.4.7 位运算符 /038

  3.4.8 运算符顺序 /040

  3.4.9 数据混合运算和类型转换 /041

小结 /041

习题 /042

047 | **第 4 章**
顺序结构程序设计

- 4.1 顺序结构程序概述 /047
- 4.2 C 语句 /047
  - 4.2.1 C 语句的分类 /047
  - 4.2.2 赋值语句 /048
- 4.3 数据的格式输入/输出 /049
  - 4.3.1 printf 格式输出函数 /049
  - 4.3.2 scanf 格式输入函数 /052
  - 4.3.3 字符数据的输入/输出 /055
- 4.4 综合实例 /056
- 小结 /057
- 习题 /057

061 | **第 5 章**
选择结构程序设计

- 5.1 if 语句 /061
  - 5.1.1 单分支 if 语句 /061
  - 5.1.2 双分支 if-else 语句 /062
  - 5.1.3 多分支 /063
- 5.2 选择语句嵌套 /064
- 5.3 switch 语句 /067
  - 5.3.1 switch 语句 /067
  - 5.3.2 break 语句的作用 /069
- 5.4 综合实例 /070
- 小结 /073
- 习题 /073

079 | **第 6 章**
循环结构程序设计

- 6.1 for 语句 /079
- 6.2 while 语句 /083
- 6.3 do-while 语句 /085

6.4　循环嵌套与几何图案　/088
6.4.1　循环嵌套　/088
6.4.2　几何图案　/088
6.5　转移语句　/091
6.5.1　goto 语句　/092
6.5.2　break 语句　/092
6.5.3　continue 语句　/093
6.6　综合实例　/094
小结　/099
习题　/099

106 | 第 7 章
数组

7.1　一维数组　/106
7.1.1　一维数组的定义　/106
7.1.2　一维数组的赋值　/107
7.1.3　数组元素引用　/108
7.1.4　一维数组应用　/109
7.2　二维数组及多维数组　/115
7.2.1　二维数组的定义　/115
7.2.2　二维数组的存储与表示　/116
7.2.3　二维数组的初始化　/117
7.2.4　二维数组的引用与实例　/117
7.3　字符数组和字符串　/120
7.3.1　字符数组　/120
7.3.2　字符数组初始化　/120
7.3.3　字符数组的引用　/121
7.3.4　字符串的存储　/121
7.3.5　字符数组的输入/输出　/122
7.4　常用字符串函数　/123
7.4.1　字符串输出函数 puts　/123
7.4.2　字符串输入函数 gets　/124
7.4.3　字符串连接函数 strcat　/124
7.4.4　字符串复制函数 strcpy 和 strncpy　/125
7.4.5　字符串比较函数 strcmp　/125
7.4.6　字符串长度测试函数 strlen　/126

7.4.7 字符串其他函数应用 / 126

7.5 综合实例 / 127

小结 / 130

习题 / 130

135 | 第 8 章
函数

8.1 函数的概述 / 135

8.2 函数的定义 / 136

8.2.1 函数的定义 / 136

8.2.2 return 语句 / 137

8.3 函数的调用和声明 / 138

8.3.1 函数的调用 / 138

8.3.2 函数的声明 / 139

8.3.3 函数的嵌套调用 / 139

8.3.4 函数的递归调用 / 140

8.4 函数参数的传递 / 141

8.4.1 参数的值传递 / 141

8.4.2 参数的地址传递 / 143

8.5 变量的作用域和存储类型 / 143

8.5.1 变量的作用域 / 143

8.5.2 变量的存储类型 / 145

8.6 内部函数和外部函数 / 147

8.6.1 内部函数 / 147

8.6.2 外部函数 / 147

8.7 综合实例 / 148

小结 / 150

习题 / 150

156 | 第 9 章
预处理命令

9.1 宏定义 / 156

9.1.1 不带参数的宏定义 / 157

9.1.2 带参数的宏定义 /158

● 9.2 文件包含 /159

● 9.3 条件编译 /160

9.3.1 #if 的使用 /160

9.3.2 #ifdef 的使用 /162

9.3.3 #ifndef 的使用 /162

● 小结 /163

● 习题 /163

166 | 第10章
指针

● 10.1 指针的概念 /166

10.1.1 地址的概念 /166

10.1.2 指针 /167

● 10.2 变量的指针和指向变量的指针变量 /167

10.2.1 指针变量 /167

10.2.2 数据的访问形式 /168

10.2.3 指针变量作为函数参数 /169

● 10.3 数组与指针 /173

10.3.1 指向数组元素的指针 /173

10.3.2 通过指针引用数组元素 /174

10.3.3 用数组名作为函数参数 /175

10.3.4 多维数组与指针 /179

● 10.4 字符串与指针 /182

10.4.1 字符串的表达形式 /182

10.4.2 字符指针作为函数参数 /183

● 10.5 指向函数的指针 /185

10.5.1 用函数指针变量调用函数 /185

10.5.2 用指向函数的指针作为函数参数 /186

● 10.6 返回指针值的函数与指向指针的指针 /186

10.6.1 返回指针值的函数 /186

10.6.2 指向指针的指针 /187

● 10.7 综合实例 /189

● 小结 /192

● 习题 /193

197 | 第11章
　　　　构造数据类型与应用

● **11.1 结构体 /197**
　　11.1.1 定义结构体类型 /197
　　11.1.2 定义结构体类型变量 /198
　　11.1.3 结构体变量的初始化和引用 /200

● **11.2 使用结构体数组 /201**
　　11.2.1 定义结构体数组 /201
　　11.2.2 结构体数组的应用 /202

● **11.3 结构体指针 /203**
　　11.3.1 指向结构体变量的指针 /203
　　11.3.2 指向结构体数组的指针 /204
　　11.3.3 用结构体变量和结构体变量的指针作为函数参数 /206

● **11.4 用指针处理链表 /207**
　　11.4.1 链表的定义 /207
　　11.4.2 建立静态链表 /208
　　11.4.3 建立动态链表 /209
　　11.4.4 输出链表 /210
　　11.4.5 链表删除操作 /211
　　11.4.6 链表插入操作 /212
　　11.4.7 链表综合操作 /213

● **11.5 共用体类型 /214**
　　11.5.1 共用体类型的定义 /214
　　11.5.2 共用体变量的引用方式 /215

● **11.6 使用枚举类型 /217**

● **11.7 用 typedef 声明新类型名 /218**

● **11.8 综合实例 /219**

● **小结 /224**

● **习题 /224**

228 | 第12章
　　　　文件

● **12.1 C 文件概述 /228**

● **12.2 文件类型指针 /228**

● **12.3 文件的打开与关闭 /229**

12.3.1　文件打开函数 fopen　/ 229
12.3.2　文件关闭函数 fclose　/ 230

12.4　文件的读写　/ 231
12.4.1　字符读写函数 fgetc 和 fputc　/ 231
12.4.2　字符串读写函数 fgets 和 fputs　/ 234
12.4.3　数据块读写函数 fread 和 fwrite　/ 235
12.4.4　格式化读写函数 fscanf 和 fprintf　/ 237

12.5　文件的定位和随机读写　/ 238
12.5.1　文件定位　/ 238
12.5.2　文件的随机读写　/ 239

12.6　综合实例　/ 239
小结　/ 241
习题　/ 241

245 ｜ 第 13 章
项目综合实例

13.1　数值分析应用　/ 245
13.1.1　数字计算与科学计算　/ 245
13.1.2　结合库或框架的高级数值计算　/ 247
13.1.3　数据挖掘算法　/ 249
13.1.4　人工智能应用　/ 252

13.2　51 单片机应用　/ 254

260 ｜ 附录 A
C 语言的关键字

262 ｜ 附录 B
ASCII 码字符表

265 ｜ 附录 C
常用的 C 语言库函数

在人工智能与大数据重塑世界的今天，C 语言以其贴近硬件的特性和极致效率，成为驱动智能技术的隐形引擎。从 TensorFlow 的底层计算优化，到 Hadoop 分布式系统的核心实现，再到边缘计算设备的实时响应，C 语言以精准的内存控制和高性能代码，为 AI 模型训练提速、为海量数据处理提供动能。作为一门高级程序设计语言，C 语言是当前流行的计算机程序设计的教学语言之一。1973 年 C 语言在美国贝尔实验室成为一种标准语言之后，得到迅速发展，如今已经成为世界上使用最广泛、最流行的高级程序设计语言之一。

1.1 计算机语言的发展

计算机语言（Computer Language）（程序设计语言）是人与计算机之间传递信息的媒介，用于人与计算机之间的通信。为了使计算机按照人类的指令进行各种工作，需要有一套人能够编写并且编译后计算机能读懂的程序，用来表示生活中的数字、字符和语法规则，并按照规定的编写格式把命令传达给机器。由这些字符和语法规则组成的计算机的各种指令（或各种语句）就是计算机语言。

计算机语言的发展经历了机器语言、汇编语言、高级语言 3 个阶段。

1.1.1 机器语言

机器语言是指计算机能够完全识别的指令集合，是最低、最早的程序语言。机器语言是由"0"和"1"组成的二进制数（代码），而二进制是计算机语言的基础。计算机发明之初，人们将一串串由"0"和"1"组成的指令序列交由计算机执行，这就是计算机唯一能够真正识别的机器语言。使用机器语言编写程序是十分痛苦的，特别是程序有错需要修改的时候。

1.1.2 汇编语言

为了减轻使用机器语言编程的痛苦，人们进行了改进。用一些简洁的英文字母、符号串来替代一个特定的二进制串指令，如用"ADD"代表加法，"MOV"代表数据传递等。这样一来，人们很容易读懂并理解程序在干什么，纠错及维护就变得方便了。这种程序设计语言即第二代计算机语言，称为汇编语言。然而计算机是不认识这些符号的，这就需要一个专门的程序，负责将这些符号翻译成二进制代码的机器语言。这种翻译程序称为汇编程序。

汇编语言同样十分依赖于机器硬件，移植性不好，但效率十分高，尤其在结合计算机硬件方面更能发挥特长，所以至今仍是一种强有力的软件开发工具。

1.1.3 高级语言

从最初与计算机交流的痛苦经历中，人们意识到应该设计一种接近于数学语言或人的自然语言，同时又不依赖于计算机硬件，编出的程序能在不同机器上通用。1954 年，第一个完全脱离机器硬件的高级语言 FORTRAN 问世了。一直以来，共有百余种高级语言出现，有重要意义的、影响较大、使用较普遍的有 FORTRAN、BASIC、Pascal、C、C++、Java、Python 等语言。

高级程序语言根据设计哲学和编程范式分为面向过程语言和面向对象语言。

面向过程的编程语言关注问题的解决步骤和操作，通过按特定顺序依次执行一系列模块（函数）来解决问题，强调"做什么"。将问题分解为多个模块，通过模块之间的参数传递实现协作。例如 C 语言、Pascal 等都是面向过程的编程语言。

面向对象编程语言从现实世界（待解决的问题）抽象出若干对象，程序被组织为一组相互协作的对象，通过对象的消息传递进行交互和任务处理，强调"是什么"。每个对象都有状态（属性）和行为（方法），状态表示了对象的数据，行为表示对象能执行的操作。C++、Java 都是面向对象的编程语言。

1.1.4 指令与程序

学习计算机编程语言之后，我们简要介绍几个概念。

指令：一条机器语言称为一条指令。指令是不可分割的最小功能单元。

程序：早期的程序就是一个个的二进制文件，如今在计算机科学中程序被定义为"一系列指令的集合"，向计算机发送执行特定的任务指令。程序可以包括数学运算、符号运算、声音处理和图像处理等任务。程序通常由输入、输出、基本运算、测试和分支、循环等指令组成。当前，绝大多数程序是用高级编程语言编写的。

第一代计算机语言——机器语言：人们直接通过机器语言向计算机发出指令，无须借助翻译程序，计算机就能执行机器语言编好的程序。

第二代语言——汇编语言：实质和机器语言是相同的，都是直接对硬件操作，只不过指令采用了英文缩写的标识符，更容易识别和记忆。

第三代语言——高级语言：目前绝大多数编程者的选择，它虽然需要借助翻译程序才能被计算机识别，但它简化了程序中的指令，并且去掉了与具体操作有关但与完成工作无关的细节。

1.2 C 语言的发展及其特点

1.2.1 C 语言的发展

C 语言是目前世界上最流行、使用最广泛的面向过程的高级程序设计语言。C 语言对操作系统、系统应用程序以及硬件需求而言，明显优于其他高级语言，许多大型应用软件都是用 C 语言编写的。

C 语言的原型是 ALGOL 60 语言（也称 A 语言）。1963 年剑桥大学将 ALGOL 60 语言发展成为 CPL（Combined Programming Language）语言。1967 年马丁·理查兹（Matin Richards）简化了 CPL 语言从而产生了 BCPL 语言。1970 年美国贝尔实验室的肯·汤普森（Ken Thompson）将 BCPL 语言进行了修改，起了一个有趣的名字 B 语言，并编写了第一个 UNIX 操作系统。

1973 年美国贝尔实验室的 D.M.RITCHIE 最终设计出了一种新的语言——C 语言，名字取自 BCPL 的第 2 个字母。1978 年布莱恩·科尔尼干（Brian W.Kernighan）和丹尼斯·里奇（Dennis M.Ritchie）出版了名著《The C Programming Language》（中文译名《C 程序设计语言》），从而制定了 K&R 标准，但是 K&R 中并没有定义一个完整的标准 C 语言。1983 年，美国国家标准化协会（American National Standards Institute，ANSI）制定了一个 C 语言标准，通常称为 ANSI C。1987 年，C 语言有了 ANSI 标准，立刻成为最受欢迎的语言之一。

1990 年，国际标准化组织（International Standard Organization，ISO）接受了 87 ANSI C 为 ISO C 的标准（ISO 9899—1990），简称"C90"。1999 年，ISO 对 C 语言标准进行修订，主要是增加了一些功能，尤其是 C++中的一些功能，命名为 ISO/IEC 9899:1999，简称"C99"。2011 年又发布了新的标准，简称"C11"。目前流行的 C 语言编译系统大多是以 ANSI C 为基础进行开发的，但不同版本的 C 编译系统实现的语言功能和语法规则略有差别。

C 语言在发展的过程中逐步完善，并具有绘图能力强、可移植性好以及数据处理效率高等优点，因此系统软件编写、图像处理、计算机视觉、嵌入式系统和人工智能等领域具有不可替代的地位。

1.2.2　C 语言的特点

C 语言的特点主要包括以下 6 个方面。

（1）简洁紧凑，灵活方便

C 语言一共只有 32 个关键字、9 种控制语句，程序书写自由，主要用小写字母表示。C 语言把高级语言的基本结构和语句与低级语言的实用性结合了起来，简洁紧凑，使用灵活方便。

（2）运算符和数据结构丰富

C 语言的运算符包含的范围很广泛，共有 44 个运算符。C 语言把括号、赋值、强制类型转换等都作为运算符处理，从而使 C 语言的运算类型极其丰富，表达式类型多样化。灵活使用各种运算符可以实现在其他高级语言中难以实现的运算。

C 语言的数据类型有：整型、实型、字符型、数组类型、指针类型、结构体类型、共用体类型等，能实现各种复杂的数据类型的运算，并引入了指针概念，使程序效率更高。

（3）结构式模块化语言

结构式语言是 C 语言的显著特点，结构化方式使程序层次清晰，便于使用、维护以及调试。C 语言是以函数形式提供给用户的，循环、条件语句控制和函数调用使程序完全结构化、模块化。

（4）C 语言语法限制不太严格，程序设计自由度大

一般的高级语言语法检查比较严，能够检查出几乎所有的语法错误。而 C 语言允许程序编写者有较大的自由度，限制并不严格，尤其是越界检查，几乎无法发挥有效的检查作用。

（5）允许直接访问物理地址，操作硬件

C 语言既具有高级语言的功能，又具有低级语言的许多功能，能够像汇编语言一样对位、字节和地址进行操作，而这三者是计算机最基本的工作单元，可以用来写系统软件。

（6）可移植性好，程序执行效率高

C 语言有一个突出的优点就是适合于多种操作系统，如 DOS、UNIX，也适用于多种机型。C 语言程序执行效率高，一般只比汇编程序生成的目标代码效率低 10%～20%。

当然，C 语言也有自身的不足，这些不足可能会影响程序以及数据访问的安全性，如 C 语言的语法限制不太严格，对变量的类型约束不严格，对数组下标越界不做检查等。

1.3　C 语言的程序格式和结构

微课

1.3.1　C 语言程序举例

要了解 C 语言的程序格式与结构，可以从常见的程序中分析 C 语言程序的特点，总结其格式和基本结构。

【例 1-1】　第 1 个程序"Hello, World!"。

```
//  example1-1 The first C Program      //行 1—注释
#include "stdio.h"                       //行 2—编译预处理
int main()                               //行 3—函数
{
    printf("Hello,World! ");             //行 5—语句 1
    printf("\n");                        //行 6—语句 2
return 0;                                //行 7—程序状态码
}
```

本程序运行后输出如图 1-1 所示信息。

图 1-1　第 1 个程序"Hello, World!"运行效果

解析如下。

第 1 行是注释，对程序的编译和执行不起任何作用，目的是使读者无须看后续的程序代码也能知晓本程序的功能。注释语句常用"//"开头，//后面的任何信息都是注释信息。除了"//"之外，还可以使用对称结构"/*……*/"作为注释语句，详细的注释信息在"/*"和"*/"之间。注意"/*"和"*/"顺序不能更换，个数不能多。注释信息可以放在程序的任何位置，可以是任何文字或字符，可以单独成行，也可以与其前被注释的信息在同一行。

第 2 行：编译预处理，对 C 语言程序中的输入/输出等系统函数调用声明，printf 输出函数和 scanf 输入函数保存在 stdio.h 头文件中，所以编译预处理#include "stdio.h"不可少。如果有其他系统函数被调用，也必须有对应的编译预处理文件声明。详细的介绍见第 9 章。

第 3 行：main 是函数的名字，main 前面的 int 表示此函数类型为整型，即执行此函数产生一个整数值。函数执行后可以返回一个值，如数学函数 sin(x)、cos(x)等。

第 4 行和第 7 行：C 语言程序中，在函数后面的函数体是以"{"和"}"一对大花括号括起来的，在函数体后面的第一个"{"和最后一个"}"分别对应函数体的开始与结束。

第 5 行和第 6 行：函数体语句，以英文分号（;）作为语句结束符。在 C 语言中，没有行的概念，只是以英文分号（;）作为语句的结束符，可以说 C 语言程序以语句作为最基本的函数体单位。其中第 5 行的 printf("Hello,World! ");把双引号内的内容 Hello,World!原样输出；第 6 行 printf("\n"); 的"\n"是换行符（具体输入/出格式参考第 4 章）。

第 7 行：向操作系统返回一个状态码，return 0 表示程序成功执行并正常退出。

【例 1-2】第 2 个程序，计算两个整数 x 和 y 的乘积。

```
#include "stdio.h"              //行1   编译预处理
int main()                      //行2   main 主函数
{
    int x,y,p;                  //行4   定义整数型变量 x、y 和 p
    x=12;                       //行5   对变量 x 赋值
    y=6;                        //行6   对变量 y 赋值
    p=x*y;                      //行7   计算并赋值给变量 product
    printf("product is = %d\n",p); //行8  输出 p 的值
return 0;
}
```

本程序运行后输出如图 1-2 所示信息。

```
product is = 72

------------------------------------
Process exited after 0.0152 seconds with return value 0
请按任意键继续. . .
```

图 1-2　第 2 个程序 计算两个数 x 和 y 的乘积

解析如下。

本程序省略了注释行，主要作用是求已知的两个整数 x 和 y 的积，并输出 product 的值。

第 4 行：声明部分，定义变量 x 和 y，其中定义的 x 和 y 为整数类型（int）变量，存放整数。

第 5 行和第 6 行：赋值语句，对定义的变量 x、y 分别赋值 12 和 6。

第 7 行：对已经赋值的整数 x、y 进行求乘积计算，计算后的结果赋值给变量 p（存放乘积，否则计算的数据会存放在计算机中的任意变量中，无法寻找和输出）。

第 8 行：输出乘积 p 的值。输出语句 printf 中使用了"格式控制符"，字符串"product ="原样输出，p 以"十进制整数类型"输出。格式控制符在第 4 章会详细讲述。

在编写程序时要培养严谨的态度，充分考虑各种可能的情况，做好各种应对举措。作为学生，我们不仅要在书写程序的过程中，而且在日常的生活、学习和工作中，都应该养成严谨、周全的做事态度，建立起责任意识和担当精神。

【例 1-3】第 3 个程序，求两个整数 a 和 b 中的最大值。

```
#include "stdio.h"              //行1   编译预处理
int main()                      //行2   main 主函数
{
```

```
    int max(int x,int y);           //行4  声明被调用函数
    int a,b,c;                      //定义变量a、b、c
    scanf("%d%d",&a,&b);            //行6  输入变量a、b的值
    c=max(a,b);                     //行7  调用max函数求最大值，结果赋值给变量c
    printf("max is %d\n",c);        //输出最大值
return 0;

}
int max(int x,int y)                //行10  自定义求最大值函数max,形式参数有x和y两个
{
    int z;                          //定义变量z
    if(x>y) z=x;
    else z=y;                       //使用if语句求最大值
    return z;                       //返回最大值z
}
```

本程序运行后输出如图 1-3 所示信息。

图 1-3　第 3 个程序求两个数 *x* 和 *y* 中的最大值

解析如下。

第 4 行：int max(int x,int y);声明被调用函数 max。max 是自定义函数，其作用就是求出两个数的最大值并返回，详细的函数功能代码见第 10 行后。

第 6 行：从键盘上读入两个数，分别赋值给变量 *a*、*b*。

第 7 行：调用自定义函数 max 求变量 *a*、*b* 的最大值，并把最大值赋值给变量 *c* 存储。

第 10 行：自定义函数 max 的功能是求最大数，其中 max 有两个形式参数 *x* 和 *y*，max 函数的函数体，其作用是求 *x* 和 *y* 的最大值，把最大值赋值给 *z*，最后把求出的最大值 *z* 返回。

本程序一共包括两个函数，其中一个是 main 主函数，另一个是求最大值的自定义函数 max。main 函数调用 max 函数把最大值返回到调用 max 函数的位置。main 函数中 scanf 函数的作用是输入变量 *a*、*b* 的值，而 printf 函数的作用是输出最大值到屏幕上。

1.3.2　C 语言程序结构

通过以上几个例子，可以总结出 C 语言程序的组成和结构如下。

① 一个程序由一个或多个源程序文件组成。简单的程序如【例 1-1】和【例 1-2】的源程序文件只由一个 main 函数组成，而【例 1-3】的源程序文件包含两个函数。一般源程序文件包含以下 3 个部分。

a. 预处理指令：主要包括#include 和#define 等，以#为开始，在程序运行前实现的预处理。

b. 变量声明：函数体{}内的声明是局部声明，在函数{}之外的声明为全局声明，两者的有效作用域不同，详见第 9 章预处理命令。

c. 函数定义与调用：函数就是实现一定功能的程序模块。函数定义与调用是 C 语言程序中最重要的部分，可以说整个 C 语言程序几乎都是由函数组成的。

② 函数是 C 语言程序的基本单位。C 语言中规定：任何一个 C 语言程序都必须有且只有一个 main 函数。C 语言程序总是从 main 函数开始，以 main 函数结束，其他函数只能通过 main 函数直接或间接调用。

③ 一个函数包含两个部分——函数首部和函数体。

函数首部：函数的第一行，包括函数名、函数类型、函数参数（形式参数）和参数类型。例如【例 1-3】中的 int max(int x,int y)。

函数体：函数首部下面的大括号开始的部分，当然如果一个函数体内存在若干个大括号，则最外层（或第一个"{"和对应的最后一个"}"）的一对大括号才是函数体语句范围。

函数体一般包括以下部分。

a. 声明部分：包括变量定义和调用函数的声明，如【例 1-2】中的 int x,y,sum;和【例 1-3】中的 int max(int x,int y)。

b. 执行部分：由若干个语句组成，在函数中执行一定操作，如【例 1-1】中的 printf("hello world!\n");是为了执行输出实现打印功能。

④ C 语言程序的函数由语句组成。C 语言程序语句以英文分号（;）作为分隔符，其也是语句唯一的终止标志。

⑤ C 语言程序中没有程序行的概念，习惯使用小写字母。

⑥ 程序可以包含注释。注释在程序的执行中不起任何作用，也不会产生任何代码。

1.4　C 语言程序的运行与调试

1.4.1　C 语言程序的运行环境

一个 C 语言程序的运行离不开它的翻译程序（称为编译环境）。目前使用最多的是集成环境（IDE），就是把 C 语言程序需要连接的步骤——编辑、编译、链接和运行集成在一个软件中，通过不同的操作步骤实现。集成环境的优点是：简单实用、功能丰富、直观易学。

不同的编译环境对 C 语言程序的操作是不同的，对个别运算符的运行结果也略有影响。常用的编译程序有 Turbo C 2.0、Turbo C++ 3.0、Borland C++、Visual C++ 6.0、Dev-C++系列以及 Microsoft Visual Studio 等。在 20 世纪 90 年代 Turbo C 2.0 编译环境应用最为普遍，但其缺点是进入 DOS 环境后不能使用鼠标操作，几乎只能通过键盘完成。随后的 Turbo C++ 3.0 编译环境虽然已经完成启动文件快捷方式 tc.exe，但鼠标只能执行部分操作，如文件保存、基本菜单的选择等。如今编译环境有了长足发展，尤其是全国计算机等级考试（C 语言模块）的编译环境 Microsoft Visual C++ 2010 学习版（简称 VS2010），使 C++编译环境的应用成为主流。随着 CPU 处理能力的进一步增强，64 位机逐渐成为主流，Microsoft Visual Studio 系列软件支持 64 位的优势逐渐体现，一些用户开始使用 Microsoft Visual Studio 进行 C 语言编程。

Dev-C++（或者叫作 Dev-Cpp）是 Windows 环境下的一个轻量级 C/C++集成开发环境（IDE），集合了功能强大的源码编辑器、MingW64/TDM-GCC 编译器、GDB 调试器和 AStyle 格式整理器等众多软件，非常适合于 C/C++语言学习者使用，也适合于非商业级普通开发者使用。

1.4.2　C 语言的程序概念

在了解 C 语言程序运行之前，我们先来了解 C 语言中的几个程序概念。

源程序：使用高级语言编写的程序，如 Visual Basic、C、C++、Java、Python 等编写的程序，其中 C 语言编写的源程序文件扩展名为.c。

目标程序：由二进制代码表示的程序。C 语言源程序生成的目标程序文件的扩展名为.obj，是经过"编译"步骤后生成的文件。

可执行程序：可移植可执行的文件格式，可加载到内存中由操作系统加载程序执行。如 C 语言源程序经过编译和链接后生成扩展名为.exe 的可直接运行的文件。

编译程序：具有翻译功能的软件，如 Visual C++ 6.0、Microsoft Visual Studio 2023、Dev-C++ 等称为编译程序。

以上几个概念在 C 语言的调试运行的不同阶段出现。在编译程序 Dev-C++中输入 C 源程序，保存后的源程序经过编译命令生成目标程序，目标程序链接库函数后进一步生成可执行程序，最后运行可执行程序查看程序运行结果。

1.4.3　C 语言程序的调试运行

本书采用 Dev-C++作为程序设计调试的环境，常用的 Dev-C++的调试运行步骤在实验指导教材中有详细介绍。

（1）启动 Dev-C++

通过鼠标双击桌面上的 Dev-C++的图标，或通过菜单方式启动 Dev-C++，即用鼠标单击【开始】菜单，选择【程序】→【Dev-C++】→【Dev-Cpp】启动 Dev-C++，图 1-4 所示为启动后的可视化集成环境，窗口包括标题栏、菜单栏、工具栏和状态栏等。

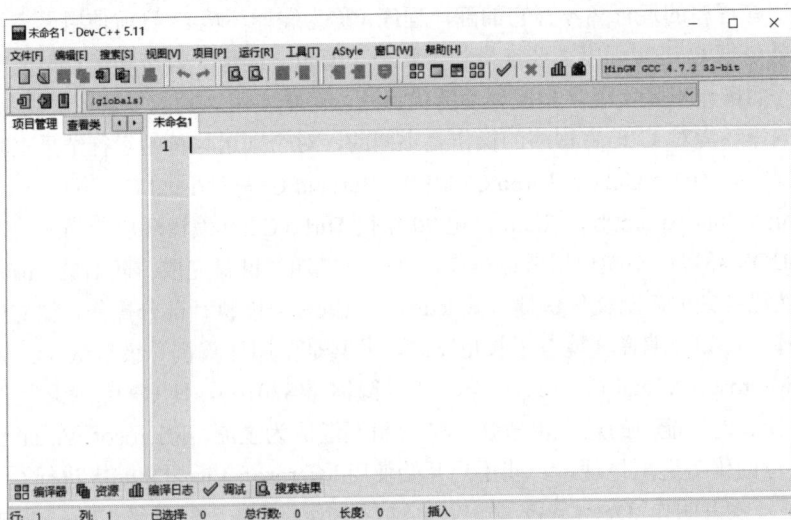

图 1-4　Dev-C++ 集成环境

（2）新建源程序文件

选择"文件"菜单中的【新建】命令，弹出"新建"对话框，单击【源代码】选项，即可建立一个新的源程序文件，此时源程序文件名为"未命名 1"，见图 1-5。

（3）编辑源程序

在程序编辑区输入源程序，如图 1-6 所示，在编辑完成后，选择"文件"菜单下的【保存】，在弹出的对话框中选择源文件需要保存的路径，例如保存在 C 盘根目录下的文件夹"C_Programm"，该文件夹需要在建立源程序之前就已经创建。特别需要注意的是：在保存时，需要给源程序指定名和扩展名，本例中将文件名字设置为"Exa-1"，扩展名这里，通过下拉框，选择"C source file (*.c)"，具体参加图 1-7。

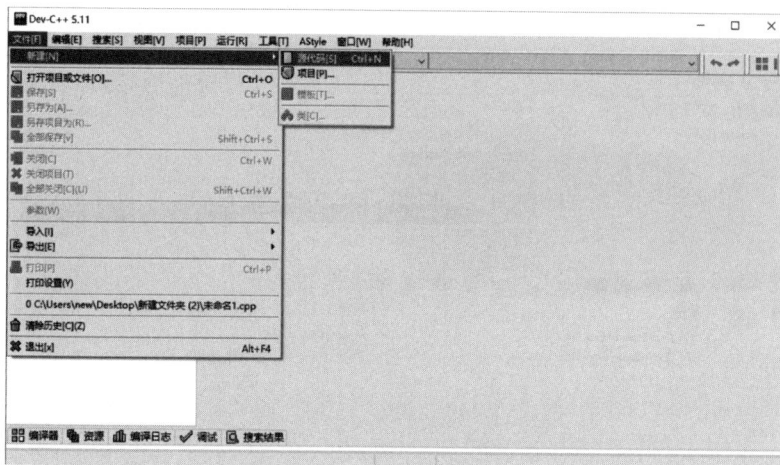

图 1-5　新建源文件

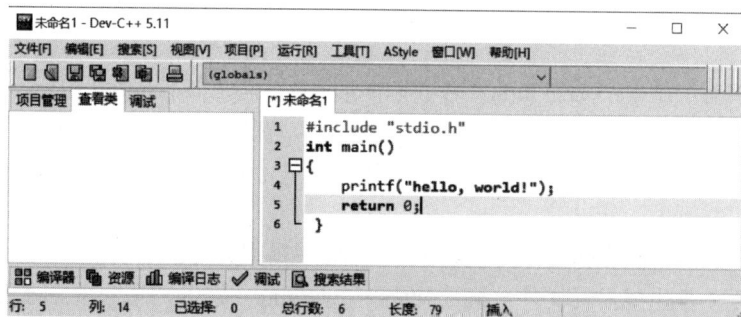

图 1-6　编辑源程序

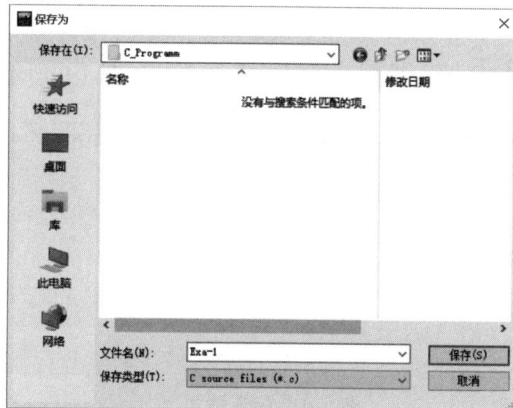

图 1-7　源程序保存及命名

（4）编译和调试程序

单击【运行】菜单，选择【编译】项后可以对编写好的源程序进行编译，编译程序会首先对源程序的语法进行检查，如果源程序存在问题，则会给出提示。

例如在源程序 Exa-1 中，如果录入程序时，不小心将 printf("hello,world!");后面的分号漏掉，在进行编译时，将给出如图 1-8 的提示界面。从编译器窗口我们可以看出，这里给出了一个错误提示，告知程序编写人员 "expected; before 'return'"，即在 return 语句前缺少一个分号。

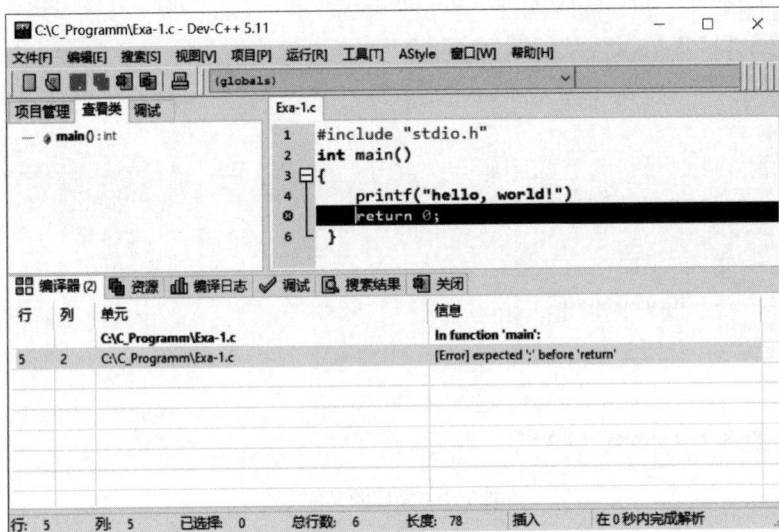

图 1-8　编译结果

需要说明的是，这里不是在 return 语句前缺少分号，而是在 printf("hello,world!)后面需要添加分号，由于 C 语言中利用分号作为语句结束标志，在缺少分号后，会将程序的第 4 行和第 5 行作为一条语句，因此提示在 return 前缺少分号。

说明：

① 调试中的错误主要分两类：一类是以 "error（错误）" 提示的致命错误，必须修改，否则无法进入下一步生成目标文件；第二类是以 "warning（警告）" 提示的轻微错误，不影响生成目标程序和可执行程序，但有可能影响运行的结果，需要具体问题具体分析。

② 修订 error（错误）和 warning（警告），可以通过编译器信息提示栏快速定位错误和警告所在，双击提示栏中的一条提示信息，光标将定位在源程序中可能出现问题的语句。对 error 和 warning 多次修改多次编译，一直到无错误提示为止，如图 1-9 所示。

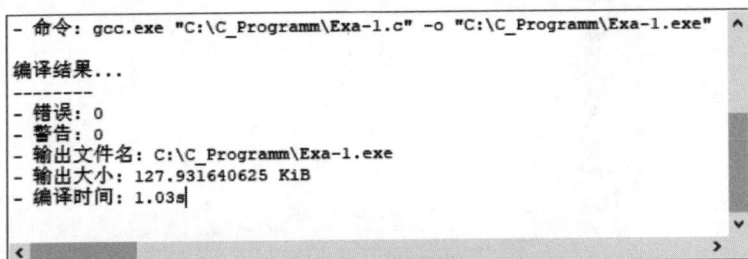

图 1-9　编译成功

（5）程序构建

在源程序编译成功后，选择【编译】菜单执行【运行】命令，可以运行程序。在 Dev-C++ 中，程序的运行结果以控制台窗口的方式进行展示，如 1.3.1 节图 1-1 所示。

> **注意**
>
> 运行结果中显示"请按任意键继续"，此时按任意键将从程序展示结果中退出。

1.5　C 语言程序设计开发流程

C 语言程序的大小取决于其对应的功能。如果编写一个功能简单的程序，按照以上的程序运行步骤操作就足够了，但实际上有很多复杂的问题需要解决，需要更完善的 C 语言程序来运行，从而简化人工作业。从确定问题到最后完成任务，一般需要以下几个工作阶段。

① 问题分析。问题分析是第一道工序，也是基础工序，分析给定的条件，确定最后要达到的目标，找出解决问题的规律，理清解题的思路，选择有效的解题方法，随时寻找可使问题规律化、科学化、简单化的解决方案，构建解决问题的模型（一般称为建模）。

② 设计算法。算法从广义上讲，就是为解决一个问题而采用的方法和步骤，可以选择成型的算法，如计算闰年的算法、求解三角形面积的公式等，否则需要改进算法或自行设计适合解决问题的算法，这时可以借助于流程图（第 2 章将介绍）来表示。

③ 编写程序。根据选择的模型和设计的算法，选用程序设计语言编写解决问题的源程序。

④ 对源程序进行编译、链接和执行。对源程序进行编译、链接和执行，分析运行结果，结果要全面，符合预期。

⑤ 编写文档。编写文档的内容包括程序名称、程序功能、程序环境、程序的装入和启动、程序输入的数据、采用的算法、使用的注意事项以及操作步骤等。

> **小结**
>
> C 语言既有高级语言的特点，又有汇编语言的特点；既是一个成功的系统设计语言，又是一个实用的程序设计语言；既能用来编写不依赖计算机硬件的应用程序，又能用来编写各种系统程序；是一种受欢迎、应用广泛的程序设计语言。

> **习题**

一、填空题

参考答案

① C 语言是一种_____（填"高级"或"低级"）程序设计语言，它既具有高级语言的特点，又具备低级语言的某些功能。

② 计算机编程语言的发展经历了_____、汇编语言和高级语言三个发展阶段。

③ 在 C 语言中，变量必须先_____（填"声明"或"初始化"），然后才能使用。

④ C 语言的注释符号有两种，其中用于标识单行注释的符号是_____。

⑤ C 语言程序的执行总是从_____函数开始。

二、单选题

① C 语言的标准输入输出库是（　　）。

A．math.h　　　　　　B．stdio.h　　　　　　C．string.h　　　　　　D．stdlib.h

② C 语言的编译器将源代码转换为（　　）。

A．机器语言代码　　　　B．汇编语言代码　　　C．高级语言代码　　　D．伪代码

③ 下列关于 C 语言的说法中，错误的是（　　）。

A．C 语言具有高效的执行效率　　　　　　　　B．C 语言支持面向对象编程

C．C 语言可以直接操作硬件　　　　　　　　　D．C 语言具有良好的可移植性

三、判断题

① C 语言是一种高级编程语言，因此它不能直接与硬件交互。（　　）

② C 语言的注释只能使用/* */，不能使用//。（　　）

③ C 语言中，main()函数必须有返回值，且返回值类型必须为 int。（　　）

④ C 语言中，printf 函数用于输出数据。（　　）

⑤ C 语言中，main 程序有且只有 1 个，位置任意。（　　）

四、操作题

① 运行 C 语言程序。选择本章中的两个例题在 Dev-C++环境下运行，了解运行步骤，并熟练掌握错误修订过程。

② 编写 C 语言程序，从键盘上任意输入一个 100 以内的整数，计算此数的三次方，并在屏幕上输出计算的值。

③ 编写 C 语言程序，在屏幕上实现下列原图案的输出。

原图案：

```
*******************************
    hello, Here is Qust.welcome!
    Have a pleasant visit.Good bye!
    *******************************
```

然后根据原图案程序修改仿写，在屏幕上实现仿写图案，输出简单的用户应用小程序界面。

仿写图案：

```
==============================
    1 用户登录    2 修改密码
    3 进入游戏    4 退出程序
==============================
```

第 **2** 章
程序设计算法与人工智能

计算机已进入人类生活的各个领域，人们可以通过设计高效的算法来编写计算机程序，进而发出指令或解决实际问题，例如 C 语言程序在数学领域的数值计算、数据库领域的数据管理、工业生产的过程控制以及与人工智能的嵌入式、计算机视觉以及线性回归算法等均有优秀的表现。表面上计算机也有了思维的能力，但就其本质而言，计算机是按照程序的指令运行的，程序只是人类思维在计算机上的一种表现形式。

2.1 程序设计

计算机程序就是由人事先规定的让计算机完成某项工作的操作步骤，每一步骤的具体内容依据某种规则由计算机能够理解的指令来描述，告诉计算机"做什么"和"怎样做"，通常包含数据结构和算法。

一般的程序设计包括下述几个阶段。

① 析阶段：分析阶段由用户和程序开发人员共同研究确定程序应完成的功能，解决"做什么"的问题。

② 设计阶段：由程序设计人员设计软件的总体结构，也就是确定程序的组成模块，以及各模块之间的关系，并设计每个模块的实现细节及具体算法。

③ 编码阶段：利用程序设计语言编写各算法的程序代码。

④ 测试阶段：由专门的测试人员对编写完成的程序代码进行测试，尽可能多地发现其中的错误。

⑤ 调试和运行阶段：借助于一定的调试工具找出程序中错误的具体位置，改正错误，并在运行期间进行维护。

2.2 算法

广义上说，算法就是解决问题的方法和遵循的步骤，可以说程序的核心就是算法。

著名计算机科学家沃思（Nikiklaus Wirth）提出：数据结构+算法=程序。

实际上，一个程序除了以上两个主要要素之外，还应当采用结构化程序设计方法进行编程，并且用一种计算机语言来实现。因此，算法、数据结构、程序设计方法和语言工具四个方面是一个程序设计人员所应具备的知识。

2.2.1 简单算法举例

【例 2-1】求 $1×2×3×4×5$。

最原始方法如下。

步骤 1：先求 $1×2$，得到结果 2。

步骤 2：将步骤 1 得到的乘积 2 乘以 3，得到结果 6。

步骤 3：将 6 再乘以 4，得到结果 24。

步骤 4：将 24 再乘以 5，得到结果 120。

这样的算法虽然正确，但太烦琐。

改进的程序设计算法如下。

S1：使 t=1。

S2：使 i=2。

S3：使 $t×i$，乘积仍然放在变量 t 中，可表示为 $t×i→t$。

S4：使 i 的值+1，即 $i+1→i$。

S5：如果 i≤5，返回重新执行步骤 S3 以及其后的 S4 和 S5；否则，算法结束。

如果计算 100!，只需将 S5 中的 i≤5 改成 i≤100 即可。

如果要求 $1×3×5×7×9×11$，算法也只需做很少的改动。

S1：$1→t$。

S2：$3→i$。

S3：$t×i→t$。

S4：$i+2→i$。

S5：若 $i≤11$，返回 S3；否则，结束。

该算法不仅正确，而且是较好的算法，因为计算机是高速运算的自动机器，实现循环轻而易举。

2.2.2 算法的性质

一般而言，算法应具有以下几个方面的性质。

① 有穷性。一个算法应包含有限的操作步骤，而不能是无限的。任何算法必须在执行有限条指令后结束。

② 有效性。算法中每一个步骤应当能有效地执行，并得到确定的结果。

③ 确定性。算法中每一个步骤应当是确定的，不能是含糊的、模棱两可的。

④ 一个或多个输出。算法一般有一个或多个输出。算法的目的是为了求解，"解"就是输出。没有输出的算法是没有意义的。

⑤ 零个或多个输入。所谓输入是指在执行算法时需要从外界取得必要的信息。算法有零个或多个输入。

2.2.3 结构化算法的三种结构

结构化算法是一种将复杂问题分解为简单模块的方法，使得程序设计更加清晰、易于理解和维护，其核心思想是"分而治之"，即将一个大问题分解为多个小问题模块并解决。结构化算法通常包括三种基本结构：顺序结构、选择结构和循环结构。

微课

（1）顺序结构

程序在执行过程中是按语句的先后顺序来执行的，每一条语句都代表着一个功能。所有的语句执行结束，程序也就执行结束。

（2）分支结构

程序在执行过程中，根据条件的不同而选择执行不同的功能，也称为选择结构。

（3）循环结构

程序在执行过程中，按照给定的条件去重复执行一个具有特定功能的程序段。被重复执行的程序段称为"循环体"。

2.2.4 算法的表示方法

中国古代典籍《论语·卫灵公》："工欲善其事，必先利其器"。在现代社会中，这句话依然有着重要的意义，无论是学习、工作还是生活。算法是程序设计的核心，其描述有不同的方法和工具，包括自然语言、流程图、N-S 图、伪代码等。我们可以选择合适的工具来表示算法。

2.2.4.1 用自然语言表示算法

2.2.1 节中介绍的算法就是使用自然语言表示的。自然语言就是人们日常使用的语言，可以是汉语、英语或其他语言。使用自然语言表示算法的特点是：通俗易懂、简单明了。但它比较适合于逻辑简单、按顺序先后执行的问题。它要求算法设计人员必须对算法有非常清晰、准确的了解，并且具有良好的语言文字表达能力。否则，用自然语言来描述算法有时候难以表达或者容易产生歧义。

2.2.4.2 流程图

流程图是一种用带箭头的线条将有限个集合图形框连接而成的图，其中，框 微课
用来表示指令动作、执行序列或条件判断，箭头表示算法的走向。流程图通过形象化的图示，能较好地表示算法中描述的各种结构。

美国国家标准研究所（ANSI）规定了一些常用的流程图符号，这些符号和它们所代表的功能含义如表 2-1 所示。

表 2-1 流程图常用的符号和含义

流程图符号	名称	功能含义
⬭	开始/结束框	代表算法的开始和结束。每个独立的算法只有一对开始/结束框
▱	数据框	表示数据的输入/输出
▭	处理框	代表算法中的指令或指令序列。通常为程序的表达式语句，对数据进行处理
◇	判断框	代表算法中的分支情况，判断条件只有满足和不满足两种情况
◯	连接符	当流程图在一个页面画不完的时候，用它来表示对应的连接处。用中间带数字的小圆圈表示，如①
→	流程线	代表算法中处理流程的走向，连接上面的各图形框，用实心箭头表示

为了更加简化流程图中的框图，通常将平行四边形的输入/输出框用矩形处理框来代替。结构化程序的流程图具有以下两个规则。

规则 1：任何一个基本结构都可以用一个执行框来表示，如图 2-3～图 2-5 所示的虚线框。

规则 2：任何两个按顺序放置的执行框可以合并为一个执行框来表示。

这两个规则可以多次重复使用。一个完整的结构化的流程图经过多次转化后，最终都是可以转化为如图 2-1 所示的最简形式。这个方法也常常被作为判断算法流程图是否符合结构化的一个基本标准。

一般而言，对于结构化的程序，表 2-1 所示的 6 种符号组成的流程图只包含 3 种结构：顺序结构、选择结构和循环结构，一个完整的算法可以通过这 3 种基本结构的有机组合表示。

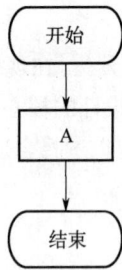

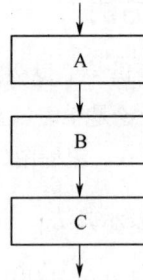

图 2-1　结构化程序　　　　　　　　图 2-2　顺序结构的流程图

（1）顺序结构

顺序结构是一种简单的线性结构，由处理框和箭头线组成，根据流程线所示的方向，按顺序执行各矩形框的指令。流程图的基本形状如图 2-2 所示。

指令 A、指令 B、指令 C 可以是一条指令语句，也可以是多条指令，顺序结构的执行顺序为从上到下地执行，即 A→B→C。

（2）分支（选择）结构

选择结构由判断框、执行框和箭头组成，先要对给定的条件进行判断，看是否满足给定的条件，根据条件结果的真假分别执行不同的执行框，其流程图的基本形状有两种，如图 2-3 所示。

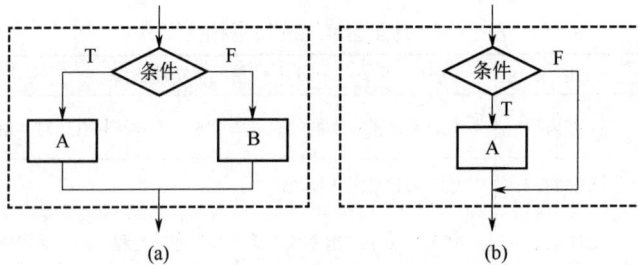

(a)　　　　　　　　　　　　　(b)

图 2-3　选择结构的流程图

图 2-3（a）所示情况的执行顺序为：先判断条件，当条件为真时，执行 A；当条件为假时，执行 B。

图 2-3（b）所示情况的执行顺序为：先判断条件，当条件为真时，执行 A；当条件为假时，什么也不执行。

最外层的虚线框表示可以将选择结构看成一个整体的执行框,不允许有其他的流程线穿过虚线框直接进入其内部的执行框。在算法设计时,这样能更好地体现结构化程序设计的思想。

（3）循环结构

循环结构是在某个条件为真的情况下,重复执行某个框中的内容,下面以 while 型循环和 do-while 型循环为例讲解。

while 型循环的流程图如图 2-4 所示,执行顺序为:先判断条件,如果条件为真,则执行 A,再判断条件,构成一个循环,一旦条件为假,则跳出循环,进入下一个执行框。

do-while 型循环的流程图如图 2-5 所示,执行顺序为:先执行 A,再判断条件,若条件为真,则重复执行 A,一旦条件为假,则跳出循环,进入下一个执行框。

在图 2-4 和图 2-5 中,A 称为循环体,条件称为循环控制条件。

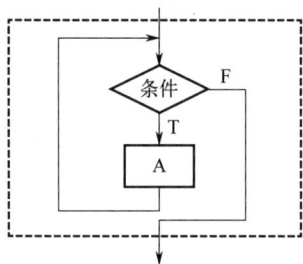

图 2-4　while 型循环的流程图　　　图 2-5　do-while 型循环的流程图

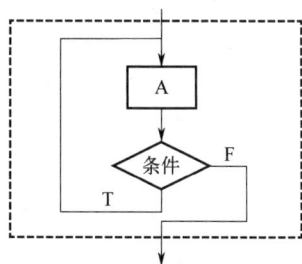

与选择结构一样,最外层的虚线框表示可以将循环结构看成一个整体的执行框,不允许有其他的流程线穿过虚线框直接进入其内部的执行框。

【例 2-2】将【例 2-1】所描述问题的算法用流程图来表示,如图 2-6 所示。

微课

2.2.4.3　N-S 图

1973 年美国学者 I.Nassi 和 B.Shneiderman 提出了一种新的流程图形式,称作盒图,又称为 N S 结构化流程图。这种流程图完全去掉了带箭头的流程线。全部算法写在一个矩形框内,在该框内还可以包含其他的从属于它的框,或者说,由一些基本的框组成一个大的框。

这种 N-S 结构化流程图的特点如下。

① 功能域（一个特定控制结构的作用域）明确,可以从 N-S 图上一眼就能看出来。

② 不可能任意转移控制。

③ 很容易确定局部和全程数据的作用域。

④ 很容易表现嵌套关系,也可以表示模块的层次结构。

N-S 图用如图 2-7 所示的符号表示。

① 顺序结构。顺序结构如图 2-7（a）所示。先执行语句 A,再执行语句 B,然后执行语句 C。

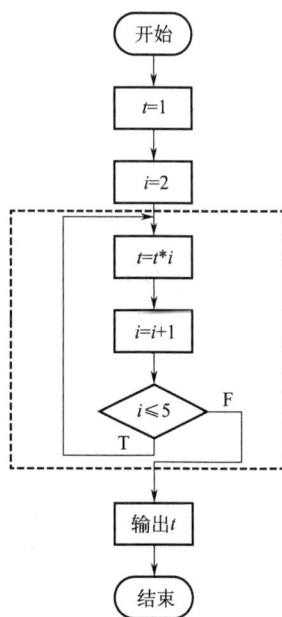

图 2-6　【例 2-1】流程图

② 选择结构。选择结构如图 2-7（b）所示。当条件成立时执行 A，不成立时执行 B。

③ 循环结构。循环结构如图 2-7（c）和（d）所示。2-7（c）所示为当型循环，当型循环为条件成立时反复执行 A，直到条件不成立为止；2-7（d）所示为直到型循环，直到型循环是反复执行 A，直到条件成立为止。

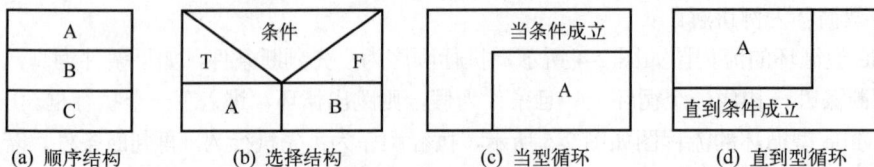

(a) 顺序结构   (b) 选择结构   (c) 当型循环   (d) 直到型循环

图 2-7　N-S 流程图

【例 2-3】将【例 2-1】所描述问题的算法用 N-S 图来表示，如图 2-8 所示。

2.2.4.4　伪代码

伪代码作为算法的一种描述语言，是一种接近于程序语言的算法描述方法。它采用有限的英文单词作为符号系统，按照特定的格式来表达算法，具有较好的可读性，可以很方便地将算法写成计算机的程序源代码。

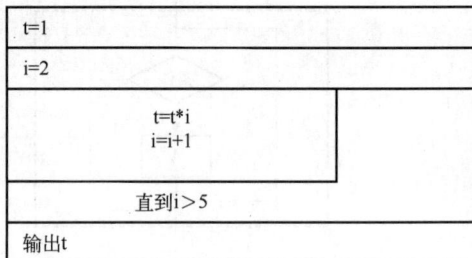

图 2-8　N-S 图

例如，"打印 x 的绝对值"的算法可以用伪代码表示如下。

```
if x 是正数 then
  print x
else
  print - x
```

它好像一句话一样好懂，用伪代码写算法并无固定的、严格的语法规则，只要把意思表达清楚即可，并且书写的格式要写成清晰易读的形式。

【例 2-4】将【例 2-1】用伪代码表示算法。

```
begin          //算法开始
  t=1    i=2
  while i <=5
   {t=t*i
    t=t+1}
   output t
end        // 算法结束
```

2.2.4.5　用计算机语言表示算法

我们编写程序的最终目的是用计算机解决问题，也就是将算法用不同的形式描述出来以后，还要用计算机语言表示出来，即编写程序。只有用计算机语言编写出来的程序才能被计算机执行，因此在用流程图或伪代码等描述一个算法后，还要将它转换成计算机语言程序。

用计算机语言表示算法必须严格遵循所用的语言的语法规则，不同的计算机语言有不同的语法规则。下面将前面介绍的算法用 C 语言表示。

【例 2-5】将【例 2-4】表示的算法用 C 语言表示。

```c
#include <stdio.h>
int main()
{   int i,t;
    t=1;    i=2;
    while (i<=5)
    {t=t*i;   i=i+1;}
    printf("%d\n",t);
return 0;}
```

2.3　结构化程序设计方法

（1）主要特征

结构化程序设计方法是公认的面向过程编程应遵循的基本方法和原则，其主要特征有以下几点。

① 整个程序采用模块化结构。模块可以被多次重用，减少代码冗余，提高开发效率。

② 采用顺序结构、选择结构和循环结构等 3 种基本的程序控制结构来编制程序，实现程序结构化控制。

③ 可读性和可维护性：通过模块化设计，使用结构化程序设计语言书写程序，并采用一定的书写格式使程序结构清晰，易于阅读、理解和维护。

④ 可测试性：每个模块可以独立测试，便于发现和修复错误。

⑤ 有限制地使用转移语句。每个结构只有一个入口、一个出口，并慎用转移语句，如果非用不可也只限于在一个结构内部跳转，不允许从一个结构跳到另一个结构。这样接口接单、逻辑清楚还能方便人们正确理解程序的功能。

（2）自顶而下的设计方法

结构化程序设计的总体思想是采用模块化结构，自顶而下，逐步求精。首先把一个复杂的大问题分解为若干相对独立的小问题。如果小问题仍较复杂，则可以把这些小问题又继续分解成若干子问题，这样不断地分解，使得小问题或子问题简单到能够直接用程序的 3 种基本结构表达为止。然后，对应每一个小问题或子问题编写出一个功能上相对独立的程序块来，这种像积木一样的程序块称为模块。每个模块各司其职，最后再统一组装，这样，对一个复杂问题的解决就变成了对若干个简单问题的求解。这就是自顶而下、逐步求精的程序设计方法。

确切地说，模块是程序对象的集合，模块化就是把程序划分成若干个模块，每个模块完成一个确定的子功能，把这些模块集中起来组成一个整体，就可以完成对问题的求解。这种用模块组装起来的程序称为模块化结构程序。自顶而下、逐步求精的设计方法是结构化程序设计的基本原则。

（3）程序设计的风格

程序设计的风格是一种编写程序的经验和教训的提炼，不同程度和不同应用角度的程序设计人员对此问题也各有所见。设计一个具有良好风格的程序应当注意以下几点。

① 语句形式化。程序语言是形式化语言，需要准确、无二义性。所以，形式呆板、内容活泼是软件行业的风范。

② 程序一致性。保持程序中的各部分风格一致，文档格式一致。

③ 结构规范化。程序结构、数据结构，甚至软件的体系结构要符合结构化程序设计原则。

④ 适当使用注释。注释是帮助程序员理解程序、提高程序可读性的重要手段，对某段程序或某行程序可适当加上注释。

⑤ 标识符贴近实际。程序中数据、变量和函数等的命名原则是选择有实际意义的标识符，避免使用意义不明确的缩写和标识符。例如表示电压和电流的变量名尽量使用 v 和 i，而不要用 a 和 b。

结构化程序设计方法作为面向过程程序设计的主流，被人们广泛地接受和应用，其主要原因在于结构化程序设计能提高程序的可读性和可靠性，便于程序的测试和维护，有效地保证了程序质量。

2.4 程序设计、算法与人工智能的融合

微课

在人工智能技术蓬勃发展的今天，程序设计与算法正发挥着基础性支撑作用。人工智能涉及复杂的数学模型，但其底层实现仍依赖于基础的程序结构和经典算法。

以图像识别为例，C 语言中常用的二维数组结构恰好能存储像素矩阵。通过循环嵌套遍历每个像素点，配合阈值判断算法，就能实现简单的图像二值化处理——这正是计算机视觉的基础操作。在自然语言处理中，字符串操作和二叉树结构被广泛用于构建词典树，实现高效的词语匹配与语义分析。

另外，机器学习作为 AI 的核心技术，其本质是通过算法不断优化程序参数。例如监督学习中的梯度下降法，正是通过循环结构和浮点数运算，逐步逼近最优解的典型迭代算法。即便在深度学习中，神经网络的前向传播也不过是矩阵运算与激活函数的多层嵌套，这些都能通过基础编程结构实现。

人工智能不是空中楼阁，扎实的算法基础和清晰的编程思维，正是打开这扇未来之门的钥匙。当你能用 C 语言实现冒泡排序时，实际上已经迈出了理解机器学习参数优化的第一步。这种从基础到前沿的贯通，正是计算机科学的精妙所在。

当然人工智能现在提供了很多 AI 大模型，覆盖了自然语言处理（NLP）、推荐系统、图像处理、视频处理、自动驾驶等各行各业应用领域，如特色教育学习和在线英语教学的豆包，精于解读文本和长文本处理的 Kimi，具有答疑解惑和文案生成功能的 AI 助手"文心一言"，融合了文本生成、图像创作等多种功能的多模态 AI 工具 DeepSeek，以及注入嵌入教学的 AI 智能体等，都是程序发展到一定智能程度的必然，也是读者需要在学习中具备的自我建设超越智能的思维力。

小结

本章介绍了程序、算法、程序设计等基本概念，以及结构化程序设计的 3 种基本结构：顺序结构、选择结构、循环结构。主要介绍了程序算法的设计表示方法：自然语言、流程图、

N-S 图、伪代码。流程图因其图符简洁、结构化程度高，而被广泛使用。N-S 图因其功能域明确，不能任意转移控制，也被认为是一种很好的表示方法。

算法并不是唯一的，同一个问题，也会有不同的解决方法。结构化程序设计算法是通过"分而治之"的思想实现问题分解，逐步细化从而最终解决问题。如今随着人工智能的发展，算法在嵌入式、机器学习、图像识别等方面也越来越发挥其独有的作用。

本章也介绍了结构化程序设计应遵循的基本方法和原则。

习题

参考答案

一、单选题

① 以下关于算法的描述，正确的是（　　）。

A．算法必须用 C 语言编写　　　　　　　　B．算法必须有至少一个输入

C．算法的每一步必须有明确含义　　　　　　D．算法可以包含无限循环

② 以下哪一项不是算法的特性？（　　）

A．有穷性　　　　　　B．确定性　　　　　　C．高效性　　　　　D．有输入

③ 算法的表示形式中，用图形符号描述逻辑流程的是（　　）。

A．自然语言　　　　　B．流程图　　　　　　C．伪代码　　　　　D．程序代码

④ 算法必须能在有限步骤内结束，这一特性称为（　　）。

A．可行性　　　　　　B．确定性　　　　　　C．有穷性　　　　　D．有输出

⑤ 三种基本程序结构中，不包含（　　）。

A．顺序结构　　　　　B．循环结构　　　　　C．选择结构　　　　D．并行结构

二、填空题

① 用近似自然语言和代码结合的方式描述算法，称为_____。

② 流程图中的菱形框表示_____结构。

③ N-S 图是一种省略_____的流程图表示法。

三、绘制下列各题的流程图或 N-S 图。

① 输入任意年份，判断是否是闰年。

② 输入百分制成绩，按五分制输出。

③ 所谓素数，就是除了 1 和它本身之外不能被其他数整除的数。从键盘输入一个整数，判断这个数是否是素数。

　　C 语言程序不管处理数值运算还是管理数据库索引，又或者人工智能的计算机视觉处理，都离不开数据和各种运算符。可以说 C 语言程序的编辑运行是借助一定的存储空间、一定的表示方法对数据实施了一定的运算，而数据类型与运算符等就是起源。各种运算的运算符具有自己的运算规则和运算优先级等属性。本章将详细讲述 C 语言程序的数据类型、运算符与综合应用。

3.1　计算机数据的存储与表示

　　一切可以被计算机加工、处理的对象都可以称为数据，包括数字、字符、表格、声音和图形、图像等。

　　在计算机内部对数据的处理采用二进制数制表示，包括运算器的运算、控制器的各种指令、存储器中存放的数据和程序，以及网络数据通信时发送和接收的由 0 和 1 组成的数据流。可以说，计算机能直接识别、执行、处理的数据全部是由二进制数 0 和 1 组成的。而数据存储的常用单位有位和字节。其中位（英文名为 bit）是计算机存储数据的最小单位，计算机中最直接、最基本的操作就是对二进制位的操作。一个二进制位只能表示一个 0 或 1，共有 $2^1=2$ 种状态。字节（byte）简写为 B，通常 1 个字节由 8 个二进制数位组成，即 1B＝8bit，1 个字节可存放一个 ASCII 码（ASCII 码字符表见附录 B）。字节是表示信息的最小单位，1 个字节可以存放一个字符，2 个或者 4 个字节存放一个整数。

3.1.1　整数的二进制表示

　　整数也称为整型数，分为有符号和无符号两种。有符号的整数包含正数和负数，常用补码形式存储，其正负符号用整数所占字节的最高位 0 和 1 进行区分，一般 0 表示正数，1 表示负数。

　　不同操作系统使用的不同编译软件对整数的字节表示是不一致的，如今常用的编译软件 Visual C++ 6.0、Dev C++和 GCC 等一般用 4 个字节 32 位表示整数，其表示的有符号整数的范围为−2 147 483 648～2 147 483 647，无符号整数比有符号整数的整数部分扩大一倍。

3.1.2　浮点型数据的二进制表示

　　浮点型数据从精度上分为单精度浮点型和双精度浮点型，通常分配 4 个字节表示单精度浮点型数（float），分配 8 个字节表示双精度浮点型数（double）。

存储浮点型数要先把十进制数转换成二进制数存储，转换后的整数部分与小数部分单独存储。

单精度浮点型数在计算机中的存储格式为：$(-1)^s \times 2^e \times m$。其中，s 代表符号位，0 为正数，1 为负数。e 是阶码，代表浮点型数的取值范围。m 是尾数，代表浮点型数的精度。在表示单精度浮点型数的 4 个字节 32 位中，s 占一位，e 占 8 位，剩下的位是 m。

双精度浮点型数在计算机中的存储格式没变，仍然是 $(-1)^s \times 2^e \times m$，符号位 s 占一位，阶码位 e 占 11 位，而尾数 m 占 52 位。

单精度浮点数和双精度浮点数用不同的存储字节数、不同的阶码位数和尾数位数表示的精确程度不一致。

3.2 数据类型与取值范围

C 语言程序设计中不同数据类型占用不同存储空间，执行不同运算。因此需要先了解一下 C 语言程序中能够识别哪些数据，这些数据分属哪种类型。

C 语言程序设计中常见的基本数据主要包含整数、实数、字符，此外还包括文本、声音、图像等复杂数据。无论哪类数据，都在存储单元存储。下面我们先学习 C 语言所允许的数据类型。

微课

3.2.1 数据类型

C 语言的数据类型包括基本类型、构造类型、指针类型、空类型等，如图 3-1 所示。

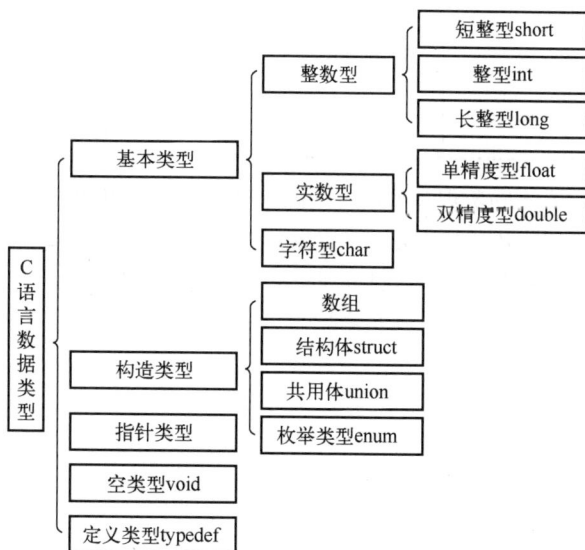

图 3-1 数据类型总表

备注：C99 引入了布尔类型 bool，通常输出时用 '%d' 格式。

3.2.2 不同数据类型的取值范围

程序设计就是把工业流程、生活民生、科学运算等案例通过程序编写实现自动智能运算从而高效替代人工用户。而程序中的不同数据匹配不同数据模型，不同数据模型有不同的表示方法和取值要求，所以根据需要确定数据的取值范围和数据类型。

C 语言提供的基本数据类型共有以下 3 种。

① 整数型：用 int 表示，包括短整型（short 或 short int）、整型（int）和长整型（long int 或 long）。

② 浮点型：包括单精度浮点型（float）和双精度浮点型（double，即 long float）。

③ 字符型：用 char 表示。

除了基本数据类型外，还包括构造数据类型、指针类型、空类型和自定义类型等其他类型，相关内容在后续章节中依次介绍。其中，main 函数程序的数据类型在 Dev C++中定义为 int，而在 Visual C++6.0 中一般定义为 void，表示空类型，代表无返回值。

字节是计算机数据存储的常用基本单位。不同数据类型的存储字节是不一样的，这就决定了数据的取值范围、数据的大小和可执行的操作。一般而言，数据类型的字节长度是 2^n（$n=0$，1，2，3，……）个字节。实际上数据类型的字节数受限于计算机 CPU 类型和编译环境。表 3-1 所示为几种常见的 C 编译程序对几种基本数据类型定义的字节长度。

表 3-1　常见 C 编译程序的基本类型与字节数

编译器	数据类型					
	char	short int	int	long int	float	double
Turbo C	1	2	2	4	4	8
Visual C++	1	2	4	4	4	8
Dev C++	1	2	4	4	4	8
GCC	1	2	4	4	4	8
Visual studio 2022	1	2	4	4	4	8

对于不同编译程序下不同数据类型所占用的字节长度是可以通过程序测试的。其中 sizeof() 是容量测试运算符，常用的格式为 sizeof（变量）或 sizeof（数据类型）均可。

【例 3-1】测试不同编译环境下不同数据类型所占用的字节数。

```c
#include "stdio.h"
int main()
{
    char c;
    short int x;
    int y;
    long int z;
    float fx;
    double dy;
    printf("size of(c)=%d,size of(char)=%d \n",sizeof(c) ,sizeof(char));
    printf("size of(short int)=%d\n",sizeof(x));
    printf("size of(int)=%d\n",sizeof(y));
    printf("size of(long int)=%d\n",sizeof(z));
```

```
    printf("size of(float)=%d\n",sizeof(fx));
    printf("size of(double)=%d\n",sizeof(dy));
return 0;
}
```

不同运行环境下程序运行结果有所不同，编译环境 Dev C++下的运行结果如下。

```
size of(c)=1,size of(char)=1
size of(short int)=2
size of(int)=4
size of(long int)=4
size of(float)=4
size of(double)=8
```

不同数据类型对应的字节数不同，相同的数据类型在不同编译环境下所分配的字节长度也可能不同。实际上，同一数据类型如整型（int）还可以使用 signed、unsigned、short 和 long 等修饰来表示数据类型的取值范围。表 3-2 为 ANSI C（简称 C89）标准中数据类型的基本长度和取值范围，以及 ANSI C++标准中规定的基本数据类型和取值范围（ANSI C++标准是一种 C++标准）。

表 3-2　ANSI C 和 ANSI C++标准中的数据类型与取值范围

数据类型	描述	ANSI C 字节	取值范围	ANSI C++字节	取值范围	其他写法
char	字符型	1	ASCII 码	1	ASCII 码	
unsigned char	无符号字符型	1	0～255	1	0～255	
signed char	有符号字符型	1	−128～127	1	−128～127	
int	整型	2	−32 768～32 767	4	−2 147 483 648 ～2 147 483 647	signed int
unsigned	无符号整型	4	0～65 535	4	0～4 294 967 295	unsigned int
short	短整型	2	−32 768～32 767	2	−32 768～32 767	short int, signed short int
long	长整型	4	−2 147 483 648 ～2 14 7483 647	4	−2 147 483 648 ～2 147 483 647	long int，long int signed
unsigned long	无符号长整型	4	0～4 294 967 295	4	0～4 29 4967 295	Unsigned long int
float	单精度实型	4	±3.4×10^{±38}	4	±3.4×10^{±38}	
double	双精度实型	8	±1.7×10^{±308}	8	±1.7×10^{±308}	

3.3　常量与变量

从第 1 章例题发现：C 语言程序除了包含常用的数字、运算符以及特定含义的关键字外，还包括其他字符序列。

3.3.1　标识符

C 语言程序中，除了熟悉的数字和运算符以外，还有很多并不熟悉的符号，如变量、常量、关键字等。要了解不熟悉的符号，先要了解什么是标识符。

标识符：用来标识变量名、标号、函数名以及其他各种用户定义名等的字符序列。

在 C 语言中，标识符的组成必须满足以下条件：

微课

① 只能由字母、数字、下划线组成。
② 第一个字符必须是字母或下划线。
③ 不能使用关键字和保留字，也不能与用户自定义的函数或 C 语言库函数同名。
④ 长度不超过 32 个字符。

例如 sum、Sum、student_name、lotus_1_2_3、Date 等均是符合条件的标识符，而 3day、$123、M.D.John、char 等不能作为标识符。

C 语言对标识符字符是区分大小写的。例如 sum、Sum 和 SUM 分别表示不同的标识符。建议编写程序时养成良好的习惯，"见名知其意"，采用具有实际含义的单词缩写或日常常用标识，当然单词太长时可以采用截取部分来表示。

3.3.2 常量与符号常量

3.3.2.1 普通常量

普通常量也称常数，指程序运行时其值不能改变的量。如新高考语文试卷总分 150，自然数 1~10，键盘固定字符'A'~'Z'等。

常量根据基本数据类型分为：整型常量、实型常量、字符常量、字符串常量 4 种。其中，整型常量、实型常量和字符常量是常见的常量，"hello"、"world"等是字符串常量。

（1）整型常量

整型常量是指表示的常量是整数，表示整型常量的方法通常有十进制、八进制和十六进制 3 种形式，如表 3-3 所示。

表 3-3　整型常量的表示方法

整型常量	进制	（对应）十进制数	具体表示
17	十进制	17	由数字 0~9 和正负号表示，如 123、-456
017	八进制	15	由数字 0 开头，后跟数字 0~7 表示，如 0123、011
0X17	十六进制	23	由 0x 开头，后跟 0~9、a~f、A~F 表示，如 0x123、0Xff

注：对无符号的长整型常量，数值后的两个字母 u（unsigned 的首字母）和 l（long 的首字母）的大小写没有区别，如 17LU、17lu、17lU 或 17Lu 都是相同的。

八进制与十六进制一般只用于表示 unsigned 数据类型。

十进制、八进制与十六进制部分特殊的常数值如表 3-4 所示。

表 3-4　特殊常数值的表示

进　　制	unsigned int 常数值的表示		
十进制	0	32767	65535
八进制	00	077777	0177777
十六进制	0X0000	0X7FFF	0XFFFF

【例 3-2】阅读下列程序，掌握不同进制数的转换。

```c
#include "stdio.h"
int main()
{
    int x=745;
```

```
    int y=0371;
    int z=0x123;
    printf("十进制 x=%d,y=%d,z=%d\n",x,y,z);
    printf("八进制 x=%o,y=%o,z=%o\n",x,y,z);
    printf("十六进制 x=%x,y=%x,z=%x\n",x,y,z);
    return 0;
}
```

运行结果如下。

```
十进制 x=745,y=249,z=291
八进制 x=1351,y=371,z=443
十六进制 x=2e9,y=f9,z=123
```

注意

生成随机整数：C 语言中随机整数的生成，首先使用文件<time.h>中的函数 srand((unsigned)time(NULL))产生随机种子，然后调用函数 rand()产生 X～Y 之间的随机数 n，其中产生整数 n 的公式 n=X+ rand()%(Y-X+1); 如产生一个 90～100 之间整数 n，则：

```
srand(time(NULL));   //调用 time 函数返回当前时间秒数
n=90+rand()%11;      //产生一个 90-100 之间的随机整数，是 n=90+rand()%(100-90+1);的简写
```

（2）实型常量

实型常量通常有两种表示形式：浮点计数法和科学计数法。

浮点计数法：通常表示成十进制数形式，其中必须有小数点，如 0.123、123.、123.0 和.123。

科学计数法：通常用指数形式表示，实际上是数学中幂次数的程序表示形式，如 1.23e4 表示 1.23×10^4，其中 e 或 E 之前必须有数字，指数必须为整数。例如，12.3e3、123E2、1.23e4 为正确的表示形式，而 e-5、1.2E-3.5 则为错误的表示形式。

一般情况下，对使用浮点计数法不方便表示的太大或太小的数，都会选择使用科学计数法表示，如 8.35E6、−1.23e-7 等。

（3）字符常量

定义：用一对英文单引号（''）括起来的单个普通字符或转义字符，如'a'、'A'、'?'、'\n'、'\101'等均为字符常量。在这里单引号只起定界作用，并不表示字符，反斜杠是转义字符标志。

转义字符是 C 语言中表示字符的一种特殊形式。通常使用转义字符表示 ASCII 字符集中不可打印的控制字符和特定功能的字符（控制字符和不可显示字符等见附录 B 的 ASCII 码表），如单引号、双引号以及反斜杠等使用转义字符。

转义字符用反斜杠后面跟一个字符、一个八进制或十六进制数的代码值表示，其中，八进制为 1～3 位，十六进制为 x+2 位，如'\012'、'\376'、'\x61'、'\100'、'\100'(表示字符'@')等。表 3-5 所示是常用的转义字符与含义。

表 3-5　常用转义字符与含义

转义字符	含义	转义字符	含义
\n	换到新的一行（LF）	\t	水平制表（HT）
\v	垂直制表（VT）	\b	退一格（BS）
\r	按"回车"键，回到本行行首（CR）	\f	换页（FF）
\a	响铃（BEL）	\\	反斜线
\'	单引号	\"	双引号
\ooo	3 位 8 进制数代表的字符	\xhh	2 位 16 进制代表的字符

　　字符常量的值与该字符的 ASCII 码值表示是相同的，如字符'A'为 65（ASCII 码），字符'a'为 97（ASCII 码），字符'0'为 48（ASCII 码），字符'\n'为 10（ASCII 码）。

　　使用转义字符需要注意以下问题。

　　① 转义字符中的字母只能是小写字符，每个转义字符只能看作一个字符。

　　② 表中的\r、\v、\f 对屏幕输出并不起作用，但会在控制打印机输出时响应其操作。

　　③ 在 C 语言程序中，使用不可打印字符时，通常用转义字符表示。

　　④ 在 C 语言中的字符常量是按 ASCII 码顺序存放的，它的有效值为 0～127，字符在 ASCII 中的顺序值可以像整数一样在程序中参与运算，但不能超出其有效取值范围。

　　【例 3-3】了解转义字符的作用。

```
#include "stdio.h"
int main()
{
    printf("Y\b=W\n");
    printf("%c%c\n",'\x41','\104');
    printf("%c%c\n",'[',']');
    return 0;
}
```

运行结果如下。

```
=W
AD
[]
```

注意

实际上第一行显示的效果是屏幕效果，打印机打印出来的是：¥W。

（4）字符串常量

　　定义：用一对英文双引号（""）括起来的字符序列或一串字符称为字符串常量，其中，字符序列可以是单个字符，也可以是一串字符。双引号只起定界作用，如"Welcome"、"_r"等均为字符串常量。

　　字符串常量在内存中存储时，系统自动在字符串的末尾加一个"串结束标志"，即 ASCII 值为 0 的字符 NUL，用'\0'表示。因此，长度为 n 个字符的字符串常量，在内存中占有 $n+1$ 个字节的存储空间，但字符串的长度并没有把串结束标志'\0'作为长度计算在内，所以长度仍然为 n。

例如，字符串"student"有 7 个有效字符，作为字符串常量存储于内存中占用了 8 个字节，（结束标志'\0'存储占用存储空间），其存储形式如下。

s	t	u	d	e	n	t	\0

注意

① 字符串和字符常量的区别。除了表示形式的不同外，其存储性质也不相同，如'a' 为字符常量，只占 1 个字节，而"a"作为字符串常量，占用 2 个字节。

② C 语言对字符串常量一般并不直接处理，字符串变量一般也是使用字符数组或字符指针来存储和处理的。

说明

'\0'是每个字符串常量尾自动必加的一个字符串结束标志。

3.3.2.2　符号常量

C 语言允许将程序中的常量定义为一个标识符，称为符号常量，习惯上用大写英语字母表示符号常量。定义符号常量的作用是为了提高程序的可读性或实现批处理，便于程序的调试与修改。同时在定义符号常量时，应尽可能地使用常量要表达的含义的字符。

符号常量应用前必须先定义（第 9 章 编译预处理中宏定义中的一种），其定义格式为：

```
#define 标识符 常量
```

例如：

```
#define  PI 3.14159  //#define  PAI  3.14159
#define  PASS 60
#define  SALARY 8000
```

这是用符号常量 PI、PASS、SALARY 在程序中分别替代常量 3.14159（圆周率 π）、60 和 8000，这样当编写程序需要圆周率 π、价格 60 和基本工资 8000 的时候，可以分别使用 PI、PRICE 和 SALARY 替代。程序在编译时，实现无缝衔接替代。

说明

编程用符号常量代替常量后，在程序编译时对应的常量符号自动被原来的常量替代。

定义符号常量，通常用大写字母来表示，以区别小写字母表示的变量。

符号常量的作用在于：减少程序代码编写中出现的重复型工作和失误，尤其需要实现批处理时，优势更是明显。如某单位对招聘转正后的员工基本工资 SALARY 从 8000 提高到 10000

时，可对程序段做如下修改即可。

```
#define SALARY 10000
```

3.3.3 变量

在程序运行过程中，其值可以改变的量称为变量，不同的变量对应不同的名字加以区分，如数学中的时间 t，圆面积 s 以及体积 v 等均为常见的常规变量。常规变量一般包括整型变量、实型变量和字符型变量，没有字符串变量，字符串只能使用字符数组存储（见第 7 章数组）。

那么在 C 语言中如何声明这些变量呢？

变量定义

C 语言中变量声明格式如下：

数据类型名　变量 1[,变量 2,…,变量 n];

例如：

```
int m,n,k;
float r,c;
double area,v;
```

说明：

① 数据类型名是关键字，必须是有效的类型（图 3-1 类型总表中的基本类型或扩展类型），限定了变量的取值范围和相关运算操作。

② 变量 1[,变量 2,…,变量 n]属于变量列表，可以由一个或多个逗号分隔开的标识符构成，同类型变量具有统一特性。上例定义变量后，m，n，k 存储的是整数数据（字符型也可），r，c 存储的是单精度浮点型数据，而 area，v 可存储双精度浮点数。

③ 变量的使用原则是先声明，再赋值，后使用；当然也允许对变量边声明边赋值。

如以下对变量的声明、赋值是合法的。

```
int  a;  float x,y;  double average,z;
a=10;x=7.2;y=7.2;
```

以下变量边声明边赋值也是合法的。

```
int a=10;
float x=7.2,y=7.2;
```

但以下对变量的边声明边赋值就是非法的。

```
float x=y=7.2;
```

单精度实型提供小数点后 6 位有效数字；双精度实型提供 16 位有效数字。

④ 如果存在对同一变量存在多次赋值，其结果是最后一次赋值。

int y=20;　y=200;　y=20*5;　则最后输出 y 的值为 100。

⑤ 一定条件下字符型变量（char）与整数类型数据（int）可进行转换和算术运算，因为字符的 ASCII 码是正整数，字符变量的值在计算机内的存储是以该字符对应的 ASCII 码存放的。

例如：

```
x='A';       // x=65 或 x='A'
ch=x+5;      // ch=65+5 或 ch='F'
```

⑥ 变量的声明一般放在函数开头的{之后，与 C 语句执行严格的分界，不能混用。

备注：C99 标准允许在代码块的任何地方声明变量，而不仅仅是代码块的开头，从而提高了代码的可读性和维护性，还减少了变量的生命周期，提高了代码的安全性。为了更好地兼容，建议遵守 C99 前的规定。当然下列程序段在 Dev C++是允许的。

```
x=3;
y=4;
z=5;
float s=0.5*(x+y+z);  //C90 不允许此处定义变量 s
```

3.3.4 变量类型的确定

C 语言编程中变量数据类型的定义主要取决于以下几个方面。

① 有明确标注则按要求为原则，否则以实际应用为原则。

② 对涉及的计算结果以计算结果准确性和完整性作为原则：无须初始赋值或输入变量数值时，对程序使用的变量根据其计算结果来定义对应的数据类型。

③ 整体上保持数据类型的一致性：需要输入的数据类型，要保持定义的数据类型与输入的类型一致。

> **注意**
>
> 已定义数据类型的变量应在赋值和使用中尽量保持数据类型一致，否则会导致编译程序警告或出错。

例如：

```
int x;
scanf("%f",&x);
```

声明的变量 x 为整数数据类型，而输入是浮点数类型，Dev C++软件编译时提示"[Warning] format '%f' expects argument of type 'float*', but argument 2 has type 'int*' [-Wformat=]"。

3.4 C 语言运算符

C 语言程序编程需要结合运算符对变量、常量等进行运算操作。C 语言程序设计的运算符主要有算术、关系、逻辑、位、赋值、逗号等，如图 3-2 所示。

对运算符的学习，应主要掌握以下几个方面内容。

① 运算符功能：掌握不同运算符的运算功能，区分数学公式在 C 语言编程中的不同。

② 运算量个数（也称几目）：对不同的运算符需要注意其对应的运算量个数的要求，常规的分为单目、双目和三目运算符。

③ 对运算量的类型要求：不同运算符对运算量有不同的要求，必须符合运算要求的运算量才能实行运算，如%要求运

算术运算符：(+ - * / % ++ --)
关系运算符：(< <= == > >=)
逻辑运算符：((! && ||))
位运算符：(<< >> ~ | ^ &)
赋值运算符：(= 及其扩展)
条件运算符：(?:)
逗号运算符：(,)
指针运算符：(* &)
求字节数：(sizeof)
强制类型转换：(类型)
分量运算符：(. ->)
下标运算符：([])
其他：(() -)

图 3-2 C 语言运算符

算量类型必须是整数。

④ 运算符优先级别：运算符的优先级一共设置了 15 级，最高级是 1 级，如()、[]等优先运算；最低级是 15 级，如逗号（,）最后运算。详细优先级见 3.4.8 节。

⑤ 结合方向：不同运算符有不同的结合方向，多个运算符综合运算时需要注意其结合方向，尤其是优先级相同的运算符共存时更要注意，如*p++的*和++优先级都是 2 级，但其运算方向都是自右向左，所以*p++等价于*(p++)，而不是等价于（*p）++。

⑥ 结果类型：对运算符运算的结果需要区分使用，如两个整数相除（运算符/），其结果为整数。

C 语言的基本表达式由操作数和操作符组成，操作数一般由变量和常量表示，操作符由 C 语言规定的各种各样的运算符表示。一个基本表达式也可以作为操作数来构成复杂表达式。构成基本表达式的运算符主要包含算术运算符、赋值运算符、关系运算符、逻辑运算符、条件运算符等。

下面详细介绍 C 语言运算符。

3.4.1　算术运算符

下面首先介绍 C 语言的算术运算符。

C 语言的算术运算符主要包括基本算术运算符和扩展算术运算符，如表 3-6 所示。

表 3-6　算术运算符

运算符	优先级	作用	实例
++	2	自加（变量值加 1）	i=10; i++; ++i;结果分别为：10，11
--		自减（变量值减 1）	j=9; j--; --j 结果分别为：9，8
*	3	乘法	i=9; j=10 ;i*j 结果为：90
/	3	除法	x=25; y=9 ; x/y 结果为：2
%		求模运算（求余数）	m=19; n=5; m%n 结果为：4
+	4	加法	i=9; j=10; i+j 结果为：19
–		减法	i=9; j=10; i-j 结果为：-1

（1）基本算术运算符

① 基本算术运算符主要包括加（+）、负（–）、减（–）、乘（*）、除（/）、求模（%，也称为求余数）等运算符。除了负号（–）外，其他的都是双目运算符（运算所需变量或运算对象为两个的运算符叫作双目运算符）。

微课

② 基本算术运算符的结合方向是从左向右，也称为"左结合性"。如 a–b+c，先执行 a–b，再执行+c 运算。

③ 基本算术运算符的优先级是：负号（–）优先级为 2 级，大于优先级为 3 级的乘号（*）、除号（/）和求余（%），而乘号（*）、除号（/）和求余（%）大于优先级为 4 级的加号（+）和减号（–）。其中，乘号（*）、除号（/）和求余（%）优先级相同，加号（+）和减号（–）优先级相同。

注意：

① "–"作为负号时，为单目运算符，具有右结合性。

② 两整数相除，结果为整数，结果遵循向 0 取整舍小原则，如 5/2 结果为：2。

③ %要求两侧均为整型数据，不能是浮点数，如 10%2.5 无结果。

（2）扩展算术运算符

常见的扩展运算符包括自增++、自减--运算符，其作用是使变量值加 1 或减 1。这两个运算符与其他运算符最重要的不同是：可以前置（即出现在变量的左边），也可以后置（即出现在变量的右边），如 i++、++i 等。

前置++/--：先将变量的值加 1 或减 1，再使用该变量。

后置++/--：先使用该变量，再将变量的值加 1 或减 1。

例如 i 为整数变量，则：

前置　++i，--i　（先执行 i+1 或 i-1，再使用 i 值）

后置　i++，i--　（先使用 i 值，再执行 i+1 或 i-1）

【例 3-4】了解 Dev C++ 6.0 编译软件的++和--表达式混合运算的结果。

```
j=3;  printf("%d\n",++j);
j=3;  printf("%d\n",j++);
a=3;b=5;m=(--a)*b;  printf("m=%d,a=%d\n",m,a);
c=3;d=5;n=(c--)*d;  printf("n=%d,c=%d\n",n,c);
```

运行结果为：

```
4
3
m=10,a=2
n=15,c=2
```

注意：

① 自增++和自减--只能用于单个变量，而不能用于常量和表达式，如 5++、(a+b)++ 都是不合法的。

② ++、--的优先级为 2 级，结合方向是自右向左。如果出现多个运算符共存时，按照优先级和结合方向逐步运算。

例如：

```
-i++ 等价于：-(i++)
i=3;  printf("%d",-i++);   //输出结果为 -3
```

③ 尽量不要出现容易混淆或歧义性的表达式，如果需要可以使用（）区分优先级。

如 j+++k 尽量不要出现，可以使用(j++)+k;或 j+(++k);给与明确区分。

3.4.2　赋值运算符和复合赋值运算符

（1）赋值运算符

赋值运算符用"="表示，其左为一个变量，不能是常数或变量表达式，其右可以是任意表达式，其功能是将右边表达式的计算结果赋值给左边的变量。

赋值运算符格式是：

变量标识符=表达式

如 x=3，z=x+y 等都是正确的，其作用分别是 3 赋值给 x，x+y 的和赋值给 z；而 4=x，x+y=9 等是错误的。

赋值运算符"="对应的运算优先级为 14，其结合方向为自右向左。

对同一个变量可以多次赋值，以最后一次赋值为准。

注意：赋值运算符可能会出现数据类型不匹配的赋值情况。如果类型不匹配，首先按照编译环境设定的数据类型进行自动转换，无法实现自动转换的需要强制转换。既不符合自动转换条件，又缺少强制转换，则系统报错处理。

在变量均定义的情况下，以下赋值都是正确的。

```
a=b=c=5;
a=(b=5);
a=5+(c=6);
a=(b=10)/(c=2);
```

（2）复合赋值运算符

复合赋值运算符是赋值号和其他运算符组合在一起形成的特殊运算符。

常见复合运算符的种类：+=、-=、*=、/=、%=、<<=、>>=、&=、^=、|=。

复合运算符的含义：例如 a=9;x=6,y=2;

a+=3 等价于 a=a+3   //a=12

x*=y+8 等价于 x=x*(y+8)   //x=60

复合赋值运算符优先级为 14 级，其结合性为自右向左。

注意：

① 左侧必须是变量，不能是常量或表达式。

② 表达式有多个复合赋值号时，按照自右向左的运算顺序运算。

③ 注意复合赋值运算符的多层运算顺序，尤其注意变量值可能被中途改变。

例如：定义   int a=12;

则计算 a+=a-=a*a; 的值。   //a=-264 等价于 a=a+(a=a- (a*a));

3.4.3　关系运算符

关系运算符是逻辑运算中比较简单的一种。实际上就是两个值比较运算。如果满足比较条件，则其对应的比较结果为真（true）；如果比较条件不成立，则对应的比较结果为假（false）。与计算机表示的机器语言对应，一般 true 表示为 1，而 false 表示为 0。

关系运算符的种类有<、<=、==、>=、>、!=，其运算结合方向是自左向右，运算结果为逻辑值"真"或"假"。

关系运算符的优先级别：<、<=、>、>=优先级为 6（高），而==和!=优先级为 7（低），其关系运算符及其优先次序如表 3-7 所示。

表 3-7　C 语言的关系运算符

关系运算符	优先级	含义	实例（x=7，y=8）	结果
>	6	大于	x>y	0
>=		大于等于	x>=y	0
<		小于	x<y	1
<=		小于等于	x<=y	1
==	7	等于	x==y	0
!=		不等于	x!=y	1

关系运算符与其他运算符并存时，按照优先级级别和结合方向进行运算。

如　int a=3,b=2,c=1,d,f;

a>b　　　//结果为：1

a>b==c　　//结果为：1　　　等价于(a>b)==c

b+c<a　　//结果为：0　　　等价于(b+c)<c

d=a>b　　//结果为：d=1　等价于 d=(a>b)

f=a>b>c　//结果为：f=0　等价于 f=((a>b)>c)

注意：

① C 语言中的连续关系比较运算程序与数学的连续比较是有区别和差异的，如 a=0; b=0.5; x=0.3;，数学表达式中 a<=x<=b 是常规简洁写法，但 C 语言中的程序 a<=x<=b 的值为 0。

② 关系运算时，尽量避免对实数做相等或不等的判断，如 1.0/3.0*3.0==1.0，结果为 0。使用实数可以改写为：fabs(1.0/3.0*3.0-1.0)<1e-6。

【例 3-5】分析以下程序，注意正确区分赋值号（=）和比较运算符（==）。

```c
#include "stdio.h"
int main()
{
    int a=0,b=1;
    if(a=b)         //Dev C++虽然能运行，但提示编译有警告，不符合规范的运算符应用
        printf("a==b");
    else
        printf("a !=b");
    return 0;
}
```

分析：if 后面的条件是为了比较，而 a=b 是赋值，所以程序编译无法通过。

3.4.4　逻辑运算符

用逻辑运算符将关系表达式或逻辑值连接起来的式子称为逻辑表达式。

逻辑运算符种类与结合方向如下。

!——逻辑非，相当于 NOT，结合方向：自右向左。

&&——逻辑与，相当于 AND，结合方向：自左向右。

||——逻辑或，相当于 OR，结合方向：自左向右。

逻辑非!的优先级为 2 级，高于&&和||的优先级，而&&优先级为 11 级，略高于||的优先级 12 级。

&&和||是双目运算符，而!是单目运算符，如 a&&b、x||y、!z 等是正确的。

C 语言中的逻辑运算符主要用于判断条件的逻辑，其运算符及其优先次序如表 3-8 所示，其值与关系表达式的结果一样，即逻辑值"真"和"假"。

表 3-8　逻辑运算符与逻辑运算规则

逻辑运算符	优先级	含义		A	B	!A	!B	A&&B	A||B
!	2	逻辑非	运算规则	真	真	假	假	真	真
&&	11	逻辑与		真	假	假	真	假	真
||	12	逻辑或		假	真	真	假	假	真
				假	假	真	真	假	假

注意：

① 表中的 A 或 B 可以是任意表达式，条件判断中（A）等价于（A!=0）。

② C 语言中规定：零值表示假，任何非零值均表示真。

③ 数学、物理等系列关系式的表示可以使用逻辑运算符连接，如 $x \leq y \leq z$ 用 C 程序可表示为：$x >= y \&\& y <= z$。

④ 逻辑运算符可以与其他运算符结合组成复杂逻辑表达式，运算顺序按优先级进行。

⑤ 特殊情况：短路。

短路是程序设计中经常出现的一种情况，如数学中的 0 乘短路、程序段中 0 与（&&）短路和 1 或（||）短路等。例如物理串联开关 K1&&K2，如果 K1 的值为假，则整个表达式的值就为假。按照从左向右的执行顺序执行，该表达式 K1 值为 0 后，K2 自动被短路，即 K2 不再运算。而 A||B，如果 A 的值为真，整个表达式的值就为真，B 直接被短路，也无须执行任何后续运算。

a．(表达式 1)&&(表达式 2)

根据语法规则，只要(表达式 1)为假，则不管(表达式 2)的值如何，总表达式的结果都为假。因此，编译软件一旦确定(表达式 1)的值为假，则(表达式 2)被短路。

b．(表达式 1)||(表达式 2)

根据语法规则，只要(表达式 1)为真，则不管(表达式 2)的值如何，总表达式的结果都为真。因此，编译软件一旦确定(表达式 1)的值为真，则(表达式 2)被短路。

【例 3-6】分析以下程序的逻辑运算符的短路应用。

```c
#include "stdio.h"
int main()
{
    int x=0,y=9,z=10,temp1,temp2;
    int a=0,b=1,c=2;
    temp1=++x||++y||++z;
    temp2=a++&&b++&&c++;
    printf("temp1=%d,x=%d,y=%d,z=%d\n",temp1,x,y,z);
    printf("temp2=%d,a=%d,b=%d,c=%d\n",temp2,a,b,c);
    return 0;
}
```

运行结果如下。

```
temp1=1,x=1,y=9,z=10
temp2=0,a=1,b=1,c=2
```

【例 3-7】我国是历史上最早发明历法的国家之一，现在仍然存在应用的农历属于阴阳历，是古代中国农民长期观察天文运行掌握农务的时候（简称农时）的结果，比纯粹的阴历或西方普遍利用的阳历实用方便。中华人民共和国成立后，采用公历纪元，其中公历闰年遵循的一般规律为四年一闰，百年不闰，四百年再闰。现在简单闰年的判定方法之一如下：

a．能被 4 整除并且不能被 100 整除。

b．能被 400 整除的年份为闰年。

编写程序，根据判定条件对输入的任意年份 year 判定是否为闰年。

```c
#include "stdio.h"
int main()
{
```

例题解析

```
    int year;
    scanf("%d",&year);
    if((year%4==0&&year%100!=0)||(year%400==0))  printf("%d为闰年",year);
        else printf("%d是平年",year);
    return 0;
}
```

微课

3.4.5 逗号运算符

C 语言提供了一种特殊的运算符——逗号运算符（,），将两个或多个表达式连接起来。

逗号表达式的一般形式是：

表达式 1,表达式 2,…,表达式 n

逗号表达式结合性是从左向右，逗号运算符的优先级为 15。

逗号表达式常用于循环 for 语句中，运算规则是先计算表达式 1，再计算表达式 2……最后计算表达式 n，整个逗号表达式的值等于最后一个表达式 n 的值。

例如 a=3*5,a*4　　　//a=15，表达式值 60
　　 a=3*5,a*4,a+5　 //a=15，表达式值 20
　　 x=(a=3,6*3)　　　//赋值表达式，表达式值 18，x=18

注意：

① 逗号表达式可以嵌套。

② 逗号表达式运算时，需要注意表达式 n 的结果是否使用了其前的变量，如果使用了，则注意其前的变量是否因赋值而改变初值。

③ 逗号运算符的目的不是为了求整个逗号表达式的值，而是为了分别求逗号表达式中各个不同表达式的值。

注意：

逗号除了可以用作运算符号外，另一个主要的用途是在变量定义或函数参数列表中作为各变量之间的间隔符，这个时候的逗号并不是运算符。

3.4.6 条件运算符

微课

条件运算符是 C 语言提供的唯一的一个三目运算符，由"?"和"："组成。其中三目是指由 3 个操作数操作，构成条件表达式。

条件运算符的一般形式是：

表达式 1 ？ 表达式 2 ：表达式 3

条件运算符的功能：相当于条件语句，但不能取代一般 if 语句，可理解为如果表达式 1 成立，则结果为表达式 2 的值，反之，其结果为表达式 3 的值。如使用三目运算符计算 x,y 的最大值 max，其程序语句实现如下：max=x>y?x:y。

条件运算符的优先级是 13，运算结合方向是自右向左。

例如 a>b?a:c>d?c:d 等价于 a>b?a:(c>d?c:d)。

注意：

① 条件运算符可嵌套，如 x>0?1:(x<0?-1:0)是正确的，可表示数学分段函数 $y = \begin{cases} 1(x > 0) \\ 0(x = 0) \\ -1(x < 0) \end{cases}$ 。

② 条件运算符中表达式 1、表达式 2、表达式 3 的类型可以不同，其中表达式 1 只需判断逻辑真假即可。

3.4.7 位运算符

在 C 语言中，数据的存储与处理不仅仅通过基本数据类型，有些时候还操作存储单元的二进制位，可以说位运算主要是二进制操作。例如可以使二进制位移动一位实现按位的加、减运算，这就需要了解位运算符的使用方法。不过在学习位运算符之前，先要了解二进制的补码，因为补码不但可以表示和存储数值，而且在数值存储与处理时可以将符号位和数值位统一处理，包含常用的加法和减法。下面着重讲述整数的补码。

3.4.7.1 原码与补码

（1）定义

原码是一种计算机中对数字的二进制表示方法，是最简单的机器数。数码序列中最高位为符号位，0 表示正数，1 表示负数，其余有效值部分用二进制的绝对值表示。

补码是一种方便正负数据运算、用二进制表示数据的方法。正数与负数的原码转换为补码的规则是不一样的。下面以正整数和负整数为例讲述它的规则。

（2）原码转换成补码

① 正整数的补码是二进制数本身，也就是它的原码。例如 3 对应的 8 位二进制数为00000011，其中首位为符号位（0 为正，1 为负）。

② 负整数的补码是其正整数（负整数的绝对值）原码取反加 1（末尾数加 1）。例如负整数−3 的绝对值是 3，3 的二进制原码是 00000011，取反为 11111100，末尾数加 1 为 11111101。

（3）补码转换成原码

已知一个整数的补码，如何转换成原码，可以分为正整数和负整数来讲。

① 正整数原码是其补码本身。例如已知补码 00000011，因为最高位为 0，说明此数为一正整数，则其原码与补码相同，仍然为 00000011，此原码转换成整数为 3。

② 负整数的原码是其补码减 1（末尾数减 1）取反，再加上符号。例如已知某个数的补码为 11111101，最高位为 1，故此数为负整数。转换原码的过程为：补码减 1 变为 11111100，再取反为 00000011，此原码转换成整数为 3，加上符号（−），故补码 11111101 对应的数为−3。

3.4.7.2 位运算符

在 C 语言中，位运算符主要是针对整型和字符型数据类型而言的，直接使用二进制按位进行操作，不适合浮点型等其他数据类型。位运算符和优先级以及运算规则如表 3-9所示。

表 3-9　位运算符和优先级以及运算规则

位运算符	优先级	含义	运算条件	运算法则	举例
&	8	位与	二进制位进行"与"运算	两个相应的二进制位都是 1，则结果为 1，否则为 0	3 & 5=1 (−3) & (−5) =−7
|	10	位或	二进制位进行"或"运算	两个相应的二进制位有一个是 1，则结果为 1，否则为 0	3 | 5=7 (−3) | (−5) =−1
^	9	位异或	二进制位"异或"运算	两个相应的二进制位同号，则结果为 0，否则为 1	3^5=6 (−3) ^ (−5) =6
~	2	按位取反	二进制位"取反"运算	二进制位数按位取反，即 0 变 1，1 变 0	~3 =2 ~(−3)=−4
<<	5	位左移	二进制位"左移"运算	二进制位数左移 n 位，右补 0	int a=15; a<<2，结果为 60
>>	5	位右移	二进制位"右移"运算	二进制位数右移 n 位，低位被舍弃，无符号数高位补 0（正数补 0），负数不确定	int a=15; a>>2，结果为 3

3.4.7.3　位运算应用

位运算主要在取反、清零、屏蔽、某位变更等方面，甚至在位置信息传递或某种状态存储中均可得以应用。如 RM 比赛中 Tx2 图像采集中把目标位置传递给 stm32（若最多读取 8 位数据）控制板时，如果位置信息超过读取位数，则可以实现数据拆分传输。

【例 3-8】位操作应用实例。

① 实现一个整数 x 指定位的值取反，如低 4 位取反，高 4 位不变。设：x=01101100。

可使用位异或^运算，运算如下：

$$
\begin{array}{r}
x = 01101100 \\
\underline{{}^{\wedge}y = 00001111} \\
01100011
\end{array}
$$

② 实现一个整数 x 各位（二进制位）清零。设：x=0110 1100。

可使用位与&运算，运算如下：

$$
\begin{array}{r}
x = 01101100 \\
\underline{\& \, y = 00000000} \\
00000000
\end{array}
$$

③ 实现一个整数 x 部分屏蔽，如取低位字节，屏蔽高位。设：x=0110 1100。

使用位与&运算，运算如下：

$$
\begin{array}{r}
x = 01101100 \\
\underline{\& \, y = 00001111} \\
00001100
\end{array}
$$

④ 实现一个整数 x 的奇数位变成 1，偶数位保持不变。设：x=0110 1100。

可使用位或|运算，运算如下：

$$
\begin{array}{r}
x = 01101100 \\
\underline{| \, y = 01010101} \\
01111101
\end{array}
$$

3.4.8 运算符顺序

C 语言中各种运算符一共有 44 个，按优先级可分为 11 个类型、15 个优先级别。除了已经介绍的常用运算符外，后续会继续介绍其他运算符。一般情况下，程序会先算圆括号内的表达式，然后根据优先级的级别和结合方向依次计算其表达式的值。运算符与其结合方向如表 3-10 所示，各运算符的优先顺序按序号由高到低。

表 3-10 C 语言运算符

序号	类别	运算符	名称	优先级	结合性	使用形式	说明
1	强制	()	类型转换 参数表 函数调用	1(最高)	自左向右	(int)x int max(int x,int y) sorted(a);	单目
	下标	[]	数组元素的下标			a[i]	
	成员	->.	结构或联合成员			student.sno p->sno	
2	逻辑	!	逻辑非	2	自右向左	!x	单目
	位	~	位非			~x	
	算术自增、自减	++, --	增加1，减少1			++x, y++ --x, y--	
	指针	& *	取地址，取内容			&x	
	算术	+-	取正，取负			+x, -y	
	长度	sizeof	（数据）长度			sizeof(x)	
3	算术	* / %	乘、除、求模（取余）	3	自左向右	x*y x/y x%4	双目
	算术	+-	加、减	4		x+y, x-y	双目
4	位	<<	左移位	5	自左向右	x<<2	双目
		>>	右移位			y>>2	
5	关系	>= >	大于等于，大于 小于等于，小于	6	自左向右	x>=y x<y	双目
		== !=	等于，不等于	7		x==y, x!=y	
6	位	&	位与	8	自左向右	x&y	双目
		^	位异或	9		x^y	
		|	位或	10		x|y	
7	逻辑	&&	逻辑与	11	自左向右	x&&y	双目
		||	逻辑或	12		x||y	
8	条件	?:	条件	13	自右向左	x>y?x:y	三目
9	赋值	=	赋值	14	自右向左	x=y	双目
10	复合	+= -=	加赋值，减赋值		自右向左	x+=y	双目
		*= /=	乘赋值，除赋值			x*=y	
		%= &=	模赋值，位与赋值			x%=y	
		^=	按位异或赋值			x^=2	
		|=	位或赋值			x|=2	
		<<=	位左移赋值			x<<=2	
		>>=	位右移赋值			y>>=2	
11	逗号	,	逗号	15（最低）	自左向右	x+1,y-3,x+y	

优先级是程序高效执行的保证，也是程序有效执行的规则之一。程序设计的优先在生活中同样存在，如 110、120、119 等特殊类型的车辆，在执行任务时也是享有高优先级的通行权的，是人民安全的有力保证。在程序编写中，运算符的优先级可以保证程序的高效运行，在物理、数学、农业生产等多方面实现案例的准确建模。

3.4.9　数据混合运算和类型转换

C 语言程序设计中，涉及的数据类型和运算符很多，应该尽可能地规范一个表达式和运算符，以保证编译、构建的正确运行和计算结果的准确性。但如果在一个表达式中出现多个不同的数据类型，有时也是允许的，编译环境会视情况转换。

微课

（1）自动转换

自动转换规则：不同类型数据运算时自动转换成同一类型，一般来讲较短的数据类型向较长的数据类型转换。

例如 float x=4.5,z;int y=5;，那么表达式 z=x+y;的运算中，程序会自动把 y 值转换成实数 5.0 而不会把 x 值转换成整数 4，这样才能保证运算结果 z 的准确性。所以，建议适当避免表达式运算的自动转换，如果确实有必要，可以使用强制转换以保证数据的正确性。

（2）强制转换

强制转换的一般形式是：

（类型名）（表达式或变量）

含义是：把（表达式或变量）的类型强制转换为表达式前的圆括号内的强制数据类型。

```
int x=3.8,y=4.7;
    (int) (x+y)      强制转换(x+y)为int,结果为: 8
    (int)x+y         强制转换 x 为 int, 而 y 的数据类型保持不变, 结果为: 7.700000
    (double)(3/2)    强制转换(3/2)为 double 类型, 结果保留 6 位小数为: 1.000000
```

说明

强制转换得到所需类型的中间变量，而原变量类型不变。

注意：

自动转换的原则是保持数据的准确性，而强制转换则没有这个原则。

强制转换并不改变表达式或变量的数据类型。

小结

本章主要讨论了 C 语言最基础的内容——数据类型和运算符。数据类型主要包含基本数据类型、构造类型、指针、空类型 void 和自定义类型 typedef，其中，基本数据类型包括整数型 int、字符型 char、实数型（float 和 double）。运算符一共有 44 个，按优先级可分为 11 个类型 15 个优先级别。

　　本章在讲述基础内容的同时，对数据类型的表示和运算符所使用的运算量也做了说明。标识符是用来标识变量名、标号、函数名以及其他各种用户定义名等的字符序列，常量是程序运行时其值不能改变的量，即常数，一般是根据基本数据类型分为整型常量、实型常量、字符常量、字符串常量 4 种。使用#define 定义的常量，后续章节称为宏定义。而常量中的转义字符可以表示 ASCII 码中不可打印的和特定功能的字符。变量是程序在运行过程中，其值可以改变的量。

　　本章主要讲述算术运算符与其扩展运算符、赋值运算符、复合赋值运算符、关系运算符、逻辑运算符、逗号运算符、条件运算符以及位运算符等。其他运算符后续章节会有介绍。

　　运算符是 C 语言程序设计的编程基础。通过不同运算符的组合可以表示物理、化学、科学、工程等各种领域问题的综合运算，实现与人工智能的衔接，其运算顺序按照不同运算符的优先级和结合性进行运算。

参考答案
习题解析

习题

一、单选题

① 下列关于 long、int、short 数据类型在编译系统中占用内存大小的叙述正确的是（　　）。

A．均占用 4 个字节　　　　B．根据数据的大小来决定占用内存的字节数

C．由用户自己定义　　　　D．由 C 语言编译系统决定

② 下列选项中，不能作为合法常量的是（　　）。

A．1.234e04　　　　B．1.234e0.4　　　　C．1.234e+4　　　　D．1.234e0

③ 下列不合法的用户标识符是（　　）。

A．J2_key　　　　B．Double　　　　C．4d　　　　D．_8_

④ 下列选项中是合法的 C 语言数值常量的一项是（　　）。

A．028　　.5e-3　　.0xf　　　　　　　　B．12　　0xa23　　4.5e0

C．177　　4e1.5　　0abc　　　　　　　　D．0x8A　　10000　　3e.5

⑤ 已知 a=3;b=-24;则下列选项中，计算 a<b?++a:b--结果正确的是（　　）。

A．3　　　　B．4　　　　C．-24　　　　D．-25

⑥ 下列选项中，合法的字符常量是（　　）。

A．'\x13'　　　　B．'\081'　　　　C．'65'　　　　D．"\n"

⑦ 下列能正确定义且赋初值正确的语句是（　　）。

A．int n1=n=10;　　　　　　　　B．char c=32;

C．float f=f+1.1;　　　　　　　　D．double x=12.3e2.5;

⑧ 有下面的程序段：

```
char a1='M',a2='m';
printf("%c\n",(a1,a2));
```

则下列叙述正确的是（　　）。

A．程序输出大写字母 M　　　　　　　B．程序输出小写字母 m

C．程序输出 M-m 的差值　　　　　　　D．程序运行时产生错误信息

⑨ 数字字符 0 的 ASCII 码值为 48，运行下面的程序段。

```
char a='1',b='2';
```

```
printf("%c,",b++);
printf("%d\n,",b-a);
```

则程序的输出结果为（　　）。

A. 3,2　　　　　　　　B. 50,2　　　　　　　　C. 2,2　　　　　　　　D. 2,50

⑩ 已知大写字母 A 的 ASCII 码值为 65，小写字母 a 的 ASCII 码值是 97，则下列不能把 c 中大写字母转换成小写字母的是（　　）。

A. c=(c-'A')%26+'a'　　B. c=c+32　　　　　C. c=c+'a'−'A'　　D. c=('A'+c)%26−'a'

⑪ 下列程序的输出结果是（　　）。

```
#include  "stdio.h"
int main()
{
    int m=12,n=34;
    printf("%d%d",m++,++n);
    printf("%d%d\n",n++,++m);
    return 0;
}
```

A. 12353514　　　　　B. 12353513　　　　　C. 12343514　　　　　D. 12343513

⑫ 表达式 3.6−5/2+1.2+5%2 的值是（　　）（小数点保留一位）。

A. 4.3　　　　　　　　B. 4.8　　　　　　　　C. 3.3　　　　　　　　D. 3.8

⑬ 有以下定义：int k=0;，下列选项的 4 个表达式中与其他 3 个表达式的值不同的是（　　）。

A. k++　　　　　　　　B. k+=1　　　　　　　C. ++k　　　　　　　　D. k+1

⑭ 下列选项中，运算符优先级比较中错误的是（　　）。

A. &&比||优先级高　　　B. =比&=优先级高

C. !比%优先级高　　　　D. >比==优先级高

⑮ 若已有定义和赋值语句 float x=1.0,y=2,4;，下列符合 C 语言语法的表达式是（　　）。

A. ++x, y=x--　　　　　B. x+1=y　　　　　　C. x=x+10=x+y　　　D. double(x)/10

⑯ 设 x、y 均为 int 型变量，则执行以下语句的输出为（　　）。

```
x=15;
y=5;
printf("%d\n",x%=(y%=2));
```

A. 0　　　　　　　　　　B. 1　　　　　　　　　　C. 6　　　　　　　　　　D. 12

⑰ 若变量均已正确定义并赋值，则以下的 C 语言赋值语句合法的是（　　）。

A. x=y==5;　　　　　　B. x=n%2.5;　　　　　C. x+n=i;　　　　　　D. x=5=4+1;

⑱ 若 x、y、z 均为 int 型变量，则执行以下语句的输出为（　　）。

```
x=(y=(z=10)+5)-5;
printf("x=%d,y=%d,z=%d\n",x,y,z);
y=(z=x=0,x+10);
printf("x=%d,y=%d,z=%d\n",x,y,z);
```

A. x=10,y=15,z=10　　　　　　　　　B. x=10,y=10,z=10

　　 x=0,y=10,z=0　　　　　　　　　　　 x=0,y=10,z=0

C. x=10,y=15,z=10　　　　　　　　　D. x=10,y=10,z=10

x=10,y=10,z=0   x=0,y=10,z=0

⑲ 有以下程序段：

```
char ch; int k;
ch='a'; k=12;
printf("%c,%d",ch,ch,k);
printf("k=%d\n",k);
```

已知字符 a 的 ASCII 码十进制代号为 97，则执行上述程序段后输出结果为（   ）。

A．因为变量类型与格式描述符的类型不匹配，输出无定值

B．输出项与格式描述符个数不符，输出为零值或不定值

C．a,97,12k=12

D．a,97k=12

⑳ 有以下程序段，其中%u 表示按无符号整数输出：

```
unsigned int x=0XFFFF;
printf("%u\n",x);
```

程序运行后的输出结果为（   ）。

A．−1   B．65535   C．32767   D．0XFFFF

㉑ 有以下程序段：

```
int m=0256,n=256;
printf("%o %o\n",m,n);
```

程序运行后的输出结果为（   ）。

A．0256 0400   B．0256 256   C．256 400   D．400 400

二、填空题

① 下列程序段运行后的输出结果为（   ）。

```
int x=0210;
printf("%X\n",x);
```

② 下列程序运行后的输出结果为（   ）。

```
#include "stdio.h"
int main()
{
    int m=011,n=11;
    printf("%d,%d\n",++m,n++);
    return 0;
}
```

③ 下列程序段运行后的输出结果为（   ）。

```
int a=10;
a=(3*5,a*4,a+20);
printf("a=%d\n",a);
```

④ 设 x 和 y 均为 int 型变量，且 x=1，y=2，则表达式 1.0+x/y 的值为（   ）。

⑤ 设 a,b,c 为整型数，且 a=2，b=3，c=4，则执行完语句 a*=16+(b++)−(++c)后，a 的值为（   ）。

⑥ 设 y 为 float 型变量，执行表达式 y=6/5 后 y 的值为（   ）。

⑦ 执行 char ch='A'; ch=(ch>='A'&&ch<='Z')?(ch+32):ch 语句后，ch 的值是（　　　）。

⑧ i 为 int 变量，且初值为 3，有表达式 i++-3，则表达式的值是（　　　）。

⑨ 若 x=2，y=3，则 x%=y+3 的值为（　　　）。

⑩ 若 a=1，b=2，c=3，则执行表达式(a>b)&&(c++)后 c 的值为（　　　）。

⑪ 0777 的十进制数是（　　　），0123 的十进制数是（　　　），0x29 的十进制数是（　　　），0XBBC 的十进制数是（　　　）。

⑫ 若有说明 char s1='\077',s2='\'，则 s1 中包含（　　　）个字符，s2 中包含（　　　）个字符。

⑬ 数七游戏中，x 能被 7 整除或个位数为 7 的判断条件是（　　　）。

⑭ 设 x、y、z 均为 int 型变量，请用 C 语言表达式描述下列命题。

a. x 和 y 中有一个小于 z

b. x，y，z 中有两个为负数

c. y 为奇数

⑮ 若已说明 x、y、z 均为 int 变量，请写出下列输出语句的输出结果。

```
a.  x=y=z=0;
    ++x||++y&&++z;
    printf("x=%d\ty=%d\tz=%d\n",x,y,z);
b.  x=y=z=-1;
    ++x&&++y&&++z;
    printf("x=%d\ty=%d\tz=%d\n",x,y,z);
c.  x=y=z=-1;
    x++&&--y&&z--||--x;
    printf("x=%d\ty=%d\tz=%d\n",x,y,z);
```

⑯ 已知字母 A 的 ASCII 码值为 65，以下程序段运行后的输出结果是（　　　）。

```
char a,b;
a='A'+'5'-'3';b=a+'6'-'2';
printf("%d,%c\n",a,b);
```

⑰ 若 x=1，y=2，z=3，则表达式 z+=++x+y++的值为（　　　）。

三、程序填空

已知两个整数 x=55,y=99。请补充程序,交换 x、y 的值后输出结果,并计算平均值 average。

```
#include "stdio.h"
int main()
{
int x=55,y=99;
float average;
int t;
_____;
_____;
_____;      //x,y 实现交换
_____;      //平均值 average 的计算
printf("x=%d,y=%d\n",x,y);
printf("average =%f \n", average);
return 0;
}
```

四、程序设计

① 编写程序，从键盘输入一个角度 angle，根据弧度 rad 与角度转换公式 $rad = \dfrac{angle \times \pi}{180}$，计算该角度的余弦值，将计算结果输出到屏幕。

② 编写程序，从键盘上输入半径 r 和高 h，根据公式 $v = \dfrac{1}{3}\pi r^2 h$ 计算圆锥体积 v 并输出，其中 π 为圆周率 3.1415。

③ 一辆汽车以 15m/s 的速度先行开出，10min 后另一辆汽车以 20m/s 的速度追赶，问多少时间后可以追上？编程求解。

④ 摄氏温度与华氏温度是两种不同的温度计量单位，均在国际上有一定的通用性，其中中国和亚非欧以及南美洲等大多数国家采用摄氏温度，而美国和其他少数国家采用华氏温度。摄氏温度 c 与华氏温度 h 的转换公式为：$c=5/9 \times (h-32)$;编写程序，从键盘上输入华氏温度 h 后，计算并输出摄氏温度 c。

⑤ 数字分离。编写程序，对输入的任意三位数 x，分离出百位数 a，十位数 b 和个位数 c，并重新组合成逆序数。如 $x=735$，则逆序数 $y=537$。

⑥ 编写程序，输入整数 x，判定 x 是否能被 7 整除。

第 **4** 章

顺序结构程序设计

微课

4.1 顺序结构程序概述

从程序流程的角度来看，结构化程序的 3 种基本结构是顺序结构、分支结构、循环结构。使用这 3 种基本结构可以组成所有复杂的程序。本章介绍顺序结构和实现顺序结构的基本语句。

顺序结构是最简单，也是最基本的 C 语言程序结构，其程序的执行和代码的书写顺序完全一致，从头到尾按先后顺序依次执行每一条指令。例如下面程序段显示某小程序 APP 初始用户界面：

```
printf("====================\n");
printf("1 用户注册   2 用户登录\n");
printf("3 忘记密码   4 用户注销\n");
printf("====================\n");
```

程序语句严格按照书写顺序依次执行。

微课

4.2 C 语句

C 语言利用函数体中的可执行语句向计算机系统发出操作命令，计算机通过执行机器指令实现特定的功能。通常，C 语句都用来完成一定的操作任务，一个实际程序包含若干语句。

4.2.1 C 语句的分类

按照语句功能或构成的不同，可将 C 语言的语句分为 5 类。

（1）表达式语句

表达式语句由表达式后加一个分号构成。其一般形式为：

表达式;

执行表达式语句就是计算表达式的值。

例如 num=13 是一个赋值表达式，而 num=13;是一个赋值语句。y+z;是加法运算语句，但计算结果不能保留，无实际意义。i++;为变量自增 1 语句，等价于赋值语句 i=i+1;。

任何表达式都可以加上分号成为语句，其中赋值语句是最常用的 C 语句。

（2）控制语句

控制语句完成一定的程序流程控制功能。C 语言有 9 种控制语句，又可细分为 3 类：选择结构控制语句 if()…else、switch()…case，循环结构控制语句 do…while()、for()、while()、break、continue，其他控制语句 goto、return。

（3）函数调用语句

函数调用语句由函数名加上实际参数加上分号";"组成。

其一般形式为：

函数名(实际参数表)；

例如：printf("This is a C function statement.");

max(a, b);

（4）空语句

空语句仅由一个分号构成。显然，空语句什么操作也不执行，不影响当前程序的编译和运行，仅起到一个占位的作用，方便后续在指定位置进行功能程序的完善和补充。

例如，下面就是一个空语句。

;

（5）复合语句

复合语句由大括号{}括起来的一条或多条语句构成。例如程序段：

```
if(x>y) {t=x;x=y;t=t;}
else min=x;
```

复合语句的性质如下。

① 在语法上和单一语句相同，即单一语句可以出现的地方，也可以使用复合语句。

② 复合语句可以嵌套，即复合语句中也可出现复合语句。

4.2.2 赋值语句

赋值语句是由赋值表达式再加上分号构成的表达式语句。

在赋值语句的使用中需要注意以下几点。

① 在赋值符"="右边的表达式也可以是一个赋值表达式，形成嵌套，因此，变量 1=（变量 2=表达式）；的形式是成立的。其展开之后的一般形式为：

变量 1=变量 2=…=表达式；

例如：

a=b=c=d=e=5;

等效于：e=5; d=e; c=d; b=c; a=b。

② 注意赋值表达式和赋值语句的区别。

赋值表达式是一种表达式，它可以出现在任何允许表达式出现的地方，而赋值语句则不能。

如下述语句是合法的。

if((x=y+13)>0) z=x;

语句的功能是若表达式 x=y+13 的值大于 0，则将 x 的值赋给 z。但下述语句是非法的。

```
if((x=y+13;)>0) z=x;
```

4.3　数据的格式输入/输出

C 语言本身不提供输入/输出语句，输入/输出功能的实现是通过标准输入函数 scanf 和标准输出函数 printf 来实现的，而 C 的标准函数库提供了许多具有输入/输出功能的函数。printf 和 scanf 并不是 C 语言的关键字，仅仅是系统提供的 printf 和 scanf 函数名，当然自行编写输入/输出功能的函数并重命名也是可以的。C 提供的函数以库的形式存放在系统中，在各种不同的计算机系统中，各个函数的功能和名字可能有所不同。

4.3.1　printf 格式输出函数

本节介绍的是向标准输出设备（一般指终端或显示器）输出数据的语句——printf 函数。printf 函数称为格式输出函数，其关键字最末一个字母 f 即为"格式"（format）之意。其功能是按用户指定的格式，把指定的数据显示到显示器屏幕上。在前面的例题中我们已多次使用过这个函数。

printf( ) 函数的作用：向计算机系统默认的输出设备输出一个或多个任意类型的数据。

printf( ) 函数调用的一般形式：

```
printf("格式控制字符串" ,[输出表列]);
```

4.3.1.1　格式控制字符串

格式控制字符串也称"转换控制字符串"，用于指定输出格式，可以包含格式控制符、转义字符和普通字符 3 种。

（1）格式控制符

格式控制符的一般形式如下。

```
%[标志][输出宽度][.精度][长度]类型
```

其中方括号[]中的项为可选项。各项的含义介绍如下。

① 类型：类型字符用以表示输出数据的类型，其格式符和意义如表 4-1 所示。

表 4-1　格式字符

格式字符	含义
d	以十进制形式输出带符号整数（正数不输出符号）
o	以八进制形式输出无符号整数（不输出前缀 0）
x，X	以十六进制形式输出无符号整数（不输出前缀 0x）
u	以十进制形式输出无符号整数
f	以小数形式输出单、双精度实数
e，E	以指数形式输出单、双精度实数
g，G	以%f 或%e 中较短的输出宽度输出单、双精度实数，不输出无意义的零
c	输出单个字符
s	输出字符串
p	指针

② 标志：标志字符为-、+、#、空格 4 种，其意义如表 4-2 所示。

表 4-2 标志字符

标志	含义
–	结果左对齐，右边填空格
+	输出符号（正号或负号），输出值为正时冠以正号，为负时冠以负号
#	对 c、s、d、u 类型符无影响；对 o 类型，在输出时加前缀 0；对 x 类型，在输出时加前缀 0x；对 e、g、f 类型，当结果有小数时给出小数点

③ 输出宽度：用十进制整数来表示输出的最少位数。若实际位数多于定义的宽度，则按实际位数输出；若实际位数少于定义的宽度，则补以空格。

④ 精度：精度格式符以“.”开头，后跟十进制整数。本项的意义是如果输出的是数字，则表示小数的位数；如果输出的是字符，则表示输出字符的个数；若实际位数大于所定义的精度数，则截去超过的部分。

⑤ 长度：长度格式符为 h、l 两种，h 表示按短整型量输出，l 表示按长整型量输出。

（2）转义字符

转义字符在第 3 章介绍过，如函数 printf("\n")中的'\n'就是转义字符，输出时产生一个“换行”操作。

（3）普通字符

除格式控制符和转义字符之外的其他字符，在显示中起提示作用，原样输出。例如输出语句 printf("radius=%f\n", radius); 中的“radius=”就是普通字符，运行时会原样输出。

4.3.1.2 输出表列

输出表列是需要输出的数据或表达式，输出表列是可选的，如果要输出的数据有多个，相邻两个之间用逗号分开。例如下面的 printf( )函数都是合法的。

输出语句的
讲解

① printf("I am a student.\n");

② printf("%d",13);

③ printf("a=%f b=%5d\n", a,b);

应当注意，输出表列中给出的各个输出项，要求格式字符串和各输出项在数量和类型上应该一一对应。例如输出语句 printf("a=%f b=%5d\n", a,b);中的输出项 a 和 b 应该分别定义为 float 和 int 类型，对应格式控制符%f 和%d。

【例 4-1】整型数据的基本输出。

```
#include <stdio.h>
int main( )
{
  int a=65,b=66,c=67;
  printf("%d %d %d\n",a,b,c); //第 5 行
  printf("%d,%d,%d\n",a,b,c); //第 6 行
  printf("%c,%c,%c\n",a,b,c); //第 7 行
  printf("a=%d,b=%c,c=%d",a,b,c); //第 8 行
  printf("a=%d,b=%d",a,b,c); //第 9 行
  printf("a=%d,a=%5d,a=%-5d,a=%2d\n",a,a,a,a); //第 10 行
  return 0;
```

```
}
```

程序运行结果如下。("□"表示空格。)

```
97 98
97,98
A,B,C
a=65,b=B,c=67
a=65,b=66
a=65,a=□□□65,a=65□□□,a=65
```

本例中 5 次输出了 a、b 的值，但由于格式控制符的不同，输出的结果也不相同。第 5 行的输出语句格式控制串中，三个格式控制符%d 之间加了一个空格（非格式控制字符，原样输出），所以输出的 a、b、c 值之间有一个空格。第 6 行的 printf 语句格式控制串中加入的也是非格式控制符逗号，因此输出的 a、b 值之间加了一个逗号。第 7 行的格式串要求按字符型输出 a、b 值。第 8 行中为了提示输出结果又增加了普通字符 "a=""b=" 和 "c="，也是原样输出。第 9 行中有 3 个输出变量，但只有两个格式控制符，只能输出 a 和 b 的值。需要注意的是，虽然大多数编译系统对 printf 函数参数的求值顺序是从右至左，但是输出顺序都是从左至右，因此得到上述输出结果。

【例 4-2】实型数据的格式输出。

```c
#include <stdio.h>
int main()
{
  float a=123.1234567;
  double b=12345678.1234567;
  printf("a=%f,%lf,%5.4lf,%e\n", a,a,a,a);
  printf("b=%lf,%f,%8.4lf\n",b,b,b);
  return 0;
}
```

程序运行结果如下。

```
a=123.123459,123.123459,123.1235,1.231235e+002
b=12345678.123457,12345678.123457,12345678.1235
```

本程序的输出结果为 123.123459 和 12345678.123457，如果输出数据超出这个范围之外的数字都是无意义的，因为它们超出了实型数据有效数字的范围。不能认为计算机输出的数字都是有效的。

对于实数，还可使用格式符%e，以标准指数形式输出。尾数中的整数部分大于等于 1、小于 10，小数点占一位，尾数中的小数部分占 5 位；指数部分占 5 位（如 e-003），其中，e 占一位，指数符号占一位，指数占 3 位，共计 11 位。也可使用格式符%g，让系统根据数值的大小自动选择%f 或%e 格式，且不输出无意义的零。

【例 4-3】字符型数据的格式输出。

```c
#include <stdio.h>
int main()
{
  char c='A',ch='3';
  int x=65;
  printf("c=%c,%3c,%d\n",c,c,c);
```

```
    printf("x=%d,%c",x,x);
    printf("ch=%d,%c",ch,ch);
    return 0;
}
```

程序运行结果如下。

```
c=A,□□A,65
x=65,A
ch=51,3
```

在使用%c 时，每次只输出一个字符，只占一列宽度，需要强调的是：在 C 语言中，整数可以用字符形式输出，字符数据也可以用整数形式输出（输出该字符对应的 ASCII 码）。将整数用字符形式输出时，系统首先将该数对 256 求余数，然后将余数作为 ASCII 码，转换成相应的字符输出。由于字符 0 的 ASCII 码为 48，所以当以整型格式输出字符 3 的时候将会输出其 ASCII 码 51。

使用 printf( )函数的注意事项如下。

① printf( )可以输出常量、变量和表达式的值。但格式控制中的格式说明符，必须按从左到右的顺序，与输出项表中的每个数据一一对应，否则出错。

例如 printf("str=%s, f=%d, i=%f\n", "hello", 1.0 / 2.0, 3 + 5, "happy");输出的结果是错误的，原因在于格式说明符%d 要求的数据类型与给定数据 1.0/2.0 的类型不一致；格式说明符%f 要求的数据类型与给定数据 3+5 的类型也不一致。

② 格式字符 x、e、g 可以用小写字母，也可以用大写字母。使用大写字母时，输出数据中包含的字母也大写。除了 x、e、g 格式字符外，其他格式字符必须用小写字母。例如%f 不能写成%F。

③ 若格式字符紧跟在"%"后面就作为格式字符，否则将作为普通字符使用（原样输出）。

④ 若是双精度型变量输出时应用%lf 格式控制。例如 doublef;输出时应使用语句 printf（"%lf",f);。

4.3.2 scanf 格式输入函数

scanf 函数的作用是从外部标准输入设备（一般指键盘）输入数据到计算机。scanf 函数也是一个标准库函数，它的函数原型在头文件"stdio.h"中。scanf 函数调用的一般形式为：

```
scanf("格式控制字符串",地址表列);
```

① 格式控制字符串。"格式控制字符串"可以包含 3 种类型的字符：格式控制符、空白字符（空格、Tab 键和回车键等）和非空白字符（又称普通字符）。

格式控制符与 printf( )函数相似，空白字符作为相邻两个输入数据的默认分隔符，非空白字符在输入有效数据时，必须原样一起输入。

② 地址表列。地址表列由若干个输入项的首地址组成，相邻两个输入项首地址之间用逗号分开。

与 printf 函数相比，scanf 函数有两个特殊点。

① 格式控制字符串的作用与 printf 函数相同，但不能显示非格式字符串，也就是不能显示提示字符串。

② 地址表列中给出的是各变量的首地址。地址是由地址运算符"&"后跟变量名组成的。

例如&a、&b 分别表示变量 a 的地址和变量 b 的地址，方便存储。

【例 4-4】输入圆环半径 r1 和 r2，求圆环面积 area。

```c
#include <stdio.h>
#define PI 3.14159
int main()
{
    float r1,r2;
    double area;    /*定义变量*/
    printf("Please input radius: ");
    scanf("%f%f",&r1,&r2); /*从键盘输入半径 r1、r2*/
    area=PI*(r1*r1-r2*r2);//设定 r1>r2
    printf("area=%7.6lf\n",area);
    return 0;
}
```

程序运行结果如下（下划线表示输入的数据）。

```
Please input radius: 4.5□3.0↙
area=35.342887
```

在 C 语言中，使用 scanf( )函数，通过键盘输入，可以给计算机程序同时提供多个、任意类型的数据，通过 printf( )函数可以输出任意类型的数据。

【例 4-5】字符数据的输入输出。

```c
#include <stdio.h>
int main()
{
    char c1,c2,ch;
    printf("Input character c1,c2:");
    scanf("%c%c",&c1,&c2);
    printf("%c%c\n",c1,c2);
    printf("Input character c1,c2 and ch:");
    scanf("%c%c%c",&c1,&c2,&ch);
    printf("%c%c%c\n",c1,c2,ch);
    return 0;
}
```

程序运行结果如下。

```
Input character c1,c2:MN
MN
Input character c1,c2 and ch:
M↙
N↙
M
N
```

第一个 scanf 输入，由于 scanf 函数"%c%c"中没有空格，输入 M　N，结果输出只有 M，而输入改为 MN 时则可输出 MN 两字符，如果 scanf 函数的格式控制符中有空格，如"%c␣%c"，则输入的数据之间可以用空格间隔。同样，第二个 scanf 输入，如果用回车作为每个输入字符的分隔符的话，输入 N 之后程序即结束输入，变量 c1 获取字符 M，变量 c2 获取回车符，变量 ch 获取字符 N。

使用 scanf 函数还必须注意以下几点。

① scanf( )的返回值是成功读入的项目个数。如果它没有读取任何项目（比如当期望输入的是数字，而实际输入了一个非数字字符串时就会发生这种情况），scanf( )会返回值 0。

② 当 scanf( )期望输入的是数字，而实际输入了空格、回车等，scanf( )将跳过这些字符，继续等待正确的（数字）输入。如果输入的是一个字符串时，scanf( )不会将该字符读入给程序，而是直接返回，执行下一语句。

③ 如果在"格式控制"字符串中除了格式说明以外还有其他字符，则在输入数据时应输入与这些字符相同的字符。例如：

```
scanf("%d;%d",&a,&b);
```

3;4✓	正确的输入（注意 3 后面有一个分号";"，这和上面的格式相同）
3 4✓	错误的输入
3,4✓	错误的输入

另外，scanf( ) 函数中、格式字符串内的转义字符，如"\n"，系统并不把它当作转义字符来解释，从而产生一个"换行"的控制操作，应尽量避免在 scanf( )函数格式控制符的末尾使用空格、制表符、换行符、回车符等空白符，scanf( )函数将会跳过这些空白符，等待读取下一个有效字符。例如：

```
scanf("%d%d\n", &a, &b);
printf("%d%d\n", a, b);
```

由于换行符"\n"的存在，此时输入 a 和 b 的值（如 3␣4✓）后，不会输出任何结果，输入任何空白符（如空格、回车、Tab 制表符等）回车后也不会输出结果，只有输入非空白符并回车结束数据输入后，才能正常输出 a 和 b 的值。

① 在用%c 格式输入数据时，空格字符和转义字符都作为有效字符输入。例如：

```
scanf("%c%c%c", &a, &b, &c);
```

输入的数据为 a␣b␣c✓，则变量 a 中存入的是字符'a'，变量 b 中存入的是"空格"，变量 c 中存入的是字符'b'.

② 在输入数据时，遇到以下情况时该数据会被认为结束：

a. 遇空格或按"回车"或"跳格"（Tab）键；

b. 遇到宽度结束，如"%3d"，表示只取数的前三列（百位）；

c. 遇到非法输入结束。

③ "*"符。用以表示该输入项读入后不赋予相应的变量，即跳过该输入值。例如：

```
scanf("%d %*d %d",&a,&b);
```

当输入为：10□20□30✓时，把 10 赋予 a，20 被跳过，30 赋予 b。

④ 宽度。用十进制整数指定输入的宽度，即字符数。例如：

```
scanf("%5d",&a);
```

输入为：1234567✓时，只把 12345 赋予变量 a，其余部分被截去。

⑤ scanf 函数中没有精度控制，如 scanf("%4.2f",&a); 是非法的，不能企图用该语句输入包含 2 位小数的实数。

4.3.3　字符数据的输入/输出

字符数据的输入/输出，除了可以使用 scanf()和 printf()外，还可以字符输入/输出（I/O）函数。如 getchar( )和 putchar( )是最基本的字符 I/O 函数。

单字符输入/输出函数介绍如下。

① 单个字符输入函数：getchar( )和 getc( )，功能是从键盘上或数据流输入。其一般形式为：

```
getchar( );    //输入的字符在屏幕上显示
getc(stdin);   //从指定的数据流输入字符, 如 stdin 表示键盘
```

通常把输入的字符赋给一个字符变量，构成赋值语句，例如：

```
char c;
c=getchar( );
```

② 单个字符输出函数：putchar( )和 putc()，功能是字符在显示器上输出，其一般形式为：
putchar(ch); //声明 ch 为字符变量或常量
putc(ch,stdout); //把字符输出到指定的文件流, 如 stdout 表示屏幕
例如：

```
putchar('A');         /*输出大写字母 A*/
putchar(c);           /*输出字符变量 c 的值*/
putchar('\101');      /*输出转义字符（八进制转义）, 结果也是输出字符 A*/
putchar('\n');        /*换行*/
```

putchar( )函数的作用等同于 printf("%c",ch)。

在使用 getchar( )和 putchar( )函数时，需要使用文件包含#include <stdio.h>，见下面的程序例子。

【例 4-6】利用 getchar( )和 putchar( )函数输入/输出单个字符。

```
#include<stdio.h>
int main()
{
  char ch;
  ch=getchar( );      /*从键盘读入一个字符送给字符变量 ch*/
  putchar(ch);        /*在当前屏幕光标位置上输出该字符*/
  return 0;
}
```

getchar( )函数只能接收单个字符数据，输入数字也按字符处理。输入多于一个字符时，只接收第一个字符。另外，getchar( )函数是缓冲型输入方式，在运行时如果从键盘输入字符'a'，输入'a'后按"回车"键，字符才送到内存。这样可能在 getchar( )返回之后留下回车符在缓冲队列当中，有可能对后续函数的调用产生问题，要慎重使用，如【例 4-9】所示。

【例 4-7】利用不同函数从键盘上获取两个字符并输出。

```
#include<stdio.h>
int main()
{
  char a,b;
  a=getchar( );              /*从键盘读入一个字符送给字符变量*/
```

例题解析

```
scanf("%c",&b);
putchar(a);
printf("%c",b);
return 0;
}
```

程序运行结果如下。

当输入 m↙时，变量 a 获取到字符'm'，变量 b 获取到回车换行符，程序输出字符'm'和一个换行符。如果要输出两个可显字符'm'和'n'，应输入 mn↙。

4.4 综合实例

对于顺序结构程序设计，其基本思路是：相关头文件的包含，（不同类型）变量的定义，变量的输入（初始化），计算处理，结果输出。

例题解析

【例 4-8】输入三角形的三边长，利用海伦公式求三角形面积。

分析：定义变量 a，b，c，表示三角形三边，利用如下海伦面积公式求解。

$$area^2=s(s-a)(s-b)(s-c)$$

其中 $s=(a+b+c)/2$，注意变量的数据类型为实型。

程序如下。

```
#include <stdio.h>
#include <math.h>
int main()
 {
   float  a,b,c,s,area;
   scanf("%f,%f,%f",&a,&b,&c);
   s=1.0/2*(a+b+c);                 /*注意实型数据的表示*/
   area=sqrt(s*(s-a)*(s-b)*(s-c));
   printf("area=%7.2f\n",area);
   return 0;
 }
```

【例 4-9】日期格式转换。

例题解析

世界上不同国家有不同的写日期的习惯。比如美国人习惯写成"月-日-年"，而中国人习惯写成"年-月-日"。下面请你写个程序，自动把读入的美国格式的日期改写成中国习惯的日期。

输入格式按照"mm-dd-yyyy "的格式给出月、日、年（保证给出的日期是 1900年元旦至今合法的日期）。

输出格式按照"yyyy-mm-dd "的格式给出年、月、日。

```
#include <stdio.h>
int main() {
    int year, month, day;
    scanf("%d-%d-%d", &month, &day, &year);
    printf("%d-%02d-%02d", year, month, day);
    return 0;
}
```

【例 4-10】客户到银行存 1 年定期存款。请编写程序，输入存款金额后和设定 1 年期定期存款利率(百分数)，计算并输出本金、到期利息和本息合计金额（1 年期率低于 5%，小数点后保留 2 位）。

```
#include<stdio.h>
int main()
{
    double Ipay,palI;
    float pal,rate;
    printf("输入本金:");
    scanf("%f",&pal);//本金
    printf("输入一年期利率:");
    scanf("%f",&rate);  //利率
    Ipay=pal*rate/100;//利息
    palI=pal+Ipay;//本息之和
    printf("本金:%.2f元\n",pal);
    printf("利息:%.2lf元\n",Ipay);
    printf("合计:%.2lf元\n",palI);
    return 0;
}
```

小结

本章主要介绍了最简单的 C 程序设计——顺序结构程序设计的基本思路和方法，描述了 C 语言语句的作用和分类，重点讲解了使用广泛的赋值语句应用注意事项，给出了格式输入/输出函数 scanf 和 printf 的使用方法和注意事项，以及单字符输入/输出函数 getchar 和 putchar 的用法。本章是 C 语言编程的重要基础，对本章给出的编程基础知识，同学们应结合具体的实例，多上机调试、运行，通过运行结果来分析问题，及时纠正程序设计中的错误，从整体上把握 C 语言程序设计的基本方法，养成良好的编程习惯和程序书写风格。

习题

参考答案
习题解析

一、选择题

① 已有如下定义和输入语句：

```
int a,b;
scanf("%d,%d",&a,&b);
```

若要求 a 和 b 的值分别为 10 和 20，正确的数据输入是（　　）。

A. 10　20　　　　　B. 10,20　　　　　C. a=10,b=20　　　　D. 10;20

② 已知 double a;，使用 scanf()函数输入一个数值给变量 a，正确的函数调用是（　　）。

A. scanf("%ld",&a);　　　　　　　　B. scanf("%d",&a);

C. scanf("%4.2f",&a);　　　　　　　D. scanf("%lf",&a);

③ 已知 char a;，使用 scanf( )函数输入一个字符给变量 a，不正确的函数调用是（　　）。

A. scanf("%d",&a);　　　　　　　　B. scanf("%lf",&a);

C. scanf("%c",&a);　　　　　　　　D. scanf("%u",&a);

④ getchar( )函数的功能最准确的是从终端输入（　　　）。

A．一个整型变量值　　B．一个实型变量值　　C．多个字符　　　　　　D．一个字符

⑤ putchar( )函数的功能是向终端输出（　　　）。

A．多个字符　　　　　　　　　　　　　B．一个字符

C．一个实型变量值　　　　　　　　　　D．一个整型变量表达式

⑥ 若有定义：int x=1234,y=123,z=12;，则语句 printf("%4d+%3d+%2d", x, y, z);运行后的输出结果为（　　　）。

A．123412312　　　　B．123412341234　　　　C．1234+1234+1234　　D．1234+123+12

⑦ 以下程序的运行结果是（　　　）。

```
int main()
{
  int a=65;
  char c='A';
  printf("%x,%d",a,c);
  return 0;
}
```

A．65,a　　　　　　B．41,a　　　　　　C．65,65　　　　D．41,65

⑧ 若有以下变量说明和数据的输入方式，则正确的输入语句为（　　　）。

变量说明：float x1,x2;

数据的输入方式：1.52↙

　　　　　　　　　2.5↙

A．scanf（"%f,%f",&x1,&x2）;　　　　　　B．scanf（"%f%f",&x1,&x2）;

C．scanf（"%3.2f,%2.1f",&x1,&x2）;　　　　D．scanf（"%3.2f%2.1f",&x1,&x2）;

⑨ 根据下面的程序及数据的输入和输出形式，程序中输入语句的正确形式应该为（　　　）。

```
#include "stdio.h"
int main()
{
  char ch1,ch2,ch3;
  (输入语句)
  printf("%c%c%c",ch1,ch2,ch3);
  return 0;
}
```

输入形式：A□B□C

输出形式：A□B

A．scanf("%c,%c,%c",&ch1,&ch2,&ch3);

B．scanf("%2c%2c%2c",&ch1,&ch2,&ch3);

C．scanf("%c %c %c",&ch1,ch2,ch3);

D．scanf("%c%c%c",&ch1,&ch2,&ch3);

⑩ 以下程序，输入数据的形式为：25,13,10<CR>（<CR>表示回车），则正确的输出结果是（　　　）。

```
#include "stdio.h"
```

```
int main()
{
   int x,y,z;
   scanf("%d%d%d",&x,&y,&z);
   printf("x+y+z=%d\n",x+y+z);
}
```

A．x+y+z=8　　　　　B．x+y+z=35　　　　　C．x+y=35　　　　　D．不确定值

二、判断题

① 输入语句的格式 scanf("%d%d%d",&a,&b,&c);是正确的。（　　　）

② 在 scanf("%d,%d",&a,&b)函数中，可以使用一个或多个空格作为两个输入数之间的间隔。（　　　）

③ getchar 函数的功能是接收从键盘输入的一个字符。（　　　）

④ printf 函数是一个标准库函数，它的函数原型在头文件"stdio.h"中。（　　　）

⑤ getchar 函数称为格式输入函数，它的函数原型在头文件"stdio.h"中。（　　　）

⑥ 在 printf 函数中，不同系统对输出表列的求值顺序不一定相同，Deve C++环境是按从右到左进行的。（　　　）

⑦ 若有如下程序段定义 int x=3; printf("%d",&x);，则编译系统会报错，无法输出结果。（　　　）

⑧ 输入项可以是一个实型常量，如 scanf ("%f",2.5);。（　　　）

⑨ 只有格式控制没有输入项，也能正确输入数据到内存，例如，scanf("a=%d,b=%d");。（　　　）

⑩ getchar 函数可以接收单个字符，输入数字也按字符处理。（　　　）

三、填空题

① C 语言的格式输入函数是（　　　），格式输出函数是（　　　）。

② 输入输出的格式控制字符中，int 型数据采用（　　　），float 型数据采用（　　　），char 型数据采用（　　　），double 型数据采用（　　　）。

③ 执行 "printf("%d;%d", a, b, c,d);"后在屏幕上将输出（　　　）个整数。

④ scanf 函数两个输入数据之间的分隔符应和两个（　　　）之间的分隔符保持一致。

⑤ 已知 char ch; int a; 执行语句 scanf("%c%d", &ch,&a);如果从键盘输入的数据是"123"，则变量 a 得到的值是（　　　）。

四、编程题

1．用 scanf 函数语句 scanf("%5d%d%c%c%f%f*f,%f",&a,&b,&c1,&c2,&x,&y,&z);输入数据，使 a=10,b=20,c1='A',c2='a',x=1.5,y=−3.75,z=67.8，请给出键盘输入数据的格式，并编写程序进行测试。

2．编程，计算 BMI 指数：是一种衡量人体胖瘦程度的常用指标，通过体重和身高的比例来评估一个人的健康状况。输入用户的体重（单位：千克）和身高（单位：米），计算并输出用户的 BMI 指数。公式如下：BMI=体重/身高 ^{2}

3.编写程序,从键盘上输入两个整数 x,y,实现 x 与 y 的角色互换后,计算其平均值 average 并输出。

4．编程，输入 3 个大写字母，输出其 ASCII 码和对应的小写字母。

5．编程，从键盘输入一个 5 位正整数，输出所有奇数位组成的新正整数。如输入 72845，

输出 785。

6. 编程输入圆柱体的底面半径 r 和高 h，求其表面积和体积。

7. 编写程序，通过搜索引擎学习 time 函数并获取当前时间，按任意格式输出。例如利用 time 函数获取当前时间，并通过 localtim 函数将其转换为本地时间，最后使用 strftime 函数将时间格式化为可读的日期字符串。

第 **5** 章
选择结构程序设计

选择结构是 C 语言程序设计的基本结构之一。在面对很多问题时，需要根据不同的控制条件，做出选择执行不同的操作，即对指定的条件进行分类判断，来选择决定执行哪些程序语句。C 语言中的选择结构又称为分支结构，根据不同条件的分类或分支进行程序控制。在企业生产（按条件或数量控制总量）、科学数学运算（根据条件判定进行运算分支）、人生路的选择（根据学习兴趣等选专业）、AI 大模型的不同需求等都是选择结构案例建模和应用的典型示例。

常见的选择结构有 3 种：单分支、双分支和多分支。

本章将详细介绍如何在 C 语言程序中实现选择结构。

5.1　if 语句

if 语句是最常用的一种选择结构，用 if 语句可以实现单分支、双分支和多分支选择结构。

5.1.1　单分支 if 语句

某人在进行网银登录账户验证时，如果连续 5 次输入密码均错误，则系统提示："网银账户密码今日被锁，请明天再试或柜台解锁"。这就是典型的只有一种情况才会发生的情景，我们称为单分支选择结构。

微课

单分支结构 if 语句的一般形式为：

if(表达式)
　语句块 1;

执行过程：先判断<表达式>的逻辑值，若该值为"真"，执行语句块 1；否则，跳过语句块 1，直接转到执行下一步程序，也就是仅对条件成立的条件做出响应。如图 5-1 所示。

对账户 5 次登录错误的提示可以使用程序段如下：

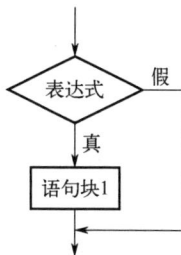

图 5-1　if 单分支流程图

```
if(pswdERcount>=5)  //pswdERcount 表示连续错误次数
printf("网银账户密今日被锁，请明天再试或柜台解锁\n");
```

下面看一个例子。

【例 5-1】某医院自建了入院门诊自动额头温度检测。如果额头温度高于 37.3℃，则初步认定为超过阈值触发警报，提示：进入发烧门诊候诊或 10 分钟后二次检测。编写一个程序，对额温枪采集的温度从键盘输入，如果初测发烧，则提醒患者"二次检测或发烧门诊候诊"。

```
/*example5-1.c*/
#include <stdio.h>
int main()
{
    float temp;
    printf("please input Measured Temperature:\n");
    scanf("%f",&temp);
    if(temp>=37.3) printf("您的体温为：%.2f℃，请进入发烧门诊或10分钟后二次检测",temp);
    return 0;
}
```

程序运行后输出结果为：

```
please input Measured Temperature:
38.1✓
您的体温为：38.10℃，请进入发烧门诊或 10 分钟后二次检测
```

需要读者注意的是，满足条件后的<语句块 1>如果有多条语句，则以复合语句的整体形式出现，即用一对花括号将语句括起来。

请分析比较下面几个程序段的不同。

程序段 1：	程序段 2：	程序段 3（与 2 相同）：
int a=2,b=3,t=4;	int a=2,b=3,t;	int a=2,b=3,t;
if(a>b)	if(a>b)	if(a>b) t=a;
{ t=a;	t=a;	a=b;
a=b;	a=b;	b=t;
b=t;	b=t;	
}		

5.1.2 双分支 if-else 语句

双分支 if-else 语句的一般形式为：

```
if(表达式)
    语句块 1;
else
    语句块 2;
```

执行过程是：先判断<表达式>的逻辑值，若该值为"真"，则执行语句块 1；否则，执行语句块 2。双分支结构流程图如图 5-2 所示。

微课

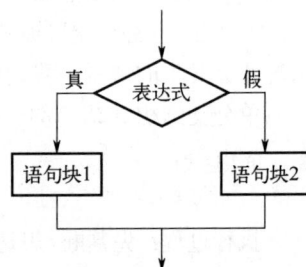

图 5-2 if 双分支流程图

下面看一个例子。

【例 5-2】从键盘任意输入一个字符 ch，若是大/小写英文字母，则输出"英文字符!"，否则输出"其他字符!"。

```
/*example5-2.c*/
#include <stdio.h>
int main( )
{ char ch;
    printf("请输入一个字符：");
```

```
    scanf("%c",&ch);
    if((ch>='a'&&ch<='z')||(ch>='A'&&ch<='Z'))
        printf("英文字符\n");
    else
        printf("其他字符!\n");
    return 0;
}
```

程序运行后输出结果如下。

请输入一个字符：x∠
英文字符!

与单分支结构相同的是，如果<语句块 1>和<语句块 2>均有多条语句，则必须以复合语句的形式出现，即用一对花括号将语句括起来。

双分支语句在日常生活中案例比较多，如医院门诊额头自动温度检测根据结果进行分流，判定输入的字符是否大/小写字母，照明灯开关的两个状态以及信号传输接收状态等，均可以采用双分支结构实现。

5.1.3　多分支

单分支和双分支属于分支结构中比较简单的两种，实际中很多选择并不是只有两种，可能会存在很多种。例如从青岛去北京的交通选择方案就不仅仅是坐火车或坐飞机两种，还可以坐长途客车或者自驾车等。通常把等于多于 3 种的选择称为多分支。

微课

多分支结构的一般形式是：

```
if ( 表达式 1 )        语句 1;
else if (表达式 2 )    语句 2 ;
else if (表达式 3 )    语句 3 ;
...
[ else               语句 n+1 ;]
```

其中"表达式"都是条件，如果条件的值为真时，执行对应的语句组，否则转向下一个条件判断，一直找到条件为真的表达式，然后执行对应的语句组。如果都不能满足，则执行最后 else 对应的语句。这种多选择出口的 if 语句称为多分支，每一个 else 必有一个 if 与它对应，是一种比较规则的分支语句。多分支流程图比单分支和双分支增加了不少选择，如图 5-3 所示。

【例 5-3】国家为保证民生，对居民电价施行家庭年阶梯计费，计费规则如下：

$$\begin{cases} 0.5元/度 & (<200) \\ 0.6元/度 & (200\sim400) \\ 0.8元/度 & (>400) \end{cases}$$

分析：本例属于民生领域的多分支结构。声明变量 elec 表示电量（度），cost 表示电费（元）。编写程序从键盘输入 elec，根据阶梯电费表自动计算缴纳的电费数，结果保留两位小数。

根据图 5-3 所示的流程图写出的程序如下。

```
/*example5-3.c  阶梯电价计算 */
#include<stdio.h>
int main()
{
    float elec,cost;
```

```
    scanf("%f",&elec);
    if(elec<200) cost=0.5*elec;
    else if(elec<=400) cost=0.5*200+0.6*(elec-200);
    else if(elec>400) cost=0.5*200+0.6*200+0.8*(elec-400);
    printf("%.2f\n",cost);
    return 0;
}
```

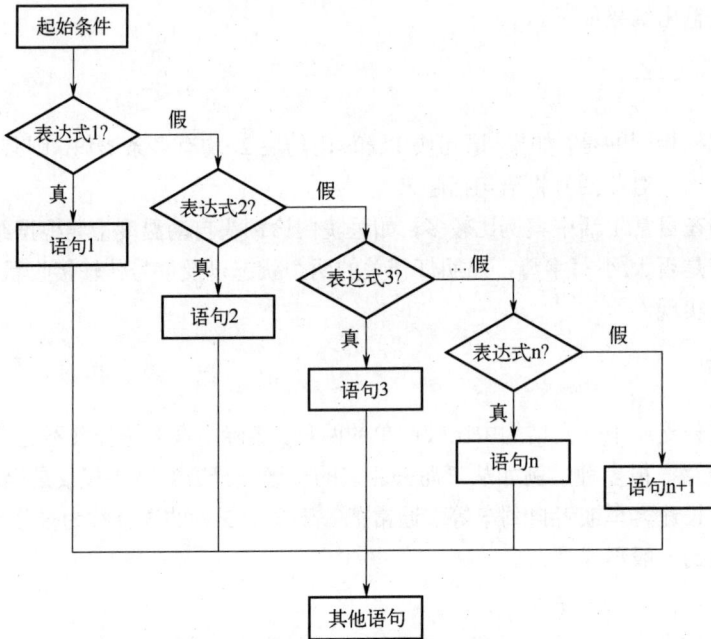

图5-3　多分支语句流程图

多分支结构在菜单驱动、计程车分段计费、成绩评定、分段函数、信号传输以及超市打折促销等场景中都有广泛的应用，比双分支多了更多的出口选择。

5.2　选择语句嵌套

选择语句嵌套是指在已有的选择语句中又加入选择语句，如在 if 或 else 的分支下又可以包含另一个 if 语句或 if-else 语句。

选择语句嵌套的形式有两种：规则嵌套和不规则嵌套。规则嵌套的形式与多分支结构是一样的，每个 else 都与它前面最近的 if 匹配。不规则嵌套是在 if 结构或者 if-else 结构中的任一执行框中插入 if 结构或者 if-else 结构，也称任意嵌套。

嵌套一：	嵌套二：

`if (表达式 1)`
`  语句 A;`
`else`
`  if (表达式 2)`
`    语句 B;`
`  else`
`    语句 C;`
	`if (表达式 1)`
	`  if (表达式 2)`
	`    语句 A;`
	`else`
	`  语句 B;`

续表

嵌套三：	嵌套四：

`if (表达式 1)`
　　`if(表达式 2)`
　　　　`语句 A;`
　　`else`
　　　　`语句 B;`
　`else`
　　`语句 C;`
	`if (表达式 1)`
	　　`if(表达式 2)　语句 A;`
	　　`else　　语句 B;`
	　`else`
	　　`if(表达式 3)　语句 C;`
	　　　`else　　语句 D;`

在不规则嵌套中要注意 else 与 if 匹配问题。

① else 不能单独存在，总是与离它最近的上一个且没有被匹配的 if 配对。

② 复合语句外的 else 不能与复合语句内的 if 匹配。

③ if-else 结构的嵌套不提倡太多层次，否则会影响程序的执行效率，并且容易出现判断上的漏洞，导致程序出现不正确的结果。

【例 5-4】编写程序，通过输入 x 的值，计算阶跃函数 y 的值。

$$y = \begin{cases} -1 & (x < 0) \\ 0 & (x = 0) \\ 1 & (x > 0) \end{cases}$$

分段函数可以很容易地用规则嵌套实现。程序如下。

```c
/*  example5-4.c 计算阶跃函数 y 的值*/
#include <stdio.h>
int main( )
{
    float x,y;
    printf("please input x:\n");
    scanf("%f",&x);
    if(x<0)
        y=-1;
    else if (x==0)
        y=0;
    else
        y=⊥;
    printf("y=%-4.0f\n",y);
    return 0;
}
```

【例 5-5】编写程序，对下面的分段函数，通过输入 x 的值，计算函数 y 的值。

$$y = \begin{cases} \sqrt{x} + 12 & (x \geqslant 20) \\ x^2 - 2x & (-10 \leqslant x \leqslant 10) \\ 2|x| + 11 & (x \leqslant -20) \end{cases}$$

例题解析

数学分段函数编程是最明显的选择结构应用之一，使用多层嵌套可实现例题要求。其中相关数学库函数使用需要文件包含 #include <math.h>，具体数学库函数见附录 C。具体参考程序如下：

```c
/*example5-5.c*/
#include <stdio.h>
```

```c
#include <math.h>
int main()
{
    float x,y;
    scanf("%f",&x);
    if(x>=20) y=sqrt(x)+12;
    else if(-10<=x&&x<=10) y=pow(x,2)-2*x;
    else if(x<=-20) y=2*fabs(x)+11;
    printf("%.3f\n",y);
    return 0;
}
```

if 语句选择结构嵌套，在处理复杂的条件逻辑时非常有用，但嵌套层次过多或条件太分散会使代码冗余或难以维护，甚至结果不符合预期。因此建议使用选择结构嵌套时，减少嵌套层次，对部分条件进行合并优化，从而很好地实现功能预期。

【例 5-6】超市会员卡办理程序。要求年龄 18 岁以上才能办理，对男士年收入 20 万元（含）以上，可办理 VIP 会员卡，否则办理普通会员。女士年收入 15 万元（含）以上，办理 VIP 会员卡，否则办理普通会员卡。请编写程序，对年龄、性别和年收入的不同情况，输出会员卡的类别。

```c
/*example5-6.c*/
#include <stdio.h>
int main()
{
    int age;//年龄
    char gender;//性别
    float income;//收入
    printf("Input your age: ");
    scanf("%d", &age);
    if (age <18) {printf("不能办理 membership.\n");return 0;}
    printf("Enter your gender (M/F): ");
    scanf(" %c", &gender); // 注意前面的空格，用于跳过换行符
    printf("Enter your Annual income(万): ");
    scanf("%f", &income);
    if (gender == 'M'||gender == 'm')
    {
        if (income >= 20)
            printf("可办理 VIP membership.\n");
        else
            printf("可办理 standard membership.\n");
    }

    else
        if (gender == 'F'||gender =='f' )
        {
            if (income >=15)
                printf("可办理 VIP membership.\n");
                else
                printf("可办理 standard membership.\n");
        }
        else
```

```
        printf("Invalid gender.\n");
    return 0;
}
```

5.3　switch 语句

　　if 语句的选择结构有单分支、双分支和多分支，其中多分支的实现需要借助于 if 语句的嵌套。当分支比较多时，if 语句的多层嵌套会造成混乱，程序变得复杂冗长，尤其在与 else 的匹配对应上更是难以分清，可读性比较差。为了更好地解决多分支问题，C 语言提供了开关语句 switch，专门处理多路分支的情形，从而使程序简洁，结构有序，在自动售货机、自动咖啡机等均可使用。

5.3.1　switch 语句

　　switch 语句是一种多路分支开关语句，以 switch 开始，一般形式是：

```
switch(表达式)
{
    case  E1:语句组 1;break;
    case  E2:语句组 2;break;
    ...
    case  En:语句组 n;break;
    [default]:语句组 n+1;break;
}
```

　　switch 语句结构的流程图如图 5-4 所示。

　　其中：

　　① E1…En 是一组整型常数、字符常数或枚举类型，值互不相同。

　　② case 后的语句可以包含多条，且不必加 {}。

　　③ 每个 case 条件对应一个 break，也是唯一结束开关语句的标志。break 只能结束起作用的 switch 层结构，并不能结束多层嵌套的所有 switch 语句。

　　④ 如果表达式满足 E1～En 和 default 中任何一个，则后续的其他常量将不再进行判断，唯一结束 switch 开关语句的只有匹配的 break；如果没有 break，则短路后续条件，继续执行后续语句到 break 语句结束。

图 5-4　switch 结构流程图

　　⑤ 允许 switch 语句嵌套，default 位置可变。

　　switch 语句的执行流程是先计算表达式的值，再从上到下依次判断哪个常量或常量表达式的值与之匹配。一旦匹配成功，则执行其后的语句组，直到出现 break 语句结束。default 位置任意，但匹配是最后一个。

　　例如设变量 score 作为选修课的成绩（五分制），则下列程序是一个典型的 switch 语句。

```
switch(score)
{
case 5:printf("Excellent!\n");break;
case 4:printf("Good!\n");break;
case 3:printf("Pass!\n");break;
default:printf("Sorry,failure!\n");break;
}
```

注意

因为 case 后的常量值互不相同，所以能够匹配表达式的值只有一个，一旦满足条件后，其他条件不再约束，break 成为唯一结束开关语句的标志。

当然在程序设计中，有一些语句组在多个条件下是重复的，为了精炼和减少代码，重复的语句组可以合并在满足条件的最后。例如对五分制选修课的成绩，如果仅仅标注 "Pass"或"Fail"时，可以使用下面的简化程序。

```
switch(score)
{
case 5:
case 4:
case 3: printf("Pass!\n");break;
default:printf("Fail!\n");break;
}
```

【例 5-7】某社区为响应《生活垃圾分类制度实施方案》，特编写垃圾分类智能投放程序。根据《生活垃圾分类标志》标准：可回收垃圾、厨余垃圾、有害垃圾和其他垃圾分别与key=1,key=2,key=3,key=4 自动匹配并开启对应垃圾口，启动智能分类程序。编写一个程序，模拟以上过程。（垃圾分类扫描识别和垃圾口启动均模拟）

```
/*example5_7.c  座位开关匹配问题*/
#include<stdio.h>
int main()
{
    int result; //垃圾分类数字化
//垃圾分类提示
    printf("    plastic    metal    glass    paper   fabric, result =1\n");
    printf("    homefood  Kitchen   otherfood, result =2\n");
    printf("    lamp      chemicals battery, result =4\n");
    printf("    Any word, result =4\n");
    printf("Please input result:\n");
    scanf("%d",&result); //扫描垃圾并自动识别
//开启垃圾分类口，完成劳动智能投放
switch(result)
{
    case 1: printf("可回收垃圾! \n");openRecy();      //openRecy()模拟投放可回收垃圾
    case 2: printf("厨余垃圾! \n");openFood();        //模拟投放厨余垃圾
    case 3: printf("有害垃圾! \n");openHazardous();   //模拟投放有害垃圾
    case 4: printf("其他垃圾! \n");openother();       //模拟投放其他垃圾
```

```
}
 return 0;
}
```

5.3.2　break 语句的作用

从开关语句 switch 结构可以看出，break 语句可以使用在 switch 语句中，作用是中断和跳出 switch 开关结构。实际上 break 除了可以使用在 switch 开关语句外，还可以在循环语句中使用，这在第 6 章循环结构中将单独介绍。

break 语句在 switch 开关语句中作用明显，如果没有 break 语句，程序结构将陷入混乱，如以下五分制选修课的课程评价程序段。

```
switch(score)
{
case 5: printf("Excellent!\n");
case 4: printf("Good!\n");
case 3: printf("Pass!\n");
default:printf("Sorry,failure!\n");
}
```

当成绩 score 为 5 时，应该显示"Excellent"，而实际上显示：

```
Excellent!
Good!
Pass!
Sorry, failure!
```

出现以上的错误就在于缺少 switch 开关语句的结束标志 break。对此需要对 switch 语句和 break 应用认真分析。分析以下程序段，对比结果的不同可以更好地了解 break 语句。

程序	`int x=3,y=0,a=0,b=0;`
	`switch(x)`
	`{`
	`case 2:　a++;b++;`
	`default:　a++;b++; break;`
	`case1:`
	`　　switch(y)`
	`　　{`
	`　　case 0:　a++;　break;`
	`　　case 1:　b++;　break;`
	`　}`
	`}`
	`　printf("\n a=%d,b=%d ",a,b);`
		`int x=3,y=0,a=0,b=0;`
		`switch(x)`
		`{`
		`case 2:　a++;b++;`
		`default:　a++;b++;`
		`case1:`
		`　　switch(y)`
		`　　{`
		`　　case 0:　a++;　break;`
		`　　case 1:　b++;　break;`
		`　}break;`
		`}`
		`　printf("\n a=%d,b=%d ",a,b);`

结果	a=1,b=1	a=2,b=1

【例 5-8】编写程序，从键盘上输入某一年月，判断这年的这个月份有多少天。

分析：

任意一年的月份是固定的，都是 1～12，对月份的判断使用 if 语句判断嵌套

例题解析

太多，可以选择使用 switch 语句。

　　年份分闰年和平年，闰年的二月份是 29 天，平年的二月份是 28 天，所以需要判断年份是否为闰年，闰年的判断条件是：能被 4 整除且不能被 100 整除或能被 400 整除的年份都是闰年。

　　参考程序如下。

```c
/*example5-8.c*/
#include <stdio.h>
int main( )
{
    int year,month,days;
    printf("Please enter year and month: ");
    scanf("%d%d",&year,&month);
    if(month<=0||month>=13) printf("You input Error Data\n");
    else
    switch(month)
    {
    case 2: if((year%4==0&&year%100!=0)||(year%400==0))
                days=29;
            else
                days=28;
        break;
    case 1:
    case 3:
    case 5:
    case 7:
    case 8:
    case 10:
    case 12: days=31; break;
    case 4:
    case 6:
    case 9:
    case 11: days=30; break;
    }
    printf("%d年%d月有%d天\n",year,month,days);
    return 0;
}
```

程序运行结果如下。

① lease enter year and month: 2012 2✓

2012 年 2 月有 29 天

② lease enter year and month: 2014 12✓

2014 年 12 月有 31 天

5.4　综合实例

　　【例 5-9】简单计算器。声明变量 x、y，从键盘输入表达式，如 $a+b$，编写程序计算表达式的值，结果保留两位小数。其中运算符主要为：+、-、*、/、%中的任意一个，如果输入运

算符%，则自动变换变量 a、b 值为整数后输出计算后的值。

分析：有效运算符共 5 个，使用选择结构的 switch 语句实现程序如下。

例题解析

```c
/*example5-9.c  小型简单计算器 */
#include<stdio.h>
int main()
{
float a,b;
char ch;
printf("请按格式输入表达式：a+(+,-,*,/)b \n");
scanf("%f%c%f",&a,&ch,&b);
switch(ch)
{
     case '+': printf("%f\n",a+b);break;
     case '-': printf("%f\n",a-b);break;
     case '*': printf("%f\n",a*b);break;
     case '/': printf("%f\n",a/b);break;
     case '%':printf("%d\n",(int)a%(int)b);break;
     default: printf("input error\n");break;
}
return 0;
}
```

【例 5-10】输入 a、b、c，编写程序，求一元二次方程 $ax^2+bx+c=0$ 的所有解。

分析：根据 3 个系数的不同情况，方程的根有如下几种情况。

① $a=0$，不是二次方程。

② $b^2-4ac=0$，有两个相等的实根。

③ $b^2-4ac>0$，有两个不等的实根。

④ $b^2-4ac<0$，有两个共轭复根。

流程图如图 5-5 所示。

据此写出程序。

```c
/*example 5_10.c  求一元二次方程的根*/
#include <math.h>
#include <stdio.h>
int main()
{   float a,b,c;
    double s,x1,x2;
    printf("please input a,b,c:\n");
    scanf("%f%f%f",&a,&b,&c);
    if(a>=-(1e-6) && a<=(1e-6))
       printf("Sorry! You have a wrong number a.\n");
    else
    {
        s=b*b-4*a*c;
        if(s>(1e-6))
        {
            /* 计算两不相等实根: */
            x1=(-b+sqrt(s))/(2*a);
            x2=(-b-sqrt(s))/(2*a);
            printf("There are two different real:\nx1=%5.2f, x2=%5.2f\n" ,x1,x2);
```

```
        }
        else
            if(s>=-(1e-6) && s<=(1e-6))
            {
                /* 计算两相等实根: */
                x1=x2=-b/(2*a);
                printf("There are two equal real:\nx1=x2=%5.2f\n",x1);
            }
            else
            {
                /* 计算两不相等共轭复根: */
                s=-s;
                x1=-b/(2*a);
                x2=fabs(sqrt(s)/(2*a));
                printf("There are two different complex:\n");
                printf("x1=%5.2f+%5.2fi, x2=%5.2f-%5.2fi\n",x1,x2,x1,x2 );
            }
    }
    return 0;
}
```

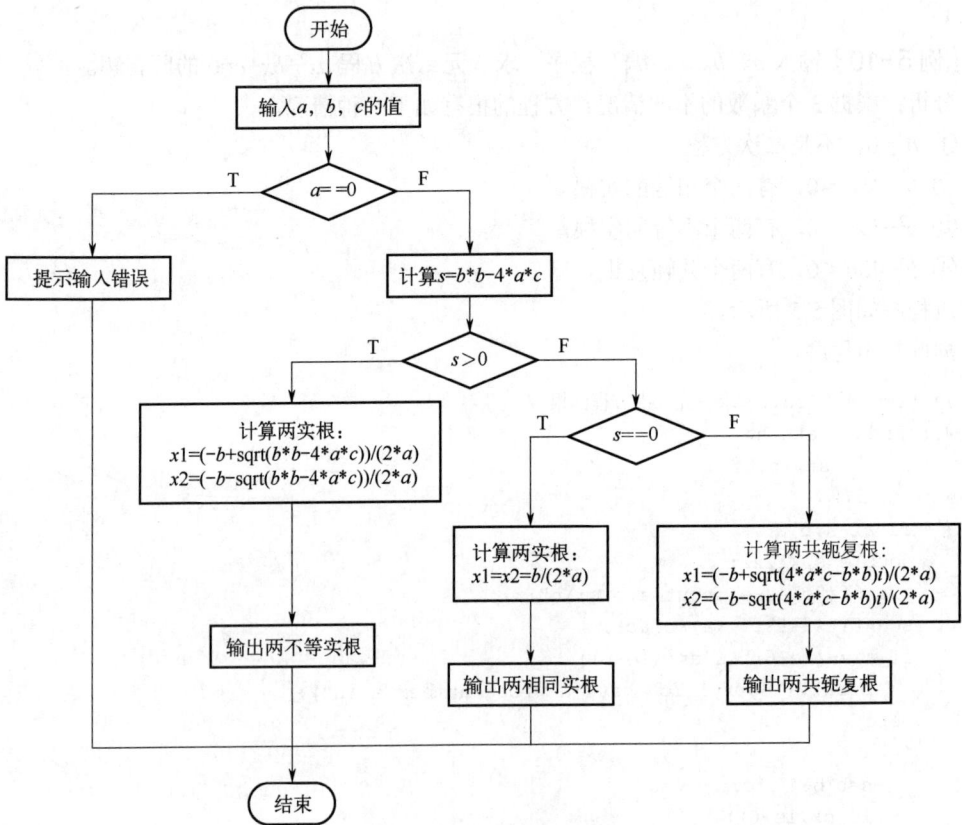

图 5-5　算法流程图

在这个程序中，对浮点数 a 和 s 的 3 个条件判断分别引入了一个微小量（1e-6）来判断，（a==0）用 (a>=-(1e-6) && a<=(1e-6)) 来表示，(s>0)用 (s>(1e-6))来表示，(s==0)用

(s>=-(1e-6))&& s<=(1e-6)来表示。其目的是避免将实数转化为计算机浮点数带来的误差。

小结

　　本章主要对 3 种结构化程序设计之一的选择结构做了介绍。选择结构也称为分支结构，主要包括单分支、双分支和多分支。为了解决多分支的混乱问题，提供了 switch 开关语句。为了更好地应用 switch 语句，引入了开关中断语句 break。选择程序在编程设计中对语法规则有清晰的界定和要求，可以很好地培养规则意识。

　　分支结构在生活中应用很广，超市柜台的打折促销、数学上的分段函数、考试成绩的等级划分以及人生路的选择等都是分支结构的例子，对此本章做了详细介绍与说明，尤其是应用方面更是不吝笔墨，引入了闰年/平年判定和月份、办公室装修的开关匹配以及三角形的严谨测试等实例，在培养程序设计和算法应用能力的同时，强调实践实战，培育严谨的工匠精神，为后续学习夯实基础。

习题

参考答案
习题解析

一、选择题

① Dev-C++环境下，以下 4 个 if 语句的条件表达式最正确的是（　　）。

A．if x=y　max=1;　else max=-1;　　　　　B．if x==y　max=1; else max=-1;

C．if(x=y)　max=1; else max=-1　　　　　D．if(x==y) max=1; else max=-1;

② 若已定义 int x,y;，并且已经正确赋值，则与下列表达式(x-y)?(x++):(y++)中条件表达式(x-y)等价的是（　　）。

A．(x-y>0)　　　　　B．(x-y<0)　　　　　C．(x-y<0||x-y>0)　　　　　D．(x-y==0)

③ 下列程序的输出结果为（　　）。

```c
#include <stdio.h>
int main( )
{
    int i=1,j=2,k=3;
    if(i++==1&&(++j==3||k++==3))
        printf("%d %d %d\n",i,j,k);
return 0;
}
```

A．1 2 3　　　　　B．2 3 4　　　　　C．2 2 3　　　　　D．2 3 3

④ 在嵌套使用 if 语句时，C 语言规定，else 总是（　　）。

A．和之前与其具有相同缩进位置的 if 配对

B．和之前与其最近的 if 配对

C．和之前与其最近且不带有 else 的 if 配对

D．和之前的第一个 if 配对

⑤ 下列叙述正确的是（　　）。

A．break 只能用于 switch 语句

B．在 break 语句中必须使用 default

C．break 语句必须与 switch 语句中的 case 配对

D. 在 switch 语句中，不一定使用 break 语句

⑥ 判断 char 型变量 c1 是否为小写字母的最正确表达式是（　　）。

A. 'a'<=c1<='z'　　　　　　　　　　B. (c1>=a)&&(c1<=z)

C. ('a'<=c1)||('z'>=c1)　　　　　　　D. (c1>='a')&&(c1<='z')

⑦ 有以下计算公式：

$$y=\begin{cases} \sqrt{x}, & x \geq 0 \\ \sqrt{-x}, & x < 0 \end{cases}$$

若程序前有头文件#include "math.h"，下列不能正确计算以上算术公式的是（　　）。

A. if(x>=0) y=sqrt(x); else y=sqrt(-x);　　B. y=sqrt(x);if(x<0) y=sqrt(-x);

C. if(x>=0) y=sqrt(x) ;if(x<0) y=sqrt(-x);　　D. y=sqrt(x>=0?x:-x);

⑧ 下面程序的输出结果是（　　）。

```
#include "stdio.h"
int main( )
{
    int a=0,b=0,c=0,d=0;
    if(a=1) b=1;c=2;
    else d=3;
    printf("%d,%d,%d,%d \n",a,b,c,d);
    return 0;
}
```

A. 0,1,2,0　　　　　B. 0,0,0,3　　　　　C. 1,1,2,0　　　　　D. 编译有错

⑨ 若有以下定义：float x=1.5;int a=1,b=3,c=2;，则正确的 switch 语句是（　　）。

A. switch(x)　　　　　　　　　　　　B. switch(x)
```
   {                                    {
     case 1.0: printf("*\n");             case 1: printf("*\n");
     case 2.0: printf("***\n");           case 2: printf("***\n");
   }                                    }
```

C. switch(a+b)　　　　　　　　　　　D. switch(a+b);
```
   {                                    {
     case 1:  printf("*\n");             case 1: printf("*\n");
     case 2+1: printf("***\n");          case c: printf("***\n");
   }                                    }
```

⑩ 下面程序的输出结果为（　　）。

```
#include "stdio.h"
int main( )
{
    int a=0,i=1;
    switch(i)
    {
    case 0:
    case 1: a+=2;
    case 2:
    case 3: a+=3;
    default:a+=7;
    }
```

```
    printf("%d \n",a);
    return 0;
}
```

A. 12   B. 7   C. 2   D. 5

二、填空题

① 以下程序的运行结果为_____。

```
#include "stdio.h"
int main( )
{
    int a=1,b=2,c=3;
    if(a=c) printf("%d\n",c);
    else    printf("%d\n",b);
    return 0;
}
```

② 以下程序的运行结果为_____。

```
#include "stdio.h"
int main( )
{
    int a=3,b=4,c=5,t=9;
    if(b<a&&a<c) t=a; a=c; c=t;
    if(a<c&&b<c) t=b; b=a; a=t;
     printf("%d %d %d\n",a,b,c);
    return 0;
}
```

③ 运行两次以下程序，分别从键盘上输入数值 6 和 4，分别写出结果。

```
#include "stdio.h"
int main( )
{
    int x;
    scanf("%d",&x);
    if(x++>5)
     printf("%d \n",x);
    else
        printf("%d \n",x--);
    return 0;
}
```

输入 6 时，结果为_____。

输入 4 时，结果为_____。

④ 有以下程序，执行后输出结果为_____。

```
#include "stdio.h"
int main( )
{
    int p,a=5;
    if(p=a!=0)
     printf("%d \n",p);
    else
```

```
        printf("%d \n",p+2);
    return 0;
}
```

⑤ 下列程序运行后的输出结果是_____。

```
#include <stdio.h>
int main( )
{
    int a,b,c;
    a=10;b=20;
    c=(a%b<1)||(a/b>1);
    printf("%d %d %d\n",a,b,c);
    return 0;
}
```

⑥ 数学公式"$20 \leqslant x \leqslant 30$"在 Dev-C++环境下的条件表达式的正确写法是_____。

⑦ 数学公式"$x \leqslant 0$ 或 $x \geqslant 100$"在 Dev-C++环境下的条件表达式的正确写法是_____。

⑧ 运行以下程序，如果从键盘上输入数值3，结果为_____。

```
#include "stdio.h"
int main( )
{
    int x;
    scanf("%d",&x);
    switch(x)
    {
    case 1: printf("xinxi");
    case 2: printf("university"); break;
    case 3: printf("welcome");
    case 4: printf("qingdao"); break;
    default: printf("error");break;
    }
    return 0;
}
```

三、程序填空

① 下列程序的作用是判定是否能够形成三角形，如果是，输出 Yes；如果不是，输出 No。三角形的三条边是 a、b、c。请填空完成该程序。

```
#include <stdio.h>
int main( )
{
    float a,b,c;
    scanf("%f%f%f",&a,&b,&c);
    _____    //判断三角形成立条件
        printf("Yes\n");
    else printf("No\n");
return 0;
}
```

② 下列程序的作用是判定输入的字符 key 是否是特殊字符回车键（Enter）和空格键（SP），

如果是，输出"您刚才输入了<? >键"；如果不是，输出输入的字符。请填空完成该程序。

```
#include<stdio.h>
int main()
{
char key;
_____;//输入字符 key
switch(key)
{
    case '\n':printf("您刚才输入了<Enter>键\n");break;//判定<Enter>键
    case ' ':printf("您刚才输入了<SP>键\n");break;//判定<SP>键
    _____:printf("您输入的字符是: %c\n",key);break;
}
return 0;
}
```

四、修改错误

以下程序功能：在输入长方体的长、宽和高后，对长方体箱子判断是否为正方体。

```
#include<stdio.h>
int main()
{
    int len,wid,hei;
    scanf("%d%d%d",&len,&wid,&hei);
    if(len==wid==hei) printf("正方体\n");
    else printf("长方体\n");
    return 0;
}
```

在输入 2 2 2 时，上述程序运行后结果显示：长方体，请就上述程序找出错误之处并修改。

五、编程题

① 编写程序，对于给定的学生百分制成绩，分别输出等级'A'、'B'、'C'、'D'、'E'，其中 90 分以上为'A'，80～89 分以上为'B'，70～79 分以上为'C'，60～69 分以上为'D'，60 分以下为 'E'。（要求分别使用 switch 和 if 语句实现。）

② 编写程序，从键盘上输入一个字符。如果该字符是小写字母，则转换成大写字母输出；如果是大写字母，则转换成小写字母输出；如果是其他字符，原样输出。

③ 编写程序，从键盘上输入一个整数，将数值按照小于 10、10～99、100～999、1000 以上分为几位数，并显示结果。

④ 编写程序，从键盘上输入某年某月，输出该月有多少天。使用 if 多分支结构实现。

⑤ 编写程序，实现以下数学分段函数。

$$y=\begin{cases}\dfrac{|x|}{2} & (x<0)\\ 3+e^x & (0\leqslant x<10)\\ \lg x & (10\leqslant x<20)\\ x^{1.5} & (20\leqslant x<30)\\ \sqrt{x}-1 & (30\leqslant x<50)\\ 3\cos x & (x\geqslant 50)\end{cases}$$

⑥ 数 7 游戏。编写程序，在数 7 游戏中对某整数 x，判定 x 是否能被"数"出来。不能

被"数"出来的条件是：x 是 7 的倍数或个位数为 7。

⑦ 某大型商场的十周年庆，对品牌服装打折促销和折后返券。若顾客消费 8000 元以上，打 8 折并满 1000 元送 200 电子券；若顾客消费满 6000 元，打 8.5 折并满 1000 元送 150 电子券；若顾客消费满 4000 元，打 9 折并满 1000 元送 100 电子券；若顾客消费满 2000 元，打 9.5 折不送电子券；若顾客消费低于 2000 元，不打折也不送电子券。编写程序实现以上功能。

前面章节中编写的程序和实例在运行的时候只会运行一次，而实际上可能需要连续或重复执行多次，或者某些语句连续执行多遍，以保证一些特殊功能或工业流程要求。例如时钟的时针分针不停转动，交通信号灯的交替变化，账户登录时密码错误后重新输入，空调组装工艺过程等。如何编写程序控制重复过程呢？ C 语言提供了一种程序设计结构——循环结构。

程序中的循环是指可被连续或重复执行的语句，循环执行的语句或程序段称为循环体。循环重复执行的次数由循环条件和循环变量增值来决定，可以说循环是为了降低程序复杂度，使程序代码简化、提高程序的可读性和执行速度。C 语言提供了 3 种循环语句：for 语句、while 语句和 do...while 语句。随着信息化、智能化时代的到来，循环在各行各业中得以大幅应用。在人工智能（AI）和大数据应用领域，循环结构通过多次迭代、数据清洗编码等在算法实现、模型训练、数据处理等多个环节中发挥着越来越重要的作用。例如在各种软件管理系统和 APP 应用中，账号登录成为常见的操作之一。接下来，我们以账号登录为引例讲解循环。

账号登录时难免会出现密码输入错误的情况，当密码错误时系统往往会进行提示，并提供再次输入密码的功能。密码的重复输入，即可通过循环实现。假设密码输入上限为 5 次，用 count 对密码输入次数进行计数，count 初始为 0，当输入错误 1 次，count 加 1，当 count=5 时，即输入错误 5 次。观察引例可以发现以下规律：

初始：count=0；//也称起始条件

重复：输入密码并验证。//循环体语句

重复条件：count<5；//循环条件

计数增值：count=count+1。//变量增值

当密码输入错误时，以上密码重复验证过程，称为循环。

起始（也称初始）条件、循环体语句、循环条件和变量增值称为循环四要素。

6.1　for 语句

微课

for 语句在循环结构中比较灵活，不但可以应用在已知循环次数的情况下，还可以应用于未知循环次数的情况。

下面我们先看一道算术级数求和的问题，如 $\text{sum} = \sum\limits_{i=1}^{100} i$ 。

设定 sum 表示累加求和，sum=0;，分析其数学计算过程可以发现以下规律。

开始：$i=1$；

执行中：当 $i\leqslant100$ 时，sum=sum+i，求和后 i=i+1；

分析以上求和级数的循环四要素：

① 初始条件：i=1；

② 循环规律：sum=sum+i，i 从 1 到 100；//循环体，也称循环语句。

③ 循环增值：相邻两数递增 1；//也称变量增值。

④ 循环条件：满足数学条件 1≤i≤100   //与结束条件 i>100 相反。

for 语句的一般标准形式是：

```
for([起始条件]; [循环条件] ;[变量增值])
    循环体语句;
```

for 循环语句的流程图如图 6-1（a）所示。

【例 6-1】编写程序，求算术级数之和 $sum=\sum_{i=1}^{100}i$。

算术级数之和的流程图如图 6-1（b）所示。

实现算术级数之和的程序如下。

```c
#include "stdio.h"
int main()
{
    int i, sum=0;
    for(i=1;i<=100;i++)
    {
        sum=sum+i;
    }
    printf("sum=%d\n",sum);
    return 0;
}
```

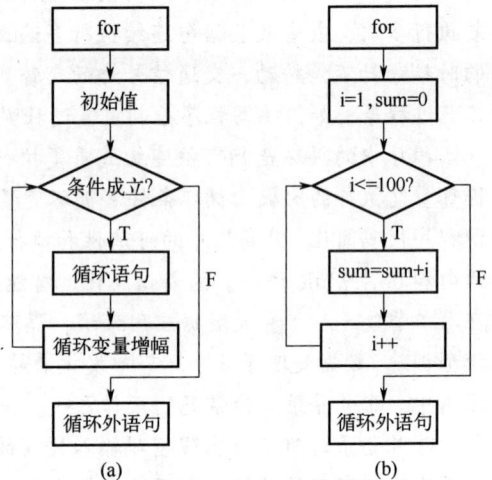

图 6-1　for 循环语句流程图

程序运行后输出结果如下。

```
sum=5050
```

说明：

① for 语句的一般形式中，( )内的语句或条件允许有变化或省略，但两个分号必不可少，第 1 个分号前是起始条件，第 2 个分号前是循环条件，分号后是循环变量增值。

② 起始条件可以有多个初始值，用逗号分开。

③ 循环条件的类型任意，只要能够判断真假即可。

备注：如果循环条件恒真或缺少循环判定条件或变量增值不变，则 for 循环将进入无法有效控制的无限循环，如 for(i=1;;i++) 和 for(;;)都会进入无限循环。

④ 循环变量增值可以放在( )内，也可以跟循环体语句放在一起。循环变量增值可以有一个或多个，多个循环变量增值用逗号分隔开。

⑤ 循环体语句可以是一条或多条语句，如果多条语句循环执行，用{}使之成为复合语句。如果没有{}，则以第 1 个分号作为语句（循环）结束符。

引例的密码输入问题，假设密码为 12345，考虑全部输入错误的情况，可以用 for 循环实现，具体如下：

```
#include <stdio.h>
int main()
{
    int password,count;
    for(count=0;count<5;count++)
    {
        printf("请输入密码: ");
        scanf("%d",&password);
        if(password!=12345)
            printf("密码输入错误，您还有%d次机会\n",4-count);
    }
    if(count==5)
        printf("今天次数已达上限，请明天再试\n");
    return 0;
}
```

求解算术级数之和的问题中加操作是重复操作，而下面的求阶乘问题中乘法操作是重复操作。

【例6-2】编写程序，从键盘上输入整数 n，计算 $n!$ 并输出到屏幕上。

分析：$n!=n(n-1)(n-2)...2×1$，通过对比【例6-1】发现，$n!$ 与级数求和 $sum = \sum_{i=1}^{n} i$ 仅仅是运算符号和初始值的区别，其中阶乘初值 fact=1。流程图如图 6-2（b）所示。

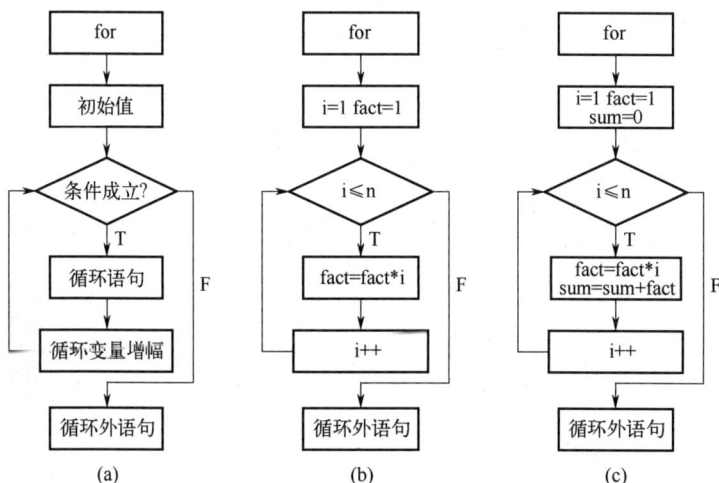

图 6-2　for 循环实现阶乘流程图

使用 for 语句实现的程序如下。

```
#include "stdio.h"
int main()
{
    int n,i;
    long fact=1;
    printf("你想求阶乘的数: ");
    scanf("%d",&n);
```

```
    for(i=1;i<=n;i++)
        fact=fact*i;
    printf("计算结果为：%d!=%1d\n",n,fact);
    return 0;

}
```

运行结果如下。

你想求阶乘的数：10↙

计算结果为：10!=3628800

思考：如何计算 1!+2!+3!…+(n−1)!+n!，并输出结果到屏幕上。

分析：在【例 6-2】的基础上，在计算出 $i!$ 后随之同步求和 $sum = \sum_{i=1}^{n} i!$，流程图如图 6-2

（c）所示。当然也可以换一种思路，分别计算出所有数的阶乘，再计算所有阶乘的和，使用先后关系。见表 6-1。

表 6-1　计算数的阶乘程序段

计算阶乘同步求和的程序段	先计算出所有数的阶乘后再计算和的主要程序段

`scanf("%d",&n);`
`for(i=1;i<=n;i++)`
`{`
`    fact=fact*i;`
`    sum=sum+fact;`
`}`
	`for(i=1;i<=n;i++)`
	`{`
	`    fact=1;`
	`    for(j=1;j<=i;j++)`
	`        fact=fact*j;`
	`    sum=sum+fact;`
	`}`

中国古代数学家刘徽创立割圆术，中国南北朝时期杰出的数学家、天文学家祖冲之通过内接正多边形逼近圆周，边数倍数递增一直到 12288 边形计算得到的圆周率精确至小数点后 7 位，体现了中国古代科技中的极限思想与编程思想的雏形。

【例 6-3】圆周率的计算，即正多边形割圆术，通过割圆术的边数×2 使周长逼近圆周长计算，其计算公式如下：

$$\pi = \frac{s_{n+1}n}{2}$$
$$n = 2n$$
$$s_{n+1} = \sqrt{2 - \sqrt{4 - s^2}}$$

例题解析

分析：初始正六边形（边数 $n=6$），边长 $s=1$，对应半径 $r=1$。每次边数倍增 $n=2n$，通过 s_{n+1} 公式计算新的边长，最后求解 π 的值。

程序如下。

```
#include "stdio.h"
#include "math.h"
int main()
{
    int n = 6,i;
    double pi, s = 1.0;
    int num;
```

```
    printf("请输入迭代次数：");
    scanf("%d",&num);
    for(i=0;i<num;i++)
    {
        s=sqrt(2-sqrt(4-s*s));
        n=n*2;
    }
    pi=s*n/2;
    printf("迭代%d次，求得π的近似值为%lf\n",num,pi);
    return 0;
}
```

程序运行结果如下。

请输入迭代次数：10

迭代 10 次，求得 π 的近似值为 3.141593

6.2　while 语句

while 语句是 C 语言循环语句的另一种常用形式。while 语句的一般形式为：

起始条件；

while(循环条件)

{

循环体语句；

循环变量增值；

}

while 语句一般形式解析如下。

① while 语句的执行流程：先判断循环条件是否成立，若成立，则执行循环体语句，变量增值改变，转而重新判断循环条件是否成立，若不成立，则退出循环，执行循环体外语句。

② 循环体语句能否执行，取决于 while 后的条件是否成立，与其他项无关。

③ while 循环语句的一个显著特点：先判断循环条件是否成立，再决定是否执行循环体语句，简单地说就是"先判断后执行"。

④ 能执行的判断条件称为循环条件，与结束条件相反。通过改变循环变量来控制循环次数，一般循环变量的改变称为循环变量有增（减）值。

循环四要素在 while 语句结构的位置一般是：起始条件在 while 形式之外（其上），循环条件出现在 while 后的( )内，循环体语句和循环变量增值放置在{}内，但循环变量增值和循环体语句的先后顺序根据执行情况安排。除此之外，如果需要，部分起始条件也可以调整在( )之中，也就是与循环条件放置在一起，这时需要注意它们彼此之间的关系。

循环语句如果有多条，必须看作复合语句，把多条循环语句作为一个循环整体。如果不使用复合语句，那么只执行以第一个分号作为结束符的一条语句。

while 循环结构流程图如图 6-3（a）所示。

【例 6-4】编写程序，使用 while 循环求算术级数之和 $\mathrm{sum} = \sum\limits_{i=1}^{100} i$ 。

算法流程图如图 6-3（b）所示。

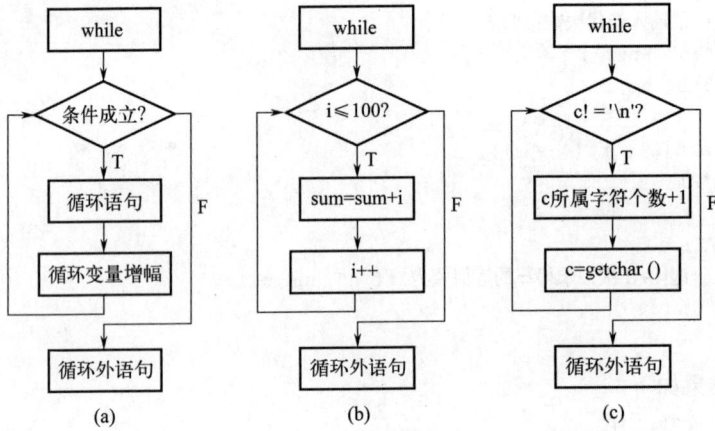

图 6-3 while 循环流程图

根据 while 语句语法形式和上一节分析的循环四要素，实现 while 语句的算术级数之和的程序如下。

```c
#include "stdio.h"
int main()
{
    int i=1,sum=0;
    while(i<=100)
    {
        sum=sum+i;
        i++;
    }
    printf("sum=%d\n",sum);
    return 0;

}
```

说明：

① 循环体语句没有要求，可以是任意类型的 C 语句。

② 下列条件会退出 while 循环：

a. 循环表达式不成立；

b. 循环体内出现并执行了 break 或 return 语句。

引例账号登录问题，改用 while 循环实现，主程序段如下。

```c
int password,count=0;
while(count<5)
{
    printf("请输入密码：");
    scanf("%d",&password);
    if(password!=12345)
    {
        count+=1;
        printf("密码输入错误，您还有%d次机会\n",5-count);
    }
}
```

下面的例子中，具体的循环次数不确定，采用 while 循环结构实现。

【例 6-5】从键盘上输入一行字符，以回车键结束，统计输入的一行字符中空格数、字母数（大小写字母）、数字数（0～9）以及其他字符数。

分析：

① 从键盘上输入字符可以使用 getchar( )，并赋值给 c，语句为 c=getchar( )；

② 对输入的每一个字符 c 都需要判断其属于哪一类字符，使用选择结构。

算法流程图如图 6-3（c）所示，程序如下。

```c
#include "stdio.h"
int main()
{
    int letter=0,data=0,space=0,others=0;
    char c;
    printf("请输入一行字符，以回车键结束：");
    //使用 getchar()输入字符，并赋值给 c
    while((c=getchar())!='\n')
    {
        if(c>='A'&&c<='Z'||c>='a'&&c<='z') letter++;
        else if(c>='0'&&c<='9') data++;
        else if(c==' ') space++;
        else others++;
    }
    printf("letter=%d,data=%d,space=%d,others=%d\n",letter,data,space,others);
    return 0;

}
```

程序运行结果如下。

请输入一行字符，以回车键结束：good　thanks123 +–*/% s↙

letter=11,data=3,space=4,others=5

除了直接进行字符比较外，还可以使用 ASCII 码值进行比较。使用 ASCII 码值进行判断的语句为：

```c
if(c>=65&&c<=90||c>=97&&c<=122) letter++;
else if(c>=48&&c<=57) data++;
else if(c==32) space++;
else others++;
```

微课

6.3　do-while 语句

do-while 语句是另外一种实现循环结构的语句，可以说是 while 语句的一种变形，一般形式为：

起始条件；
do
{
循环体语句；
变量增值；

```
} while(循环条件);
```

do-while 语句的执行过程是先执行一次 do 后面的循环体语句，再对 while 的循环条件进行判定，如此反复，直到循环条件不成立时，循环结束。详细流程图如图 6-4（a）所示。

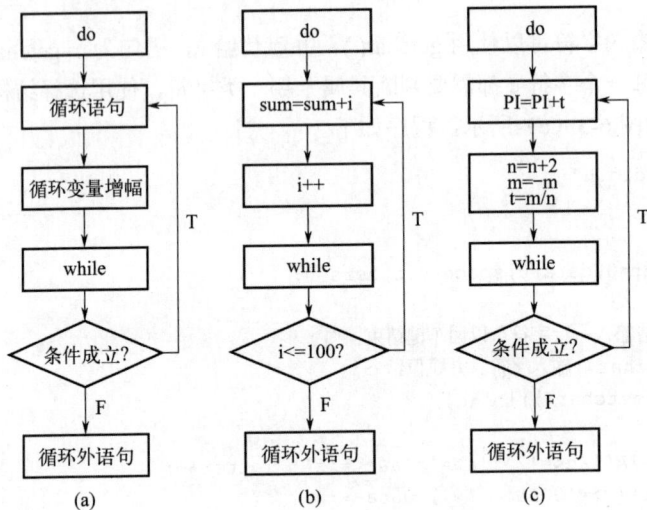

图 6-4　do-while 循环流程图

对比 do-while 和 while 结构我们会发现下面两点特性。

① do-while 语句至少能够执行一次循环语句。因为 do-while 语句的判断条件放在循环语句之后，所以 do-while 语句的典型特点是：先执行语句，后判断条件，简称"先执行后判断"。

② 循环体语句的结束主要取决于 while 后的条件的真假，如果循环条件为真（非零），则循环语句连续执行，反之循环结束。

思考：【例 6-1】和【例 6-4】中的求算术级数之和 $sum = \sum_{i=1}^{100} i$，如何使用 do-while 结构实现。

循环四要素与【例 6-1】一致的情况下，按照如图 6-4（b）所示的流程图，以及 do-while 语句的结构形式编写的程序如下。

```
do
{
    sum=sum+i;
    i++;
} while(i<=100);
```

说明：

① 虽然 do-while 与 while 语句的结构不同，但 while 语句与 do-while 语句循环结构可以互换。

② do-while 语句是先执行后判断，而 while 语句是先判断后执行。可能在某些条件下，两种语句的运行结果相同，但在某些起始条件下也可能导致结果将有不同，如表 6-2 程序。

③ while 语句与 do-while 语句常用于未知循环次数的循环。

引例中的密码输入问题，也可以用 do-while 结构实现，程序可作如下修改：

```
do{
    同 while 结构;
}while(count<5);
```

表 6-2　程序

程序	`int i=10,sum=0;`
	`do`
	`{`
	`    sum=sum+i;`
	`    i++;`
	`}while(i<=5);`
	`printf("sum=%d\n",sum);`
		`int i=10,sum=0;`
		`while(i<=5)`
		`{`
		`    sum=sum+i;`
		`    i++;`
		`}`
		`printf("sum=%d\n",sum);`

结果	sum=10	sum=0

有些问题的循环条件不能简单地表达为循环变量和循环次数的关系，常见于循环次数不确定的情况下，如【例 6-6】。

【例 6-6】编写程序，计算圆周率 π，其中 $\dfrac{\pi}{4} \approx 1 - \dfrac{1}{3} + \dfrac{1}{5} - \dfrac{1}{7} + \cdots$，直到某一项的绝对值小于 10^{-6} 为止。

分析：

① 原 $\dfrac{\pi}{4} \approx 1 - \dfrac{1}{3} + \dfrac{1}{5} - \dfrac{1}{7} + \cdots$，可设置变量 pi，表示成 $pi = \dfrac{1}{1} + \dfrac{-1}{3} + \dfrac{1}{5} + \dfrac{-1}{7} + \cdots$。

例题解析

② 分数形成的表达式可以对分子分母分开寻找规律，例如分子为变量 m，分母为变量 n，规律为：$m = -m$；$n = n+2$；。

③ 设置变量 $t = \dfrac{m}{n}$，这样计算圆周率公式类似于求级数和，不过级数变量 t 不同于【例 6-1】中的 i，但循环规律一致，其循环体语句为 pi=pi+t。

④ 循环结束条件为 $|t| < 10^{-6}$，与之对应的循环条件应该是 $|t| \geq 10^{-6}$。

以上算法的流程图如图 6-4（c）所示。

设计实现的程序如下。

```c
#include "stdio.h"
#include "math.h"
int main()
{
    int n;
    float m,t,pi;
    pi=0;n=1;m=1.0;t=1.0;
    do
    {
        pi=pi+t;
        n=n+2;
        m=-m;
        t=m/n;
    } while(fabs(t)>=1e-6);
    pi=pi*4;
    printf("圆周率pi = %10.6f\n", pi);
    return 0;
```

```
    }
```

运行结果如下。

圆周率 pi = 3.141594

思考：

本题如使用数学通项设计，程序该如何实现？

6.4   循环嵌套与几何图案

6.4.1   循环嵌套

循环结构的语句中又包含另一个循环结构，称为循环嵌套。如果只有两个循环结构，最外面的一层称为外循环，最里面的一层称为内循环。实际上循环嵌套中并不仅仅有两层循环，理论上循环嵌套深度不受限制，但嵌套层次太多，执行效率会下降，所以并不提倡。

使用循环嵌套时需要注意不同嵌套层次必须使用不同的循环控制变量，并列结构的内外层循环则允许使用同名的循环变量。如以下程序是正确的。

```
for(i=1;i<5;i++)              //外层循环变量 i
{
    for(j=0;j<5-i;j++)       //内层循环变量 j
        printf(" ");
    for(j=1;j<=2*i-1;j++)    //内层循环变量 j
        printf("X");
    printf("\n");
}
```

6.4.2   几何图案

微课

几何图案在生活中很常见，如何使用 C 语言程序绘制几何图案？有规律的重复图案可使用循环实现。只有一行或一列有规律的几何图案，至少使用一层循环；对于二维几何图案，至少使用两层循环结构，也就是两层循环嵌套，其中，一般外层循环变量表示行，内层循环控制变量表示列。

（1）编写程序，打印图 6-5 几何图案 1

分析：几何图案 1 是连续输出 10 次 "X"，使用单层循环实现即可。

```
for(j=1;j<=10;j++)
    printf("X");
```

（2）编写程序，打印图 6-6 几何图案 2

分析：几何图案 2 是在图 6-5 基础上连续输出 3 行，每行结束后换行，是一个二维几何图形，用二层循环实现，用变量 i 表示行，i 从 1 到 3；用变量 j 表示列，j 从 1 到 10。主程序段如下。

```
for(i=1;i<=3;i++)
{
    for(j=1;j<=10;j++)
```

```
        printf("X");
    printf("\n");
}
```

（3）编写程序，打印图 6-7 几何图案 3

分析：几何图形中行变量 i 从 1 到 3，列变量 j 在 i=1 时，j=1；i=2 时，j=1,2,3；i=3 时，j=1,2,3,4,5。观察得两者的关系为 j<=2*i-1，主程序段如下。

```
for(i=1;i<=3;i++)
{
    for(j=1;j<=2*i-1;j++)
        printf("X");
    printf("\n");
}
```

（4）编写程序，打印图 6-8 几何图案 4

分析：在每一行中不仅仅需要打印几何图案 "X"，还需要打印图案前的空格。行变量 i 从 1 到 3；空格列变量 j 在 i=1 时，j=1，2，3，4；i=2 时，j=1，2；i=3 时，j=0。两者的关系为 j<=6-2*i，几何图案 "X" 没变。主程序段如下。

```
for(i=1;i<=3;i++)
{
    for(j=1;j<=6-2*i;j++)
        printf(" ");
    for(j=1;j<=2*i-1;j++)
        printf("X");
    printf("\n");
}
```

```
                       XXXXXXXXXX              X                      X
                       XXXXXXXXXX             XXX                    XXX
    XXXXXXXXXX         XXXXXXXXXX            XXXXX                  XXXXX
  图6-5  几何图案1     图6-6  几何图案2   图6-7  几何图案3      图6-8  几何图案4
```

【例 6-7】编写程序，打印如表 6-3 所示的阶梯式的左下三角九九乘法口诀表和右上三角九九乘法口诀表。

例题解析

表 6-3　九九乘法口诀表

左下三角	左下三角九九乘法口诀表：-- 1×1=1 1×2=2　2×2=4 1×3=3　2×3=6　3×3=9 1×4=4　2×4=8　3×4=12　4×4=16 1×5=5　2×5=10　3×5=15　4×5=20　5×5=25 1×6=6　2×6=12　3×6=18　4×6=24　5×6=30　6×6=36 1×7=7　2×7=14　3×7=21　4×7=28　5×7=35　6×7=42　7×7=49 1×8=8　2×8=16　3×8=24　4×8=32　5×8=40　6×8=48　7×8=56　8×8=64 1×9=9　2×9=18　3×9=27　4×9=36　5×9=45　6×9=54　7×9=63　8×9=72　9×9=81

	右上三角九九乘法口诀表：---							
	1×1=1	1×2=2	1×3=3	1×4=4	1×5= 5	1×6= 6	1×7=7	1×8= 8	1×9= 9
		2×2=4	2×3=6	2×4=8	2×5=10	2×6=12	2×7=14	2×8=16	2×9=18
右上三角			3×3=9	3×4=12	3×5=15	3×6=18	3×7=21	3×8=24	3×9=27
				4×4=16	4×5=20	4×6=24	4×7=28	4×8=32	4×9=36
					5×5=25	5×6=30	5×7=35	5×8=40	5×9=45
						6×6=36	6×7=42	6×8=48	6×9=54
							7×7=49	7×8=56	7×9=63
								8×8=64	8×9=72
									9×9=81

分析：

左下三角九九乘法口诀表容易实现，每一行的口诀表只有表达式，前面没有其他字符，输出一种几何图案即可；而右上三角口诀表的每一行既有口诀表达式，又有空格，需要输出两种几何图案。

九九乘法口诀表的输出，以一个口诀表达式作为单位，选取左上角的表达式"4*6=24"，口诀表达式中整数 4 是所在的列，整数 6 是所在的行，整数 24 是列 4 与行 6 的乘积，是 2 位数，所以表达式的规律是：printf("%d*%d=%2d ",j,i,j*i);

为了清晰地区分表达式，在每个口诀表达式之后增加两个空格，用来分隔开下一个口诀表达式。九九乘法口诀表的不同形式程序见表 6-4。

表 6-4 乘法口诀表的不同形式程序

左下三角程序	右上三角程序
| ```c
#include "stdio.h"
int main()
{
int i,j;
printf("左下三角九九乘法口诀表：---\n");
for(i=1;i<=9;i++)
 {
   for(j=1;j<=i;j++)
     printf("%d*%d=%2d  ",j,i,j*i);
     printf("\n");
  }
return 0;
}
``` | ```c
#include "stdio.h"
int main()
{
int i,j;
printf("右上三角九九乘法口诀表：----\n");
for(i=1;i<=9;i++)
  {
    for(j=1;j<=8*(i-1);j++)
      printf(" ");
    for(j=i;j<=9;j++)
      printf("%d*%d=%2d  ",i,j,j*i);
      printf("\n");
   }
return 0;
}
``` |

【例 6-8】杨辉三角是中国古代数学的重要成就，也称帕斯卡三角形，最早由北宋数学家贾宪提出，南宋数学家杨辉 1261 年在《详解九章算法》中系统总结并推广。这一成就早于西方帕斯卡三角形 400 余年。杨辉三角是二项式系数在三角形中的一种几何排列，第 n 行的数字有 n 项，每行数字左右对称，由 1 开始逐渐变大，每个数等于它上方两数之和。学习数组后可采用这种计算方法求每一位的数值。

```
                                1
                             1     1
                          1     2     1
                       1     3     3     1
                    1     4     6     4     1
                 1     5    10    10     5     1
              1     6    15    20    15     6     1
```

编写程序，实现如上所示的杨辉三角。

分析：

输出时可分两部分输出，倒三角空格和杨辉三角数值。每一行第一个数值为 1，后面每个位置的数值也可由前一个数乘以(i-j)/j 得到，即 num=num*(i-j)/j，其中 i 为行，j 为列。

程序如下。

```c
#include "stdio.h"
int main()
{
    int n;
    printf("请输入要打印的行数：");
    scanf("%d", &n);
    for (int i = 1; i <= n; i++)
    {
        for (int j = 1; j <= n - i; j++)
        {
            printf("  "); // 输出 2 个空格
        }
        int num = 1; // 每行的第一个元素总是 1
        printf("%2d", num);
        for (int j = 1; j < i; j++)
        {
            num = num * (i - j) / j;
            printf("  %2d", num); // 数字前 2 个空格
        }
        printf("\n");
    }
    return 0;
}
```

通过上述学习可看出，循环嵌套通过控制循环条件和输出内容，可以打印出各种规则的图形。

6.5　转移语句

微课

转移语句包括 goto、break 和 continue，控制程序按照转移语句的使用方式执行转移流程。

6.5.1　goto 语句

goto 语句是一种无条件转向语句，它可以应用在程序的任何地方。goto 语句的一般形式是：

```
goto 语句标号；
```

其中，语句标号为任何合法的标识符，并且 goto 后的语句标号一定要单独在程序中出现过。

语句标号的基本格式是语句标号加上冒号（:），如 error:、loop:或 end:等都是合法的语句标号。

虽然 goto 语句可以转向任何有语句标号的地方继续执行，但实际上它更容易破坏程序结构化形式，所以一般在程序中并不使用 goto 语句。

【例 6-9】编写程序，使用 goto 语句计算求和级数 $sum = \sum_{i=1}^{n} i$，并把结果输出到屏幕上。

程序如下。

```c
#include "stdio.h"
int main()
{
    int i=1,sum=0;
loop:
    if(i<=100)
    {
        sum=sum+i;
        i++;
        goto loop;
    }
    printf("sum=%d\n",sum);
    return 0;
}
```

6.5.2　break 语句

引例中的密码输入问题仅考虑了 5 次密码全部输入错误的情况，但是如第 2 次输入密码正确，程序仍会要求用户继续输入密码直到输入 5 次密码后才结束是没必要的，此时应当登录成功，即循环结束。

在分支结构中已经学习了 break 语句在 switch 结构中的应用，除此之外 break 语句还可以应用在循环结构中，作用是从循环体语句内跳出循环体，提前终止循环，转而执行终止的循环体结构外的下一条语句。

break 语句的一般形式是：

```
break;
```

使用 break 语句可以解决上述密码输入问题，用户输入密码次数少于 5 次就输入正确时，应跳出循环。具体实现程序段如下：

```c
for(count=0;count<5;count++)
{
```

```
        printf("请输入密码: ");
        scanf("%d",&password);
        if(password!=12345)
            printf("密码输入错误, 您还有%d次机会\n",4-count);
        else
        {
            printf("登录成功! \n");
            break;
        }
    }
```

执行结果为:

```
请输入密码: 123↙
密码输入错误, 您还有 4 次机会
请输入密码: 12345↙
登录成功!
```

break 语句在循环体内的位置需要根据情况确定,其目的是终止对应的能够起作用的循环,对已经执行完毕的循环无须终止。

break 语句终止循环体是彻底终止本层循环, 这与本书 6.5.3 小节 coutinue 的终止本次循环是不同的。比如下面的程序段:

```
        int i,sum=0;
        for(i=1;i<=100;i++)
        {
            sum=sum+i;
            if(sum>100) break;
        }
        printf("i=%d\n",i);
        printf("sum=%d\n",sum);
```

执行结果为:

```
i=14
sum=105
```

说明:

for(i=1;i<=100,i++)只有一层循坏,如果没有 break 语句, 循环次数应该是从 1 到 100 共 100 次, 但由于 break 的存在, 故满足条件(sum>100)后, 本层循环彻底终止, 尽管此时 i=14, 但本层剩下的循环次数也不再执行。

6.5.3　continue 语句

continue 语句的一般形式是:

```
continue;
```

其作用是结束本次循环, 即跳过本次循环体中 continue 其后尚未执行的语句, 随之进入下一次循环是否执行的判定。

continue 语句与 break 语句有很大的不同。其一, continue 只能用于循环语句, 而 break 既可以应用于循环结构, 还可以应用于 switch 语句; 其二, continue 只能终止本次循环(某一次), 而不能终止整层循环的执行; 而 break 语句则是结束整层循环过程。比如下面的程序段:

```
int i,sum=0;
for(i=1;i<=100;i++)
{
    if(sum>100) continue;
        sum=sum+i;
}
printf("i=%d\n",i);
printf("sum=%d\n",sum);
```

程序运行结果如下。

```
i=101
sum=105
```

思考：if(sum>100) continue; 下移一行，会出现什么结果？

循环控制语句 break 与 continue 在循环结构中的作用是不同的，尤其是在循环嵌套和复合语句{}中需要仔细分析才能得出正确的结果，如【例 6-10】所示。

【例 6-10】分析以下程序，体会 break 与 continue 对循环结构的影响（表 6-5）。

表 6-5 不同程序分析

程序	`int i,sum=0,j;`
	`for(i=1;i<20;i=i+4)`
	`{`
	`for(j=2;j<19;j=j+3)`
	`sum=sum+j;`
	`  if(sum>200) break;`
	`}`
	`printf("sum=%d\n",sum);`
		`int i,sum=0,j;`
		`for(i=1;i<20;i=i+4)`
		`{`
		`    for(j=2;j<19;j=j+3)`
		`    sum=sum+j;`
		`    if(sum>200) continue;`
		`}`
		`printf("sum=%d\n",sum);`
			`int i,sum=0,j;`
			`for(i=1;i<20;i=i+4)`
			`for(j=2;j<19;j=j+3)`
			`{`
			`    sum=sum+j;`
			`if(sum>200) break;`
			`}`
			`printf("sum=%d\n",sum);`

运行结果	sum=228	sum=285	sum=213

6.6 综合实例

【例 6-11】正弦函数在数学的周期性波形、物理交流电路的正弦图像、信号处理的调制解调、机械工程的振动分析，以及计算机图形学的 3D 建模与动画等均有广泛应用。现在就正弦函数的计算有以下计算公式，请编写程序，从键盘上输入 x 的值，根据公式 $\sin(x) = x - \dfrac{x^3}{3!} + \dfrac{x^5}{5!} - \dfrac{x^7}{7!} + \cdots$ 计算 $\sin(x)$ 的值，直到最后一项的绝对值小于 10^{-6} 为止（x 为弧度值）。

例题解析

分析：

本题与【例 6-6】比较类似，找出每一个单项变量的规律，对每一个单项的分子与分母分别进行分析。系统提供了计算 x^y 的数学公式 pow(x,y)。角度与弧度有一个转换公式：弧度 $= \dfrac{\pi}{180} \times$ 角度。

程序如下。

```
#include "stdio.h"
#include "math.h"
```

```
#define PI 3.1415926
int main()
{
    int i=1;
    long n=1,f=1,flag=1;
    double t,sum=0.0,x;
    float angle;
    printf("请输入角度 angle 的值: ");
    scanf("%f",&angle);
    x=PI/180*angle;                //角度转换成弧度公式
    t=x/f;
    while(fabs(t)>=1e-6)
    {
        printf("第%d 次循环 t 的值: ",i++);
        printf("t=%lf\n",t);        //输出每一项 t 的值
        sum=sum+t;
        n=n+2;
        flag=-flag;
        f=f*n*(n-1);
        t=flag*pow(x,n)/f;
    }
    printf("计算结果为: sin(%f°)=%lf\n",angle,sum);
    return 0;
}
```

运行结果如下。

请输入角度 angle 的值: 30
第 1 次循环 t 的值: t=0.523599
第 2 次循环 t 的值: t=-0.023925
第 3 次循环 t 的值: t=0.000328
第 4 次循环 t 的值: t=-0.000002
计算结果为: sin(30.000000°)=0.500000

说明:

如果不使用 x^y 的数学公式 pow(x,y), 也可以根据后一项与前一项的关系推导数学规律。

对第一项 t 来说, 后续的项 $t = t * \dfrac{(-x*x)}{n*(n-1)}$, 运行结果不变。即将程序段修改为:

```
while(fabs(t)>=1e-6)
{
    printf("第%d 次循环 t 的值: ",i++);
    printf("t=%lf\n",t);            //输出每一项 t 的值
    sum=sum+t;
    n=n+2;
    flag=-flag;
    f=f*n*(n-1);
    t=t*(-x*x)/(n*(n-1));
}
```

【例 6-12】编写程序, 计算出 Fibonacci（斐波那契）序列的前 20 个数, 每行 5 个数。这个数列的特点是: 第 1、2 个数都为 1, 从第 3 个数开始, 任意数是前面两数之和。满足数学公式:

$$\begin{cases} F(0) = 1 & (n = 0) \\ F(1) = 1 & (n = 1) \\ F(n) = F(n-1) + F(n-2) & (n \geqslant 2) \end{cases}$$

分析：这是典型有趣的斐波那契《算盘书》中的兔子问题的变化：兔子在出生两个月后就有繁殖能力，一对兔子每个月能生出一对小兔子来。如果所有兔子都不死，那么一年以后可以繁殖多少对兔子？变量 f1 表示第 1 个数，f2 表示第 2 个数，f3 表示第 3 个数，则

f3=f1(n=0,f1=1);

f3=f2(n=1,f2=1);

f3=f1+f2(n>=2);f1=f2;f2=f3;

程序如下。

```c
#include "stdio.h"
int main()
{
    int month,j;
    long f1=1,f2=1,f3;
    printf("Fibonacci 数列的前 20 项为：\n");
    for(month=0,j=1;month<20;month++,j++)
    {
        if(month==0) printf("%8ld  ",f3=f1);
        else if(month==1) printf("%8ld  ",f3=f2);
        else
        {
            f3=f1+f2;f1=f2;f2=f3;printf("%8ld  ",f3);
        }
        if(j%5==0) printf("\n");          //变量 j 控制每行输出 5 个数据
    }
    return 0;
}
```

运行结果如下。

Fibonacci 数列的前 20 项为：

1	1	2	3	5
8	13	21	34	55
89	144	233	377	610
987	1597	2584	4181	6765

说明：本题对 month 的判断可以使用 switch 语句，主程序段如下。

```c
for(month=0,j=1;month<20;month++,j++)
{
    switch(month)
    {
    case 0:f3=f1;break;
    case 1:f3=f2;break;
    default:
        f3=f1+f2;
        f1=f2;
        f2=f3;
        break;
```

```
    }
        printf("%8d  ",f3);
        if(j%5==0) printf("\n");        //变量 j 控制每行输出 5 个数据
    }
```

【例 6-13】编写程序，从键盘上输入正整数 m，判断 m 是否为质数。

分析：

质数也称素数，在数学中是指除了 1 和本身外不能被其他数整除的数。在改进的算法中，不能被 $2\sim\sqrt{m}$ 整除的数称为质数。

例题解析

判断一个整数 m 是否为质数常用的算法有两种。一种是反证法，先假设整数 m 为质数，如果在验证过程中发现相反结论，则证明起始假设错误，m 不是质数，如果不能推导出相反的结论，说明起始假设正确；第二种是直接验证，if(m%i==0)则终止对 m 的验证（其中 i 在 $2\sim$ $\sqrt{m}$ ），如果 $i>\sqrt{m}$，则 m 是质数，否则 m 不是质数。

反证法程序如下。

```
#include "stdio.h"
#include "math.h"
int main()
{
    int m,i;
    int flag=1;
    printf("输入一个数,验证是否为质数: ");
    scanf("%d",&m);
    for(i=2;i<=sqrt(m);i++)
        if(m%i==0) {flag=0;break;}
    if(flag==1) printf("恭喜，你输入的数%d 是质数! \n",m);
    else printf("对不起，你输入的数%d 不是质数! \n",m);
    return 0;
}
```

直接验证程序可部分修改为：

```
for(i=2;i<=sqrt(m);i++)
    if(m%i==0) break;
if(i>sqrt(m)) printf("恭喜，你输入的数%d 是质数! \n",m);
else printf("对不起，你输入的数%d 不是质数! \n",m);
```

运行结果如下。

输入一个数,验证是否为质数: 37↙
恭喜，你输入的数 37 是质数!

思考：如何求一定范围的质数。如输出 $100\sim200$ 的所有质数，每一行 10 个整数。

分析：在上题对任意整数 m 判断是否为质数的基础上增加一层循环，对 $100\sim200$ 的所有整数进行验证判断即可。

主程序段如下。

```
    int j=0;
    for(m=100;m<=200;m++)
    {
        for(i=2;i<=sqrt(m);i++)
        if(m%i==0) break;
```

```
            if(i>sqrt(m))
            {
                printf("%5d",m);
                j++;
                if(j%10==0) printf("\n");
            }
        }
```

运行结果如下。

整数100～200之间的质数为：

```
101   103   107   109   113   127   131   137   139   149
151   157   163   167   173   179   181   191   193   197
199
```

【例6-14】百钱百鸡程序。我国古代数学家张丘建在《张丘建算经》一书中提出著名的"百钱买百鸡"问题：鸡翁一，值钱五；鸡母一，值钱三；鸡雏三，值钱一；百钱买百鸡，则翁、母、雏各几何？请编程计算并输出结果。

例题解析

分析：

求翁、母、雏各多少只，即找出公鸡、母鸡和小鸡所满足的关系式，统计所有的解。设公鸡数量为 m，母鸡数量为 n，小鸡数量为 k，满足数量之和为100，即 $m+n+k=100$，且总价值 $5m+3n+k/3$ 为100钱。

常规程序如下。

```
#include "stdio.h"
int main()
{
    int m, n, k,count=0,sum=0;
    for (m = 0; m <= 100; m++)
        for (n = 0; n <= 100; n++)
            for (k = 0; k <= 100; k++)
            {sum=sum+1;
            if ( m + n+ k == 100 && 5 * m + 3 * n + k / 3 == 100 && k % 3 == 0 )
                {
                    count=count+1;
                    printf("公鸡%2d 只, 母鸡%2d 只, 小鸡%2d 只\n", m, n, k);
                }
            }
    printf("百钱百鸡组合数=%d,总运算次数=%d\n",count,sum);
    return 0;
}
```

运行结果如下。

```
公鸡 0 只, 母鸡 25 只, 小鸡 75 只
公鸡 4 只, 母鸡 18 只, 小鸡 78 只
公鸡 8 只, 母鸡 11 只, 小鸡 81 只
公鸡 12 只, 母鸡 4 只, 小鸡 84 只
百钱百鸡组合数=4,总运算次数=1030301
```

思考：如何修改程序代码减少循环嵌套层数实现时间和空间优化平衡？

提示：小鸡的数量 k 可以用 m、n 来表示，$k=100-m-n$，将三层循环变为两层循环。

小结

本章主要讨论了循环结构的 3 种语句——while 语句、do-while 语句和 for 语句，循环就是重复执行的规律语句，是为了降低程序复杂度简化代码使用的。循环结构在传统的数学规律求解和几何图案绘制，以及如今人工智能（AI）和大数据应用领域中的算法实现、模型训练、数据处理等环节发挥着越来越重要的作用。

一般情况下，常用的 3 种循环语句可以互相转换，但在已知循环次数的情况下，使用 for 语句比较多，而在未知循环次数时使用更多的是 while 或 do-while 语句。3 种循环语句均可以嵌套，嵌套时不同层次的循环控制变量必须不同，否则会引起混乱。

本章对转移语句 goto、break 与 continue 做了讨论，具体案例需要注意区别并灵活应用。

while 语句循环的典型特点是"先判断后执行"，因此很有可能一次也不执行；do-while 循环语句的典型特点是"先执行后判断"，至少会执行一次。

使用循环结构解决问题时需要注意：循环条件的设置必须能够终止，防止出现无限循环。

如果循环体语句不是复合语句，则循环体语句的结束标志是分号（;）；如果重复执行多条语句，应该使用复合语句。

习题

参考答案
习题解析

一、选择题

① 有以下程序段，程序执行后的结果为（　　）。

```
int y=10;
while(y--);
printf("y=%d\n",y);
```

A．y=0　　　　　　　　　　B．y=-1

C．y=1　　　　　　　　　　D．while 构成无限循环，无结果

② 下列程序的输出结果是（　　）。

```
#include "stdio.h"
int main()
{
    int k=0,m=0,i,j;
    for(i=0;i<=2;i++)
    {    for(j=0;j<3;j++)  k++;k=k-j;    }
    m=i+j;
    printf("k=%d,m=%d",k,m);
    return 0;
}
```

A．k=0,m=6　　　　B．k=0,m=5　　　　C．k=1,m=3　　　　D．k=1,m=5

③ 有以下程序段，执行后的结果为（　　）。

```
int i;
for(i=1;i<=40;i++)
{  if(i++%5==0)
   if(++i%8==0)
     printf("%d",i);
```

```
    }
    printf("\n");
```

A. 5　　　　　　　　B. 24　　　　　　　C. 32　　　　　　　D. 40

④ 下面程序段的运行结果是（　　　）。

```
int y=10;
for(;y>0;y--)
    if(y%3==0)
    {
        printf("%d",--y);
        continue;
    }
```

A. 741　　　　　　　B. 852　　　　　　　C. 963　　　　　　D. 875421

⑤ 以下程序段中，while 循环的次数是（　　　）。

```
int i=0;
while(i<10)
{
    if(i<1) continue;
    if(i==5) break;
    i++;
}
```

A. 1　　　　　　　　B. 10　　　　　　　C. 6　　　　　　　　D. 死循环

⑥ t 为 int 类型，进入下面的循环前 t 的值为 0，则以下叙述正确的是（　　　）。

```
while(t=1)
{…}
```

A. 循环控制表达式的值为 0　　　　　　B. 循环控制表达式的值为 1

C. 循环控制表达式不合法　　　　　　　D. 以上说法都不对

⑦ 以下程序段执行后的输出结果是（　　　）。

```
int i=0,a=0;
while(i<20)
{
    for(;;)
    {   if((i%10)==0) break;
            else i--;
     }
    i+=11;
    a+=i;
 }
 printf("%d",a);
```

A. 21　　　　　　　B. 32　　　　　　　C. 33　　　　　　　D. 11

⑧ 对于下面两个循环语句，叙述正确的是（　　　）。

（1）while(1);　　　（2）for(; ;);

A. （1）（2）都是无限循环　　　　　　B. （1）是无限循环，（2）错误

C. （1）循环一次，（2）错误　　　　　D. （1）（2）皆错误

⑨ 下列程序段的执行结果为（　　　）。

```
{
    int x=3;
    do
    {
        printf("%3d",x-=2);
    }while(!(--x));
}
```

A. 1　　　　　　　　　B. 3　0　　　　　　C. 1　-2　　　　　D. 死循环

⑩ 下面程序段的运行结果是（　　）。

```
    int x,i;
    for(i=1;i<=100;i++)
      {
          x=i;
          if(++x%2==0)
            if(++x%3==0)
             if(++x%7==0)
                printf("%d",x);
      }
    printf("\n");
```

A. 39　81　　　　　　B. 42　84　　　　　C. 26　68　　　　　D. 28　70

⑪ 设有程序段：int k=10;while(k==0) k=k-1;，则下面描述中正确的是（　　）。

A. while 循环执行 10 次　　　　B. 循环是无限循环

C. 循环语句一次也不执行　　　D. 循环体语句执行一次

二、填空题

① 下列程序运行后的输出结果为（　　）。

```
#include "stdio.h"
int main()
{
    char c1,c2;
    for(c1='0',c2='9';c1<c2;c1++,c2--)
        printf("%c%c",c1,c2);
    printf("\n");
    return 0;
}
```

② 执行以下程序，输出的半径是（　　）。

```
#include "stdio.h"
#define PI 3.14159
int main()
{
    int r;float area;
    for(r=1;r<=10;r++)
    {
        area=PI*r*r;
        if(area>100) break;    }
    printf("r=%d\n ",r);
    return 0;
}
```

③ 以下程序执行后的输出结果是（　　　）。

```c
#include "stdio.h"
int main()
{
    int x=15;
    while(x>10&&x<50)
    {
        x++;
        if(x/3) {x++;break;}
        else  continue;
    }
    printf("x=%d",x);
    return 0;
}
```

④ 运行如下程序，如果从键盘上输入 1298，输出结果为（　　　）。

```c
#include "stdio.h"
int main()
{
    int n1,n2;
    scanf("%d",&n2);
    while(n2!=0)
    {
        n1=n2%10;
        n2=n2/10;
        printf("%d",n1);
    }
    return 0;
}
```

⑤ 从键盘上输入若干学生的成绩 0～100，统计并输出最高成绩和最低成绩，当输入为负数时结束输入。请在下列程序中根据注释填空。

```c
#include "stdio.h"
int main()
{
    float x,max,min;
    printf("please input scores:");
    scanf("%f",&x);
    max=min=x;
    (          )          //判断条件
    {
        if(max<x) max=x;
        if(min>x) min=x;
        scanf("%f",&x);
    }
    printf("\nmax=%f\nmin=%f\n",max,min);
    return 0;
}
```

⑥ 下面程序的运行结果是（　　　）。

```c
#include "stdio.h"
```

```
int main()
{
    int i,m=0,n=0,k=0;
    for (i=8;i<=11;i++)
    {
        switch(i%10)
        {
        case   0: m++;n++;break;
        case  10: n++;break;
        default: k++;n++;
        }
    }
    printf("m=%d,n=%d",m,n,k);
    return 0;
}
```

⑦ 下列程序的执行结果为（　　）。

```
#include "stdio.h"
int main()
{
    int i,j,m=55;
    for(i=1;i<=3;i++)
        for(j=3;j<=i;j++)
            m=m%j;
    printf("m=%d\n",m);
    return 0;
}
```

⑧ 下面程序的输出结果是（　　）。

```
#include "stdio.h"
int main()
{
  int a,b;
  for(a=1,b=1;a<=100;a++)
  {
      if(b>20) break;
      if(b%3==1)
      { b+=3; continue; }
      b=5;
  }
  printf("a=%d,b=%d",a,b);
  return 0;
}
```

三、判断题

① 表达式(!E==0)与 while(E)中的(E)是等价的表达式。　　　　　　　　　（　　）

② do-while 语句循环体至少执行一次。　　　　　　　　　　　　　　　（　　）

③ 当执行程序段 x=-1;do{ x=x*x; }while(!x);时，循环体将执行一次。　　（　　）

④ break 和 continue 在循环结构中的作用是一样的。　　　　　　　　　（　　）

⑤ 下面的程序段构成死循环：a=5; while (1) {a--; if (a<0) break ; }。　　（　　）

⑥ continue 与 break 不同，只能应用在循环语句中，并且对循环语句没有影响。（　　）

⑦ 虽然循环结构有多种，但它们互相嵌套也是允许的。（　　）

⑧ while、do-while 与 for 循环中，未知循环次数一般使用 for 循环比较方便。（　　）

⑨ 因为对 while 和 do-while 循环熟悉，所以比较适合输出二维平面几何图案。（　　）

⑩ do-while 循环更容易出错，所以少用为妙。（　　）

四、修改错误

以下程序的功能是：按顺序读入 10 名学生 4 门课程的成绩，计算出每位学生的平均分并输出，程序如下。

```c
#include "stdio.h"
int main()
{
    int n,k;
    float score,sum,ave;
    sum=0.0;
    for(n=1;n<=10;n++)
    {
        for(k=1;k<=4;k++)
        {
            scanf("%f",&score);
            sum+=score;
        }
        ave=sum/4.0;
        printf("第%d人的平均成绩为%f\n",n,ave);
    }
    return 0;
}
```

上述程序运行后结果不正确，调试中发现有一条语句出现在程序中的位置不正确。请找出这条语句并修改程序。

五、完善程序

① 有一分数序列：2/1,3/2,5/3,8/5,13/8,21/13…，要求出这个数列的前 20 项之和，请补完程序。

```c
#include "stdio.h"
int main()
{
    int i,n=20;
    float a=2,b=1,s=0,t;
    for (i=1;i<=20;i++)
    {
        _____;
        _____;
        _____;
        _____;
    }
    printf("s=%f\n",s);
return 0;
```

② 下列程序的功能是计算 $s=1+12+123+1234+12345$，请补完程序。

```c
#include "stdio.h"
int main()
{
    int t=0,s=0,i;
    for(i=1;i<=5;i++)
    {
        _____;
        s=s+t;
    }
    printf("s=%d\n",s);
return 0;
}
```

输出为：

s=13715

六、程序设计

① 编写程序，从键盘上输入正整数 n，计算 $1!-2!+3!-\cdots+(-1)^{n}(n-1)!+(-1)^{n+1}n!$ 的值并输出到屏幕上。

② 编写程序，依次输入 10 个学生成绩 4 门功课的考试成绩，统计每个学生的总分和平均分。

③ 编写程序，计算两个正整数的最大公约数和最小公倍数。

④ 编写程序，在校园辩论赛决赛中有 7 个评委参加打分，去掉一个最高分，去掉一个最低分，计算辩论赛双方的得分。

⑤ 编写程序，打印【例 6-7】外的其他形状的九九乘法口诀表。

⑥ 编写程序，用"牛顿迭代法"求方程 $2x^3-4x^2+3x-6=0$ 在 1.5 附近的根。

⑦ 编写程序，"猴子吃桃"问题。猴子第一天摘下若干个桃子，当即吃了一半，又多吃了一个；第二天早上将剩下的桃子吃掉一半，又多吃了一个；以后每天早上都吃了前一天剩下的一半零一个。到第 10 天早上还想再吃时发现只剩下一个桃子，求第一天一共摘了多少个桃子。

⑧ 编写程序实现"百马百担"问题。有 100 匹马，要驮 100 担货物，其中 1 匹大马可以驮 3 担，1 匹中马可以驮 2 担，2 匹小马可以驮 1 担，请问大马、中马和小马可以有多少种组合。

⑨ 编写程序，使用循环结构在屏幕上输出下图沙漏形状和爱心形状的图案。

```
*******              *       *
 *****              ***     ***
  ***              ***** *****
   *              ***********
  ***              *********
 *****              *******
*******              *****
                      ***
                       *
```

在程序设计中，对变量的需求不可能总是单个无规律的，很多时候需要存储一些大量的相同数据。例如某高校自然班 30 名同学的期末考试成绩存储和数据分析。若定义 30 个不同的存储变量无可厚非，但变量的无序性和存储的随机性会导致管理和组织混乱，因此需要引入一种全新的存储数据形式，能连续存储相同数据类型的数据，这样我们可以一次性定义这 30 个成绩并实现整体存储，这种具有相同数据类型的变量定义称为数组。

数组是一系列有序数据的集合。其中数组名是数组最重要的标识。

数组中的某个数值称为元素，在 C 语言程序中通常元素用数组名和[下标]来确定，下标表示数组元素的顺序（从 0 开始计）。

在 C 语言中，数组中的数据具有以下相同特点。

① 数组是一个具有相同类型数据的集合。

② 数组是总体，而数组元素是个体，相当于单个变量。

③ 一个数组在内存中所占据的地址空间是连续的，就是说内存对同一个数组的元素的空间分配是连续的，不间断的。

数组在内存中占用字节数的计算公式为：内存字节数 = 数组元素个数×sizeof（元素数据类型）。

除此之外，C 语言规定数组名代表数组在内存中的首地址，是（地址）常量。

本章着重介绍数组在 C 语言中如何定义与应用。

7.1　一维数组

微课

7.1.1　一维数组的定义

我们把物理上前后相邻、类型相同、表示一个类别的一系列有序数据集合称为一维数组。如 30 名同学的某科目成绩具有相同的数据类型，依次与学生信息匹配的顺序存储，可定义为一维数组，每个成绩加一个索引下标就可以标记。一维数组是程序设计最基本最简单的数组形式，数组元素按照线性顺序排列，是一个线性结构。一维数组中每个变量称为数组元素，变量的个数称为数组长度或数组容量。

一维数组的定义规则为：

[存储类型]数据类型　数组名[数组长度];

例如：

int student[30]; 表示定义了具有 30 个元素的整数类型的一维数组，数组名 student。

float data[10]; 表示定义了具有 10 个元素的单精度实数类型的一维数组，数组名 data。

char sex[10] ; 表示定义了具有 10 个元素的字符类型的一维数组，数组名 sex。

一维数组的说明如下。

① 数据类型可以是常见基本类型，也可以是后续章节中介绍的构造数据类型等其他类型。

② 数组名必须是合法的标识符。

③ C90 规定：数组长度（即元素个数）在 C 语言中必须定义时就确定，是定值常量，也可以是常量表达式，但不能是变量动态的。C99 及后续版本有所改进。

④ 数组元素在内存中是按顺序连续存放的，占用的内存大小为所有元素占用内存大小的总和。如 int A [30]; 在内存中连续存放 30 个数组元素，其占用的内存为 30 个整型数据的字节总数。

⑤ 存储类型有 auto、static 等，暂不介绍，在后续章节第 8 章将单独讲解。

微课

7.1.2　一维数组的赋值

C 语言对一维数组的赋初值类同于普通变量的赋值，一是可以在定义数组的同时利用序列对数组元素进行赋值，二是可以通过赋值语句对数组元素进行赋值。一维数组元素的赋初值称为一维数组的初始化。一维数组的序列初始化格式如下。

数据类型 数组名[数组元素个数]={初始值列表};

一维数组初始化的分类如下。

① 数组全部赋初值。

```
int data[5]={1, 2, 3, 4, 5};
```

等价于：

data [0]=1; data [1]=2; data [2]=3; data [3]=4; data [4]=5;

② 部分赋初值。当定义的数组的初始列表值的个数少于数组定义的长度时，则按照从前至后的原则顺序对数组元素赋初值，缺少的数组元素初始值为 0。

例如 int data [5]={6,2,3}; 等价于 data [0]=6; data [1]=2; data [2]=3; data [3]=0; data [4]=0;。

③ 当数组元素赋初值个数等于数组长度时，可不指定数组长度。

```
int data []={1,2,3,4,5,6};
```

系统根据初值个数确定数组维数，即等价于 int data [6]={1,2,3,4,5,6};

④ 数组不初始化，其元素值为不可控随机数，但如果定义数组类型前有存储类型 static 时，其数组元素不赋初值时，系统默认为 0 值。

如 int data [6]，后续没有赋初值时，此时对应的 data [0]～data [5]的值为随机数。

如 static int data [6]，此时对应的 data [0]～a[5]的值皆为 0。

⑤ 当数组长度<赋值数组个数时，则结果为错误。

例如 int data [3]={6,2,3,5,1};是错误的。

例题解析

【例 7-1】编写程序，定义 6 个整数类型的一维数组，从键盘任意输入 6 个整数完成数据存储，使用输出函数实现一维数组所有元素的正向输出。

```
#include "stdio.h"
```

```
#define N 6
int main()
{
    int data[N];
    int i;
    printf("请连续输入 6 个整数到数组中:\n");
    for(i=0;i<N;i++)
     scanf("%d",&data[i]);
    printf("输入数组中的 6 个整数输出结果如下: \n");
    for(i=0;i<N;i++)
       printf("data[%d]=%d  \n",i,data[i]);
    return 0;
}
```

程序运行结果如下。

① 请连续输入 6 个整数到数组中：

<u>1 2 3 4 5 6</u>✓

输入数组中的 6 个整数，输出结果如下：

```
data[0]=1
data[1]=2
data[2]=3
data[3]=4
data[4]=5
data[5]=6
```

② 如果按以下格式输入整数：1,2,3,4,5,6✓

则输出结果如下：

```
data[0]=1
data[1]=18872936
data[2]=9180880
data[3]=9180768
data[4]=0
data[5]=37
```

③ 如果输入数据为：1 2 3 4 5 6 7 8 9 10✓，则 Dev C++的运行结果正常，前 6 个整数有效。

可以说：a. 数组元素的输入与输出有正确的格式才能保证数组元素的正确性；b. 数组元素实际上类似于循环的单个变量。

7.1.3 数组元素引用

一维数组定义和赋值后，在 C 语言程序设计时就可以引用数组元素了。数组元素类似于变量，可赋值可运算，在引用前遵循"先定义，再赋值，后使用"的规则。数组元素引用的一般用数组名加[下标]就可以准确表示，格式如下：

数组名[下标]

说明：

① 下标从 0 开始，并且必须是整数类型，形式是单个整型变量、常量或表达式均可。如已经有以下定义：int A[6],B[10]; int i,j;，则以下引用：A[0]、A[5]、B[2+3]、A[i]、B[j+1]等都

可以，只要下标 i 和 j 在合理的区间取值，数组元素通用项一般用 A [i]、B[j]表示即可。

② 下标引用不能越界。如定义 int A[6]，则下标不能大于等于 6，虽然 C 程序对"越界"并不检测，但元素如 A[6]"越界"会导致数值的不可控。

③ 数值类型的数组元素只能单个引用，不能一次性引用整个数组，尤其不能用数组名代替数组中的全部元素。

```
int student[10]={1,2,3,4,5,6,7,8,9,10};
```

则　printf("%d",student);　　是错误的。

正确的引用是。

```
for(i=0; i <10; i ++)
printf("%d ", student [i]);
```

📑 **注意**

学习数组，要能正确区分数组定义与数组元素引用。数组定义一般置于程序起始位置，并且必须有数据类型，而引用数组元素时，只需数组名[下标]即可。

7.1.4　一维数组应用

一维数组的应用主要在两个方面：其一是数学运算，如在一维数组中找到最大值/最小值、最大值/最小值的位置，计算平均值，数据分析统计以及 Fibonacci 数列等数学问题；其二是一维数组的排序与数据检索以及插入、删除等。

【例 7-2】编写程序计算最值。在某岗位的招聘现场，对 10 名招聘人员完成面试打分后，计算招聘人员的最高分（保留 2 位小数）并公布对应的位次（第几名考生）。

分析：

① 10 名招聘人员的成绩可定义为一维数组 float zp[N];，并从键盘上连续输入 10 个数据。

② 最值计算的处理流程为：先令 max= zp[0] ;和 p=0;为参照，后续依次比较通项 zp [i] 和 max（循环），若 max< zp[i]，则　max= zp[i];p=i;。

③ 公布 10 名招聘人员的最高分和对应的位次（p+1）。

程序如下。

```
#include "stdio.h"
#define N 10
int main()
{
    int i,p;
    float zp[N],max;
    printf("Input 10 data:\n");
    for(i=0;i<N;i++)
        scanf("%f",&zp[i]);
    max=zp[0];//参考
    p=0;//参考位次从 0 计
    for(i=1;i<N;i++)
```

例题解析

```
        if(max<zp[i])  {max=zp[i];p=i;}
     printf("最高分:%.2f,最高分的位次为:%d\n ",max,p+1);
     return 0;
  }
```

运行结果如下。

```
Input 10 data:
76 89.54 78.5 92.3 59.45 81.5 78.8 90 69 84.2✓
最高分:92.30,最高分的位次为:4
```

【例7-3】Fibonacci 数列也称黄金分割序列，其具体的序列值是以递归方式定义的：数列的前两项分别是 1 和 1（也有定义为 0 和 1 的情况），从第三项开始，每一项都等于前两项之和。Fibonacci 数列在数论、动态规划算法以及植物花瓣、动物繁殖等数学、计算机科学和自然领域均有典型应用，其用数学公式表示为：

$$F(n)=\begin{cases}1 & (n=0)\\ 1 & (n=1)\\ F(n-1)+F(n-2) & (n\geqslant 2)\end{cases}$$

编写程序，计算出 Fibonacci 数列前 40 项的值，并将结果按一行 5 个数的形式输出到屏幕上。

分析：

本题与循环结构中 6.6 节的【例6-12】类似，可以使用数组实现数据存储。

① Fibonacci 数列的规律从第 3 项开始，每个数据项的值为其前两个数据项的和。本题要求计算前 40 项，故对每一项的数据存储可以使用一维数组存储，定义：int F[40]。

则 F[0]=1;(n==0)

　　F[1]=1;(n==1)

　　F[n]= Fib[n-1]+ F[n-2];(n>=2)

② 程序结果按一行 5 个数输出到屏幕上，分析发现：每行的第一个数的下标分别为 0，5，10，15，…均能被 5 整除。假设数组元素的下标为 n，则对应的规律为 if(n%5==0) printf("\n");。

程序如下。

```c
#include "stdio.h"
#define N 40
int main()
{
    int n;
    long F[N];
    F[0]=1;
    F[1]=1;
    for(n=2;n<N;n++)
        F[n]=F[n-1]+F[n-2];
    printf("Fibonacci 数列前 40 项如下:\n");
        for(n=0;n<N;n++)
        {
            if(n%5==0) printf("\n");
            printf("F(%2d)=%10ld  ",n,F[n]);
        }
```

例题解析

```
        printf("\n");
    return 0;
}
```

运行结果如下图 7-1。

```
Fibonacci数列前40项如下：

F( 0)=          1  F( 1)=          1  F( 2)=          2  F( 3)=          3  F( 4)=          5
F( 5)=          8  F( 6)=         13  F( 7)=         21  F( 8)=         34  F( 9)=         55
F(10)=         89  F(11)=        144  F(12)=        233  F(13)=        377  F(14)=        610
F(15)=        987  F(16)=       1597  F(17)=       2584  F(18)=       4181  F(19)=       6765
F(20)=       10946  F(21)=      17711  F(22)=      28657  F(23)=      46368  F(24)=      75025
F(25)=      121393  F(26)=     196418  F(27)=     317811  F(28)=     514229  F(29)=     832040
F(30)=     1346269  F(31)=    2178309  F(32)=    3524578  F(33)=    5702887  F(34)=    9227465
F(35)=    14930352  F(36)=   24157817  F(37)=   39088169  F(38)=   63245986  F(39)=  102334155
```

图 7-1　【例 7-3】运行结果

思考：如果 Fibonacci 序列的数学公式如下图表示，该如何修改程序？

$$F(n) = \begin{cases} 1 & (n=1) \\ 1 & (n=2) \\ F(n-1)+F(n-2) & (n \geq 3) \end{cases}$$

【例 7-4】排序算法是计算机领域重要的算法之一，在数据检索、订单处理、网页排序、模拟建模等方面均有重要的应用。编写程序：定义 10 个整数的一维数组，从键盘上输入 10 个整数后，采用冒泡排序算法按照从小到大的顺序把这 10 个数排序并输出到屏幕上。

分析：

冒泡排序（Bubble Sort）算法：核心思想是通过相邻元素的比较和交换，使序列中的最大（或最小）元素像"气泡"一样逐渐"浮"到序列的末尾（或开头）。这个过程会不断重复，直到整个序列完全有序。

冒泡排序过程如下。

① 先比较一维数组中的第 1 个元素 a[0]和第 2 个元素 a[1]，若为逆序，则交换，程序为：if(a[0]>a[1])　{t=a[0];a[0]=a[1];a[1]=t;}，然后比较第 2 个元素 a[1]与第 3 个元素 a[2]，若为逆序，依然交换，程序为：if(a[1]>a[2])　{t=a[1];a[1]=a[2];a[2]=t;}……依此类推，直至第 9 个元素 a[8]和第 10 个元素 a[9]比较完为止，依然是逆序，则继续交换，程序为：if(a[8]>a[9]){t=a[8];a[8]=a[9]; a[9]=t;}。第 1 趟冒泡排序，结果最大的数被安置在最后一个元素位置上。分析此排序步骤会发现规律，比较的两个数组元素总是相邻的，可表示为 a[i]和 a[i+1]（也可以是 a[i-1]和 a[i]），比较大小，若为逆序则交换位置，if(a[i]>a[i+1]) {t=a[i];a[i]=a[i+1];a[i+1]=t;}。

② 对剩余的未排序的前 9 个数进行第 2 趟冒泡排序，结果使次大的数被安置在次后位置上。

③ 重复上述过程，共经过 9 趟冒泡排序后，排序结束。

冒泡排序算法的程序如下。

```
#include "stdio.h"
#define N 10
int main()
{   int a[N],i,j,t;
    printf("Input 10 numbers:\n");
    for(i=0;i<N;i++)
        scanf("%d",&a[i]);
```

例题解析

```
    for(j=0;j<N-1;j++)
      for(i=0;i<N-1;i++)
        if(a[i]>a[i+1])
      {t=a[i]; a[i]=a[i+1]; a[i+1]=t;}
    printf("The sorted numbers:\n");
    for(i=0;i<N;i++)
    printf("%d  ",a[i]);
    printf("\n");
    return 0;
}
```

运行结果如下。

```
Input 10 numbers:
56 98 456 362 123 2 58 78 451 100✓
The sorted numbers:
2  56  58  78  98  100  123  362  451  456
```

📋 **注意**

① 在程序设计的两层循环中，外层循环 for(j=0;j<N−1;j++)是总共需要比较的趟数 0～8，共 9 趟。内层循环 for(i=0;i<N−1;i++)是每一趟比较的数组元素数，因为比较一趟就排定一个数组元素，所以执行一次外循环，内循环就减少一数，故可以优化为 for(i=0;i<N−1−j;i++)。

② 如果想仔细了解每一次排序后的数组顺序，可以加上一行测试排序结果的输出语句。

程序如下。

```
#include "stdio.h"
#define N 10
int main()
{   int a[N],i,j,t;
    printf("Input 10 numbers:\n");
    for(i=0;i<N;i++)
      scanf("%d",&a[i]);
    for(j=0;j<N-1;j++)
    {
      for(i=0;i<N-1-j;i++)
        if(a[i]>a[i+1])
      {t=a[i]; a[i]=a[i+1]; a[i+1]=t;}
     printf("第%d次排序结果: \n",j+1);
      for(i=0;i<N;i++)
          printf("%d  ",a[i]);
      printf("\n");
      }
    printf("The sorted numbers:\n");
    for(i=0;i<N;i++)
       printf("%d  ",a[i]);
```

```
        printf("\n");
            return 0;
    }
```

运行结果如下。

```
Input 10 numbers:
78 52 14 3 69 84 365 482 6 100✓
第 1 次排序结果:
52  14  3  69  78  84  365  6  100  482
第 2 次排序结果:
14  3  52  69  78  84  6  100  365  482
第 3 次排序结果:
3  14  52  69  78  6  84  100  365  482
第 4 次排序结果:
3  14  52  69  6  78  84  100  365  482
第 5 次排序结果:
3  14  52  6  69  78  84  100  365  482
第 6 次排序结果:
3  14  6  52  69  78  84  100  365  482
第 7 次排序结果:
3  6  14  52  69  78  84  100  365  482
第 8 次排序结果:
3  6  14  52  69  78  84  100  365  482
第 9 次排序结果:
3  6  14  52  69  78  84  100  365  482
The sorted numbers:
3  6  14  52  69  78  84  100  365  482
```

【例 7-5】选择排序算法。编写程序：定义 10 个整数的一维数组，从键盘上输入 10 个整数，用选择排序算法按照从小到大的顺序把这 10 个数排序，并输出到屏幕上。

分析：

选择排序算法的思想：

① 选中第一个元素并做下标初始标记 p=0；

② 从后续的数中选择最小的数做最值下标标记；

③ 完成第一个数与最小数的交换排序，适合于数据量不是很大的排序。

选择算法排序的详细过程如下（p=0）。

① 比较第 2 个元素 a[1]与标记 p 元素，若为逆序，则 a[1]为当前最小元素，即标记 p 移到 a[1]位置标记其下标：if(a[1]<a[p]) p=1;。然后比较 a[2]元素与标记元素 a[p]，if(a[2]<a[p]) p=2;……依次类推，直至 a[n-1]和 a[p]比较为止，if(a[n-1]<a[p]) p=n-1;，比较一趟结束后，交换 a[0]与 a[p]，即{t=a[0];a[0]=a[p];a[p]=t;}。第 1 趟选择排序结束后，结果最小的元素被安置在第一个标记的位置上。

② 对后面未排序的 N-1 个元素进行第 2 趟选择排序，结果使次小的元素安置在次前位置上。

③ 重复上述过程，共经过 N-1 趟选择排序后，排序结束。

程序如下。

```
#include "stdio.h"
#define N 10
```

例题解析

```
int main()
{   int a[N],i,j,t,p;
    printf("Input 10 numbers:\n");
    for(i=0;i<N;i++)
       scanf("%d",&a[i]);
    for(i=0;i<N-1;i++)
    {
       p=i;
       for(j=i+1;j<N;j++)
         if(a[j]<a[p]) p=j;
         if(p!=i) {t=a[i]; a[i]=a[p]; a[p]=t;}
       printf("第%d次排序结果：\n",i+1);
       for(j=0;j<N;j++)
          printf("%d  ",a[j]);
       printf("\n");
    }
    printf("The sorted numbers:\n");
    for(i=0;i<N;i++)
       printf("%d  ",a[i]);
    printf("\n");
    return 0;
}
```

运行结果如下。

```
Input 10 numbers:
36 58 95 100 4 563 128 985 100 8✓
第 1 次排序结果：
4  58  95  100  36  563  128  985  100  8
第 2 次排序结果：
4  8  95  100  36  563  128  985  100  58
第 3 次排序结果：
4  8  36  100  95  563  128  985  100  58
第 4 次排序结果：
4  8  36  58  95  563  128  985  100  100
第 5 次排序结果：
4  8  36  58  95  563  128  985  100  100
第 6 次排序结果：
4  8  36  58  95  100  128  985  563  100
第 7 次排序结果：
4  8  36  58  95  100  100  985  563  128
第 8 次排序结果：
4  8  36  58  95  100  100  128  563  985
第 9 次排序结果：
4  8  36  58  95  100  100  128  563  985
The sorted numbers:
4  8  36  58  95  100  100  128  563  985
```

【例 7-6】数据管理操作中的插入/删除实例。数据管理中对数据的插入和删除操作属于常规应用，其中插入又包括位置插入和数据顺序插入。例如某数组现有元素 9 个，现在想在第 3 个位置插入元素 x，编写程序实现。

```
#include "stdio.h"
```

例题解析

```
#define N 10
int main()
{
    int i,p,x,A[N];
    printf("请输入 %d 个数据:\n",N-1);
    for(i=0;i<N-1;i++)
    scanf("%d",&A[i]);//输入 N-1 个元素
    printf("请输入插入数据:\n");
    scanf("%d",&x);
    printf("请插入位置<=%d: \n",N-1);
    scanf("%d",&p);//插入的位置
    for(i=N-1;i>=p;i--)
        A[i]=A[i-1];
    A[p]=x;
    for(i=0;i<N;i++)
    printf("%d  ",A[i]);
    printf("\n");
    return 0;
}
```

【思考】

① 如果原有的 9 个元素是按照从小到大的顺序排列的，则插入元素 x 后仍按照从小到大的顺序排列，如何修改程序？

② 若对数组的某个元素执行删除操作后，如何编程实现原有元素的存储？

7.2　二维数组及多维数组

如果说一维数组主要解决普通科学计算和元素排序以及数据检索等线性结构问题，那么二维数组可以看成一个具有行列排列的矩阵解决平面问题，如线性代数行列式等就属于典型的二维数组建模的范畴，甚至在特殊需要时过渡到使用二维或多维数组存储空间数据。多维数组的定义与引用与二维数组大同小异，下面详细讲解二维数组。

微课

7.2.1　二维数组的定义

二维数组是在一维数组基础上增加了一维，定义格式与一维数组类似，但可以严谨地表示二维关系或层次关系。

二维数组的定义方式是：

　　数据类型　数组名[常数 1][常数 2];

多维数组的定义方式是：

　　数据类型　数组名[常数 1][常数 2]…[常数 n];

例如：int a[3][4];

　　　　float b[2][5];

　　　　int c[2][3][4];

　　　　而 int a[3,4]; 定义是错误的

① 二维数组中，常数 1 表示二维数组的行数，常数 2 表示二维数组的列数，二维数组的元素个数=行数×列数。

② 多维数组的下标也是从 0 开始。

7.2.2 二维数组的存储与表示

设定义了 int a[3][4];，则其对应的二维数组为：

$$\begin{bmatrix} a[0][0] & a[0][1] & a[0][2] & a[0][3] \\ a[1][0] & a[1][1] & a[1][2] & a[1][3] \\ a[2][0] & a[2][1] & a[2][2] & a[2][3] \end{bmatrix}$$

二维数组在内存中的存储顺序以行优先，即先存放第 1 行，然后存放第 2 行、第 3 行……直到最后一行。如果存放的是多维数组，那么多维数组的最右下标变化最快。

例如，以上定义的 int a[3][4]在内存中的存放顺序如下。

a[0][0]
a[0][1]
a[0][2]
a[0][3]
a[1][0]
a[1][1]
a[1][2]
a[1][3]
a[2][0]
a[2][1]
a[2][2]
a[2][3]

二维数组的理解如下。

① 观察二维数组的存储与格式发现，二维数组 int a [3][4]的第一行元素 a[0][0]、a[0][1]、a[0][2]、a[0][3]，与一维数组 int b[4]的数组元素 b[0]、b[1]、b[2]、b[3]可以类比，可以把二维数组的 a[0]理解为一维数组的数组名 b。

② 定义的 int a[3][4]的每个元素 a[i]由包含 4 个元素的一维数组组成，而二维数组 a 就可以理解为由 3 个元素 a[0]、a[1]、a[2]组成。

③ 在二维数组 int a[m][n]中，已知任意元素 a[i][j]地址为 IP，则如何求解另外一个元素 a[p][q]的地址呢？实际上根据二维数组的存储形式可以推导出 a[p][q]的地址：

```
IP+((p-i)*n+(q-j))*sizeof(数据类型)
```

例如在 Dev C++环境下，定义二维数组 int a[3][4]，已知元素 a[0][3]的地址为 1020，则另一数组元素 a[2][1]的地址为：

$$1020+((2-0)\times4+(1-3))\times4=1044$$

7.2.3　二维数组的初始化

二维数组的初始化分两类，一是分行序列初始化，二是数组元素顺序初始化。除此之外，如果对二维数组赋值，还可以直接对数组元素赋值或键盘输入赋值。

（1）分行序列初始化

二维数组全部元素初始化，例如：

```
int a[2][3]={{1,2,3},{4,5,6}};
```

等价于：a[0][0]=1,a[0][1]=2,a[0][2]=3,a[1][0]=4,a[1][1]=5,a[1][2]=6。

二维数组部分元素初始化，例如：

```
int a[2][3]={{1,2},{4}};
```

等价于：a[0][0]=1,a[0][1]=2,a[0][2]=0,a[1][0]=4,a[1][1]=0,a[1][2]=0。

二维数组中第一维长度省略初始化，例如：

```
int a[][3]={{1,2,3},{4,5}};
```

系统自动加上第一维维数 2。

等价于：a[0][0]=1,a[0][1]=2,a[0][2]=3,a[1][0]=4,a[1][1]=5,a[1][2]=0。

（2）元素顺序初始化

二维数组全部元素初始化，例如：

```
int a[2][3]={1,2,3,4,5,6};
```

等价于：a[0][0]=1,a[0][1]=2,a[0][2]=3,a[1][0]=4,a[1][1]=5,a[1][2]=6。

二维数组部分元素初始化，例如：

```
int a[2][3]={1,2,4};
```

等价于：a[0][0]=1,a[0][1]=2,a[0][2]=4,a[1][0]=0,a[1][1]=0,a[1][2]=0。

二维数组中第一维长度省略初始化，例如：

```
int a[][3]={1,2,3,4,5};
```

系统自动加上第一维维数 2。

等价于：a[0][0]=1,a[0][1]=2,a[0][2]=3,a[1][0]=4,a[1][1]=5,a[1][2]=0。

（3）直接赋值或键盘输入赋值

定义二维数组 int a[3][4];，使用赋值语句对数组中的单个元素赋值是允许的，如 a[0][2]=12; 是正确的。

使用键盘输入的格式对数组元素赋值也是正确的，例如：

```
for(i=0;i<3;i++)
    for(j=0;j<4;j++)
        scanf("%d",&a[i][j]);
```

7.2.4　二维数组的引用与实例

二维数组的引用形式是：

数组名[下标][下标]

例如 a[2][3]是引用二维数组 a 中的第 3 行第 4 列的元素，因为二维数组元素的下标是从 0 开始的。二维数组元素引用的下标必须是整数类型。很多写法在 C 语言程序中不是正确的形式，如 a[2,3]、a[1.5,3]等都不是正确的引用数组元素的形式。

二维数组除了和一维数组一样可以进行数学基本运算，如求和、平均值以及数据统计外，线性代数的二维矩阵也可以使用二维数组建模。

【例 7-7】行列转置问题。编写程序，将 3 行 4 列的二维数组实现行列转置（行列元素互换），存到另一个数组中。

分析：

定义二维数组分别为 A[3][4]和 B[4][3]，其中数组 B 存放转置后的数据元素。假设二维数组 A 的数组元素为：

$$\begin{bmatrix} 1 & 2 & 3 & 4 \\ 5 & 6 & 7 & 8 \\ 9 & 10 & 11 & 12 \end{bmatrix}$$

转置后的二维数组 B 的数组元素为：

$$\begin{bmatrix} 1 & 5 & 9 \\ 2 & 6 & 10 \\ 3 & 7 & 11 \\ 4 & 8 & 12 \end{bmatrix}$$

例题解析

比较每个数在不同数组中的表示形式发现：

A[0][0]—1—B[0][0]，A[0][1]—2—B[1][0]，A[0][2]—3—B[2][0]，A[0][3]—4—B[3][0]，
A[1][0]—5—B[0][1]，A[1][1]—6—B[1][1]，A[1][2]—7—B[2][1]，A[1][3]—8—B[3][1]
A[2][0]—9—B[0][2]，A[2][1]—10—B[1][2]，A[2][2]—11—B[2][2]，A[2][3]—12—B[3][2]。

规律：数组 A 的任意元素 A[i][j]，转置后在数组 B 中为 B[j][i]。

程序如下。

```c
#include<stdio.h>
#define M 3
#define N 4
int main()
{
    int i,j,A[M][N],B[N][M];
    printf("Input 数组A共%d个元素为: \n",M*N);
    for(i=0;i<M;i++)
      for(j=0;j<N;j++)
        scanf("%d",&A[i][j]);
    for(i=0;i<M;i++)
      for(j=0;j<N;j++)
        B[j][i]=A[i][j];
    printf("OUTput 转置后的B数组元素为: \n");
    for(i=0;i<N;i++)
        for(j=0;j<M;j++)
        {
            if(j%3==0) printf("\n");
            printf("%3d ",B[i][j]);
        }
```

```
        printf("\n");
        return 0;
}
```

程序运行验证结果如下。

Input 数组 A 共 12 个元素为：

<u>1 2 3 4</u>✓

<u>5 6 7 8</u>✓

<u>9 10 11 12</u>✓

OUTput 转置后的 B 数组元素为：

```
    1    5    9
    2    6    10
    3    7    11
    4    8    12
```

【例 7-8】矩阵相乘。矩阵相乘在计算机图形学、机器学习与人工智能、物理学、经济学和工程学中均有重要应用。编写程序，定义三个二维数组 A[m][n]、B[n][p] 和 C[m][p]，从键盘输入数组 A 和数组 B 后，通过矩阵相乘计算数组 C 的元素，并按照行列式的样式输出。

分析：

矩阵相乘的规则是：如果矩阵 A 是一个 $m \times n$ 的矩阵，矩阵 B 是一个 $n \times p$ 的矩阵，那么它们的乘积 C 将是一个 $m \times p$ 的矩阵（可设定 $m=3, n=4, p=3$）。

程序如下。

```
#include <stdio.h>
#define m 3
#define n 4
#define p 3
int main()
{
    int i,j,k;
    int A[m][n],B[n][p],C[m][p]={0};
    printf("Input 数组 A %d行%d列个元素为：\n",m,n);
    for(i=0;i<m;i++)
      for(j=0;j<n;j++)
          scanf("%d",&A[i][j]);
    printf("Input 数组 B %d行%d列个元素为：\n",n,p);
    for(j=0;j<n;j++)
        for(k=0;k<p;k++)
            scanf("%d",&B[j][k]);
    for(i=0;i<m;i++)
      for(j=0;j<n;j++)
        for(k=0;k<p;k++)
        C[i][k]+=A[i][j]*B[j][k];
    printf("OUTput C 数组元素为：\n");
    for(i=0;i<m;i++)
      {
        for(j=0;j<p;j++)
          printf("%3d  ",C[i][j]);
      printf("\n");
        }
    printf("\n");
```

例题解析

```
        return 0;
    }
```

程序运行验证结果如下：

```
Input 数组 A 3 行 4 列个元素为:
1 2 3 4
2 3 4 5
3 4 5 6
Input 数组 B 4 行 3 列个元素为:
1 2 3
2 3 4
3 4 5
4 5 6
OUTput C 数组元素为:
    30    40    50
    40    54    68
    50    68    86
```

7.3 字符数组和字符串

7.3.1 字符数组

微课

用来存放字符数据的数组称为字符数组。字符数组不但可以存放字符，还可以存放如"hello world!""good bye""w""r"等字符串。在 C 语言程序设计中，没有字符串变量，所以只能把字符串中的字符存放到字符数组中。但把字符串存放到字符数组与单个字符存放到字符数组是不同的。下面介绍字符数组的定义。

一维字符数组的定义格式：

```
字符数据类型 字符数组名[常数];
如 char str[100];
```

二维字符数组的定义格式：

```
字符数组类型 字符数组名[常数1][常数2];
如 char ch[10][20];
```

7.3.2 字符数组初始化

字符数组能存储单个字符和字符串，但存储字符串不但要存储有效字符还要存储结束符 \0，故字符数组的初始化可以分为逐个字符赋值和字符串赋值。

（1）逐个字符赋值

① 字符数组全部赋初值：

```
char ch[5]={'H', 'e', 'l', 'l', 'o'};
```

等价于：ch[0]= 'H',ch[1]= 'e',ch[2]= 'l',ch[3]= 'l',ch[4]= 'o'。

② 字符数组部分赋初值：

```
char ch[5]={'H', 'e', 'l' };
```

等价于：ch[0]= 'H',ch[1]= 'e',ch[2]= 'l'。

（2）用字符串常量对字符赋初值

① char ch[6]={ "hello"};

char ch[6]= "hello";

char ch[]={"hello"};

均等价于：ch[0]= 'h',ch[1]= 'e',ch[2]= 'l',ch[3]= 'l',ch[4]= 'o',ch[5]= '\0'。

② char ch[6]={"boy"};

等价于：ch[0]= 'b',ch[1]= 'o',ch[2]= 'y',ch[3]= '\0',ch[4]= '\0',ch[5]= '\0'。

说明：

字符数组初始化与前面的普通数值数组赋值的注意事项几乎相同，但特别注意的是：相同类型的字符数组不可以通过数组名互相赋值，如以下语句是错误的。

```
char str1[20]={"Hello!"}, str2[20];
str2=str1;
```

注意

请思考，如果定义和赋值如下，结果如何？

```
char ch[5]= {"Hello! "};
```

7.3.3　字符数组的引用

字符数组的引用与 7.1 节和 7.2 节中一维、二维或多维数组的引用方式一致：

数组名[下标]或数组名[下标 1][下标 2]…[下标 n]

【例 7-9】输出赋值的字符数组元素。

```
#include "stdio.h"
int main()
{   char c[10]={'I',' ','a','m',' ','a',' ','b','o','y'};
    int i;
    for(i=0;i<10;i++)
       printf("%c",c[i]);
    printf("\n");
    return 0;
}
```

程序运行结果如下。

```
I am a boy
```

7.3.4　字符串的存储

在 C 语言中，字符串是存储在字符数组中进行处理的。实际上，字符数组定义的长度与字符串长度并不一致，人们定义了比较长的字符数组长度，但真正关心的是这个字符数组中到底存储了多少有效字符，而并不关心这个字符数组长度有多长。为了更好地衔接字符串与字符数组的存储，也为了更好地测定字符串的实际长度，C 语言规定了一个"字符串结束标志"（'\0'）。在每一个字符串的最后，C 语言都自动加上（'\0'）来标志有效字符的结束。

虽然\0'是字符串结束标志，但并不能计算为有效字符，这样在计算字符串长度的时候，并不计算在内。例如 char str[]= "hello"，字符串"hello"的有效字符是 5，所以字符串有效长度为 5，但是字符串在内存存储过程中，系统会自动加上结束符标志\0'，这样实际上存储占用的字节数是 6 个。

📖 说明

> 字符串结束标志'\0'在 ASCII 码中是代表 0 的字符，这个字符并不显示，而是一个"空操作符"，也就是仅仅结束字符串，其他的什么都不做，没有附加操作，也不增加有效字符。当然如果存储中出现多个结束标志'\0'，则以第一个最早出现的为准，遇到第一个'\0'就结束字符串或字符数组中的其他后续字符。

虽然字符串结束标志'\0'在字符数组中出现也会结束字符数组中后续的字符，但在单独使用字符数组赋初值时，如果没有结束符'\0'是允许的。

例如 char str[10]={ 'i', ' ' , 'a', 'm', ' ' , 'a', ' v, 'b', 'o', 'y'};是正确的。

7.3.5 字符数组的输入/输出

字符数组存储的可以是单个字符，也可以是字符串，所以字符数组的输入输出也分为两种。

① 逐个字符 I/O：用格式%c 输入或输出一个字符。

【例 7-10】编写程序，使用格式%c 对字符数组输入数据。

```
#include  "stdio.h"
int main()
{   char str[8];
    int i;
    for(i=0;i<8;i++)
    scanf("%c",&s+r[i]);
    for(i=0;i<8;i++)
        printf("%c", str[i]);
    printf("\n");
    return 0;
}
```

② 整个字符串 I/O：用格式符%s，意思是对字符串的输入输出，需要注意的是使用%s格式输入时，空格或回车都是结束符。

【例 7-11】编写程序，使用格式%s 对字符数组输入数据，其主要程序段如下。

```
#include  "stdio.h"
int main()
{   char  str[20];
    scanf("%s", str);   //此处也可以使用 scanf("%s", &str);
    printf("%s", str);
```

```
        return 0;
    }
```

说明：

① 字符串的输出以第一个结束符'\0'结束，如果字符串中有多个结束符，仍然以第一个为准，后续的字符不再计算为有效字符。例如程序段：

```
    char ch[]={'h','e','l','\0','l','o','\0'};
    printf("%s",ch);
```

输出为：hel。

② 用格式符%s 输出字符串时，使用的输出语句的输出项是字符数组名，而不是单个数组元素，如 printf("%s", str[i]);是非法的。

③ 在使用格式控制符%s 输入时，尽管可以使用 scanf("%s", &str);，但实际上更多使用的是 scanf("%s", str); 因为这时的 str 是数组名，表示该数组的首地址。

④ 在使用 scanf 输入语句和格式符%s 输入时，空格和 Enter 键都是其结束符。

例如在【例 7-11】中的输入语句 scanf("%s", str);，如果输入字符为：how are you?，那么字符数组 str 的有效字符仅仅为 "how"，而 "are you?" 并没有存储到字符数组 str 中，所以输出的结果为：how。当然如果【例 7-11】程序段做如下修改：

```
char    str1[10],str2[10],str[10];
scanf("%s%s%s", str1,str2,str3);
puts(str1);puts(str2);puts(str3);
```

此时键盘上输入：how are you?，则 str1="how",str2="are",str3="you?"。

7.4　常用字符串函数

在 C 语言中，通常使用字符数组存储字符串。为了更方便地对字符串进行存储与访问，C 语言库函数提供了一些字符串常用处理函数，这些常用函数（puts 和 gets 除外）包含在头文件 string.h 下，所以使用时需要有编译预处理。编译预处理为：#include "string.h"。

7.4.1　字符串输出函数 puts

字符串输出函数 puts 的一般形式是：

```
puts(字符数组);
```

其功能是向显示器输出字符数组中的字符串，以'\0'结束，在字符串输出结束后进行换行。当然字符数组中的转义字符是按照转义字符作用输出的。程序段如下。

```
    char str[40]="good bye!\nsee you later!";
    puts(str);
```

程序运行结果如下。

```
good bye!
see you later!
```

比较以下程序段和结果并分析原因。

程序段	char s1[10]="will",s2[10]={};
	for(int i=0;i<10;i++)
	scanf("%c",&s2[i]);
	
	puts(s1);
	puts(s2);
		char s1[10]="will",s2[10]={};
		for(int i=0;i<10;i++)
		scanf("%c",&s2[i]);
		s2[9]='\0';
		puts(s1);
		puts(s2);

输入	welcometou	welcometou
输出	will welcometouwill	will welcometou

7.4.2　字符串输入函数 gets

字符串输入函数 gets 的一般形式是：

```
gets(字符数组);
```

其功能是从键盘输入一个以回车键结束的字符串放入字符数组中，在输入结束后自动加结束符'\0'，输入结束后该函数得到字符数组的起始地址。当然输入函数的基本要求是：输入字符串长度应小于字符数组长度，如果输入长度大于字符数组长度，系统会提示 error。

提示

> puts 和 gets 函数只能输出或输入一个字符串，不能一次输入或输出多个字符串。

程序段如下。

```
char string[80];
gets(string);
printf("OUTput a string:");
puts(string);
```

程序运行结果如下。

```
Input  a string:how are you?↙
OUTput a string:how are you?
```

7.4.3　字符串连接函数 strcat

字符串连接函数 strcat 的一般形式是：

```
strcat(字符数组 1, 字符数组 2)
```

其功能是连接两个字符串，把字符数组 2 连接到字符数组 1 后面，函数调用结束后返回的函数值为字符数组 1 的首地址。当然要实现将字符数组 2 存储到字符数组 1 中，要求字符数组 1 的长度足够大，能够容纳字符数组 1 本身和连接上的字符数组 2。因为每个字符串都有结束符'\0'，所以在字符数组连接时，新字符串只保留最后一个字符结束符'\0'。

程序段如下。

```
char s11[40]="university",s22[20]="qingdao";
printf("连接函数的结果：");
puts(strcat(s11,s22));
```

运行结果如下。

连接函数的结果：universityqingdao

7.4.4 字符串复制函数 strcpy 和 strncpy

字符串复制函数 strcpy 的一般形式是：

```
strcpy(字符数组 1,字符串 2)
```

其功能是将字符串 2 复制到字符数组 1 中去，当然字符数组 1 要足够大。

程序段如下。

```
char s11[40]="university",s22[20]="qingdao";
printf("复制函数的结果：");
puts(strcpy(s11,s22));
```

运行结果如下。

复制函数的结果：qingdao

说明：

① 函数中的字符数组 1 必须写成数组名形式，不能是字符串，而字符串 2 可以是字符数组名，也可以是字符串常量。当然在字符数组复制中，在字符串 2 中的结束符'\0'一并被复制到字符数组 1 中取代相对应的字符数组元素，没被取代的字符数组元素不变，并不一定都变成结束符'\0'。

② 如果需要复制的是字符串的某一部分，可以使用 strncpy 函数，如 strncpy(str1,str2,2) 是指把字符串 str2 中的前 2 个字符复制到 str1 中取代 str1 中原有的最前的 2 个字符，但有一个条件：复制的 str2 中的字符个数 n 不能多于字符数组 str1 中的原有的字符（不包括'\0'）。

程序段如下。

```
char s11[40]="university",s22[20]="qingdao";
printf("复制 4 个字符的结果：");
puts(strncpy(s11,s22,4));
```

运行结果如下。

复制 4 个字符的结果：qingersity

7.4.5 字符串比较函数 strcmp

字符串比较函数 strcmp 的格式是：

```
strcmp(字符串 1,字符串 2)
```

其功能是比较两个字符串，比较规则是：对两字符串从左向右对应字符逐个比较（比较 ASCII 码值），直到遇到不同字符或'\0'为止，返回 int 型整数值。如果字符串 1 与字符串 2 的字符全部相同，则认为相等；如果字符串 1 与字符串 2 不相同，则以第一个不相同的字符比较结果为准。

比较结果返回值如下。

① 若字符串 1< 字符串 2，返回负整数（–1）。

② 若字符串 1> 字符串 2，返回正整数（1）。

③ 若字符串 1== 字符串 2，返回零（0）。

📋 **说明**

　　两个字符串比较，实际上是比较其对应的字符的 ASCII 码值，使用的是字符串比较函数 strcmp，而不能用 "=="。

程序段如下。

```
char s11[40]="university",s22[20]="qingdao";
char ch11[40]="university",ch22[20]="university";
char str11[40]="qingdao",str22[20]="qingunivesity";
printf("s11 与 s22 比较的结果: ");
printf("%d\n",strcmp(s11,s22));
printf("ch11 与 ch22 比较的结果: ");
printf("%d\n",strcmp(ch11,ch22));
printf("str11 与 str22 比较的结果: ");
printf("%d\n",strcmp(str11,str22));
```

运行结果如下。

```
s11 与 s22 比较的结果: 1
ch11 与 ch22 比较的结果: 0
str11 与 str22 比较的结果: -1
```

7.4.6　字符串长度测试函数 strlen

字符串长度测试函数 strlen 的格式是：

strlen(字符数组)

其功能是测试计算字符串长度，函数的返回值是字符串的有效长度，不包括'\0'在内。字符串测试长度函数可以对字符数组测试，也可以对字符串常量进行测试。

```
char s11[20]="how are you?";
char s22[10]={'A','\0','B','C','\0','D'};
char ch33[ ]="\t\v\\\0will\n";
printf("字符串 s11 长度为: %d\n",strlen(s11));
printf("直接测试的字符串长度为: %d\n",strlen("welcome"));
printf("字符串 s22 长度为: %d\n",strlen(s22));
printf("字符串 ch33 长度为: %d\n",strlen(ch33));
```

运行结果如下。

```
字符串 s11 长度为: 12
直接测试的字符串长度为: 7
字符串 s22 长度为: 1
字符串 ch33 长度为: 3
```

7.4.7　字符串其他函数应用

除此之外，还有其他字符串函数，如 strlwrh 函数是把字符串中的大写字母转换成小写字母，strupr 函数是把字符串中的小写字母转换成大写字母……相关的字符串处理函数详见附录 C 。

【例 7-12】中国对联是中国传统文化中一种独特的文学形式，以对仗工整、平仄协调、意境深远为特点，广泛应用于文学创作、节日庆典、建筑装饰等场合。对联不仅是中国文学的瑰宝，也是中华民族智慧的结晶。回文联又是对联中一种特殊形式，是指从前往后读和从后往前读结构或意义相同。编写程序，判定输入的一串字符是否为回文联。

例题解析

```c
#include <stdio.h>
#include <string.h>
int main()
{
    long i,len;
    char flag='Y';
    char dl[200];
    gets(dl);
    len=strlen(dl);
    dl[len]='\0';
    for(i=0;i<len/2;i++)
        if(dl[i]!=dl[len-1-i]) {flag='N';break;}
    if(flag=='Y') printf("%s 是 回文联\n",dl);
    else printf("%s 不是 回文联\n",dl);
    return 0;
}
```

7.5 综合实例

【例 7-13】折半查找算法也称二分法，适用于在已排序的数组中快速定位特定元素。核心思想是通过比较中间元素与目标值的大小关系，逐步将查找范围缩小一半，直到找到目标元素或范围缩小到零，其在数据库记录定位、搜索引擎、机器学习中均有重要应用。

编写程序，随机产生 $N=20$ 个 100 以内的整数，存入到一个数组中，从键盘上输入一个整数作为关键字，利用"折半查找"算法进行查找，如果找到该数在数组中，则显示"匹配成功！"；否则显示"匹配失败，您要找的数不在数组中！"。

分析：

① C 语言中产生 X～Y 之间的随机整数，参考 3.3 节的整数常量。

② 折半查找算法要求数组进行顺序排序，关键字按照从小到大排列。设置 3 个变量：head=0; botto=N-1;middle=(head+bottom)/2;，分别循环比较 data[middle]与查找的关键字 key 是否匹配。

程序如下。

```c
#include "string.h"
#include "stdio.h"
#include "stdlib.h"
#include "time.h"
int main( )
{
```

例题解析

```
    int  i,j,t,data[20],key;
    int  flag=0,head,bottom,middle;
    srand(time(NULL));
    //随机产生 20 个整数
    for(i=0;i<20;i++)
        data[i]=rand()%100;
    //输出随机产生的整数
    printf("随机产生的整数数组为: ");
    for(i=0;i<20;i++)
    {
        if(i%5==0) printf("\n");
        printf("%d ",data[i]);
    }
    printf("\n");
    //输入准备查找的整数
    printf("INput the locating data key:");
    scanf("%d",&key);
    //按照从小到大的顺序排序
    for(i=0;i<19;i++)
        for(j=0;j<19-i;j++)
            if(data[j]>data[j+1]) {t=data[j];data[j]=data[j+1];data[j+1]=t;}
    //输出排序后的整数数组
    printf("排序后的整数数组为:");
    for(i=0;i<20;i++)
    {
        if(i%5==0) printf("\n");
        printf("%d ",data[i]);
    }
    printf("\n");
    //输出要查找的整数
    printf("the locating data key is:%d\n",key);
    head=0;
    bottom=19;
    while(head<=bottom)
    {
        middle=(head+bottom)/2;
        if(data[middle]<key) head=middle+1;
        else if(data[middle]>key) bottom=middle-1;
        else if(key==data[middle]) {flag=1;break;}
    }
    if(flag==1) printf("您查找的数为：%d,匹配成功! \n",key);
    else printf("您查找的数为：%d,匹配失败，您要找的数不在数组中! \n",key);
    return 0;
}
```

程序运行结果如下。

随机产生的整数数组为：

```
94  3  67  19  90
95  67  29  45  75
40  46  63  87  8
15  82  17  90  12
```

```
INput the locating data key:87
```

排序后的整数数组为：

```
3  8  12  15  17
19  29  40  45  46
63  67  67  75  82
87  90  90  94  95
the locating data key is:87
```

您查找的数为：87，匹配成功！

【例 7-14】编写程序，在随机输入的一行字符中统计其中有多少个单词。

分析：对单词的判断是将两个空格之间的字符认可为一个单词，不能判断其是否为真单词。

程序如下。

```c
#include "string.h"
#include "stdio.h"
int main( )
{
    int i,len,num;
    char s[100];
    //读入字符串
    printf("请输入一行字符:");
    gets(s);
    //输出字符串
    printf("您输入的字符为:");
    puts(s);
    //测试字符串长度
    len=strlen(s);
    num=0;
    //计算单词个数
    for(i=0;i<len;i++)
        if(s[i]!=' '&&(s[i+1]==' '||s[i+1]=='\0')) num=num+1;
    printf("单词个数 num=%d\n",num);
    return 0;
}
```

运行结果如下。

请输入一行字符：good he ip   ye bye pow✓
您输入的字符为：good he ip   ye bye pow
单词个数 num=6

【例 7-15】编写程序，模拟投票系统，实现入党积极分子的投票与统计。一个 30 人的自然班匿名投票选举入党积极分子，候选人有 3 人，投票结束后统计输出每个人的姓名和票数。

分析：

① 30 个人连续投票使用循环，投票后与候选人名字进行比较使用 strcmp 函数，如果符合，则其票数加 1。

② 候选人票数可以分别用 data[0]、data[1] 和 data[2] 来表示，也可单独使用 m，n，k 计票。

程序如下。

```
#include "string.h"
#include "stdio.h"
int main( )
{
    char selname[20];       //投票变量
    int i,data[3]={0,0,0};//候选人初始票数为 0
    //分别定义 3 个字符数组表示 3 个候选人
    char name0[20]={"zhang"};
    char name1[20]={"xu"};
    char name2[20]={"wang"};
    printf("候选人为: zhang, xu, wang, 请投票: \n");
    //30 个同学连续投票并与候选人名字进行比对
    for(i=0;i<30;i++)
    {
        printf("你是第%d 个投票人，INput you selected:",i+1);
        gets(selname);
        if(strcmp(selname,name0)==0) data[0]++;
        else if(strcmp(selname,name1)==0) data[1]++;
        else if(strcmp(selname,name2)==0) data[2]++;
    }
    //显示投票结果
    printf("以下为投票结果: \n");
    printf("候选人    票数\n");
    printf("%s      %d\n",name0,data[0]);
    printf("%s      %d\n",name1,data[1]);
    printf("%s      %d\n",name2,data[2]);
    printf("\n");
        return 0;
}
```

例题解析

小结

数组在集合、矩阵、向量等数学运算，数据存储与统计、数据排序与检索以及图像处理中均有重要的应用，通过本章的学习，培养读者的专业案例建模能力，培育编程思维和优化创新意识，弘扬中华优秀传统文化，并培育严谨的工匠精神。本章介绍了数组的概念与使用以及实际解决问题的实例，应重点掌握以下几方面的内容。

① 一维、二维和多维数组的定义与初始化。
② 一维、二维和多维数组元素的引用方法和使用实例。
③ 数组元素在内存中的占用字节数、存储长度以及存储方式。
④ 字符串的定义和存储方式以及处理函数。
⑤ 综合实例应用解决实际问题，进一步掌握结构化程序设计方法。

习题

一、选择题
① 下列叙述中错误的是（   ）。

参考答案
习题解析

A. 对于 double 类型数组，不可以直接用数组名对数组进行整体输入或输出

B. 数组名代表的是数组所占存储区的首地址，其值不可改变

C. 在程序执行过程中，运行数组元素的下标越界，系统会及时给出提示

D. 可以通过赋初值的方式确定数组元素的个数

② 定义具有 10 个元素的 int 型一维数组，下列定义错误的是（   ）。

A. `#define N 10`
   `int a[N];`

B. `#define n 5`
   `int a[2*n];`

C. `int a[5+5];`

D. `int n=10;`
   `int a[n];`

③ 在 C 语言中，引用数组元素时，其数组元素下标的数据类型更准确的是（   ）。

A. 整型常量

B. 整型表达式

C. 整型常量或整型表达式

D. 任何类型的表达式

④ 下列数组定义中错误的是（   ）。

A. int x[][3]={0};

B. int x[2][3]={{1,2},{3,4},{5,6}};

C. int x[][3]={{1,2,3},{4,5,6}};

D. int x[2][3]={1,2,3,4,5,6};

⑤ 下列程序

```
int main()
{
  int x[3][2]={0},i,j;
  for(i=0;i<3;i++)
  scanf("%d",&x[i]);
  printf("%3d%3d\n",x[0][0],x[1][0]);
}
```

若运行时输入：

2 4 6<CR>

则输出结果为（   ）。

A. 2 0   B. 2 4   C. 4 6   D. 2 6

⑥ 以下对一维数组的 a 中所有元素进行的初始化正确的是（   ）。

A. int a[10]=(0,0,0,0);

B. int a[10]={};

C. int a[]=(0);

D. int a[10]={10*2};

⑦ 对于所定义的二维数组 a[2][3]，数组元素 a[1][2]是数组的第（   ）个元素。

A. 3   B. 4   C. 5   D. 6

⑧ 若有说明 int a[20];，则对数组元素的正确引用是（   ）。

A. a[20]   B. a[3.5]   C. a(5)   D. a[10-10]

⑨ 若有说明 int a[3][4];，则对 a 数组元素的正确引用是（   ）。

A. a[2][4]   B. a[1,3]   C. a[1+1][0]   D. a(2)(1)

⑩ 以下关于数组元素的描述正确的是（   ）。

A. 数组的大小是固定的，但可以有不同类型的数组元素

B. 数组的大小是可变的，但所有数组元素的类型必须相同

C. 数组的大小是固定的，所有数组元素的类型必须相同

D．数组的大小是可变的，可以有不同类型的数组元素

⑪ 下列关于字符串的描述正确的是（　　　）。

A．C 语言有字符串类型的常量和变量

B．两个字符串的字符个数相同才能进行字符串大小比较

C．可以用关系运算符对字符串的大小进行比较

D．空串一定比空格开头的字符串小

⑫ 如果要比较两个字符串中的字符是否相同，可使用的库函数是（　　　）。

A．strcmp　　　　　　B．strcat　　　　　　C．strncpy　　　　　　D．strlen

二、判断题

① 在 C 语言中，二维数组元素在内存中的存放顺序由用户自己确定。　　　　　（　　）

② 若有说明 int a[3][4]={0};，则数组 a 中每个元素均可得到初值 0。　　　　（　　）

③ 若有说明 int a[][4]={0,0};，则二维数组 a 的第一维大小为 0。　　　　　（　　）

④ 若有说明 int a[][4]={0,0};，则只有 a[0][0] 和 a[0][1] 可得到初值 0，其余元素均得不到初值 0。　　　　　　　　　　　　　　　　　　　　　　　　　　　　　　（　　）

⑤ 定义 char ch[]={"goodbye"};，则 ch 的存储字节为 8。　　　　　　　　（　　）

⑥ 字符'\0'是字符串的结束标志，其 ASCII 码值为 0。　　　　　　　　　　（　　）

⑦ 调用函数 strlen ("\\0abc\0ef\0g") 的返回值为 8。　　　　　　　　　　（　　）

⑧ 两个字符串的比较中，字符个数多的字符串比字符个数少的字符串大。　　（　　）

⑨ 已知 int a[][]={1,2,3,4,5};，则数组 a 的第一维的大小是不确定的。　　（　　）

⑩ 若有说明 static int a[3][]={1,2,3,4,5,6};，则二维数组的定义是错误的。（　　）

三、填空题

① 在 C 语言中，字符串不存放一个变量中，而是存放在一个（　　　）中。

② 设有 int a[3][4]={{1},{2},{3}};，则 a[1][1] 的值为（　　　）。

③ 下面程序段的运行结果是（　　　）。

```
printf("%d",strlen("\t\v\723\\00\n\w\X32");
```

④ 字符串"qust university"占（　　　）个字节，长度是（　　　）。

⑤ 若有定义 double x[3][5];，则 x 数组中行下标的下限是 0，列下标的上限是（　　　）。

⑥ 在执行 int a[][3]={{1,2},{3,4}};语句后，a[1][1] 的值是（　　　）。

⑦ 下面程序段的运行结果是（　　　）。

```
char c[5]={'a', 'b', '\0', 'c', '\0'};
printf("%s",c);
```

⑧ 字符'0'的 ASCII 码值为（　　　）。

⑨ 要将两个字符串连接成一个字符串，使用的函数是（　　　）。

⑩ 在程序中用到 pow(x,y) 函数时，应在程序开头包含头文件（　　　）。

四、程序填空

① 下列程序的功能是输出如下形式的方阵。

```
13  14   15  16
 9  10   11  12
 5   6    7   8
```

```
  1    2    3    4
```
请填空补完程序。

```
#include "string.h"
#include "stdio.h"
int main( )
{
    int i,j,x;
    for(j=4;j>=1;j--)
    {
        _____        //循环变量 i
        {
            _____ ;  // 计算每一个数
            printf("%4d",x);
        }
        printf("\n");
    }
    return 0;
}
```

② 下面程序的功能是从键盘输入一行字符，统计其中有多少个单词，单词之间用空格分隔。请补完程序。

```
#include "stdio.h"
int main()
{
    char s[80],c1,c2=' ';
    int i=0, num=0;
    gets(s);
    while(s[i]!='\0')
    {
        c1=s[i];
        if(i==0)  c2=' ';   else  c2=s[i-1];
        _____ num++;          //判断字符的条件
        i++;
    }
    printf("These are %d  words.\n", num);
        return 0;
}
```

五、程序设计题

① 编写程序，计算 Fibonacci 数列，并输出前 20 项，每行 5 项。

② 编写程序，设有 N 个随机产生整数元素的数组，任意输入一个整数 m 和 n，从下标 m 开始，其后的连续 n 个元素与其前的 n 个元素位置调换，且 m、n 均不能超出范围。例如：

随机产生的原数组：

99　52　35　57　61　22　40　93　42　65
76　28　58　17　54　45　68　44　14　93

输入下标 m 开始的元素和其后连续的元素个数 n：5 3

输出位置调换后产生的新数组：

99　65　42　93　40　22　61　57　35　52

　76　28　58　17　54　45　68　44　14　93

③ 编写程序，使用选择排序算法实现对输入的 10 个整数排序并输出。

④ 编写程序，对下列 4×5 矩阵进行统计，统计所有大于平均值的元素个数，并输出其对应的矩阵元素到屏幕上。

$$A = \begin{bmatrix} 2 & 6 & 4 & 9 & -13 \\ 5 & -1 & 3 & 8 & 7 \\ 12 & 0 & 4 & 10 & 2 \\ 7 & 6 & -9 & 5 & 3 \end{bmatrix}$$

⑤ 编写程序，将字符串中的所有字符 k 删除。

⑥ 编写程序，实现把字符串 str 中位于偶数位置的字符或 ASCII 码为奇数的字符放入字符串 ch 中（规定第一个字符放入第 0 位），例如字符串 str 为 ADFESHDI，则输出 ch 为 AFESDI。

⑦ 某高校在优秀毕业论文评审环节共 10 名同学依次参加答辩，7 名评委打分。为体现公平性，采取了去掉一个最高分和一个最低分，剩下的 5 名评委计算平均分的评分规则评出优秀论文。编写程序实现答辩功能。

a．定义 7 个整数的一维数组存储 7 名评委的打分；

b．每位同学答辩结束后计算该同学的成绩，并存储；

c．公布依次答辩的所有同学成绩。

⑧ 瓦洛兰特大王评选。瓦洛兰特是天生的，只需要看名字就知道谁是瓦洛兰特大王，规则是：只有名字中 w 和 W 总数最多的人才能成为瓦洛兰特大王。设定给出一个整数 N，代表参加瓦洛兰特大王的竞选者，随后输入 N 行，每行的字符串为一名竞选者的名字（不超过 20 个字母）。统计输出瓦洛兰特大王。

⑨ 编写程序，输入两个字符串，将输入的字符串连接成一个字符串，然后输出。

⑩ 编写程序，统计字符串 str 中含有子串 subStr 的个数。字符串 str 和 substr 自由输入。

第 **8** 章
函数

8.1 函数的概述

（1）函数的概念

在 C 语言中，函数是一段段代码构成的基本程序块，其目的是实现代码的模块化、提高代码的可读性和可维护性。在当今人工智能（AI）快速发展的时代，函数的概念也被广泛应用于 AI 算法的实现中。例如，AI 模型中的每一个计算步骤（如矩阵乘法、激活函数等）都可以通过函数来封装和调用。

一个完整的 C 源程序有且只有一个 main 函数，所有函数由 main 函数直接或间接地调用其他函数来辅助完成整个程序的功能。函数是 C 语言程序的基本单位。

C 语言中的函数可分为库函数和用户自定义函数两种。库函数是 C 语言提供的可直接调用的函数，但不可能满足用户的所有需求，因此大量的函数还需要由用户自己来编写实现独有的功能。C 语言程序可调用 C 提供的库函数或用户编写函数实现模块融合。

C 语言的编译系统提供了丰富的库函数，在编写 C 源程序时，应当尽可能多地使用库函数，使用时只需在程序前包含有该函数原型的头文件即可。在前面各章节例题中用到的 printf、scanf、getchar 和 putchar 等函数都是库函数。

由此可见，使用函数具有以下几点优势：

代码复用：通过函数，我们可以将常用的功能封装起来，避免重复编写代码。

逻辑清晰：函数将复杂的程序分解为多个小模块，使得程序结构更加清晰。

易于调试：每个函数可以独立测试和调试，提高了开发效率。

（2）C 源程序的函数层次

从逻辑关系上，一个 C 源程序的函数层次结构如图 8-1 所示。

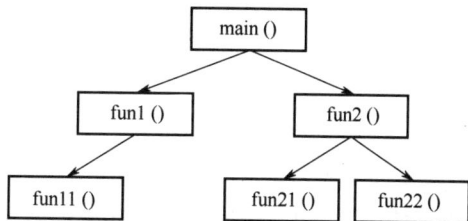

图 8-1 C 源程序的函数层次结构

main 函数是每个 C 程序的入口点。其他函数（如自定义函数或库函数）必须通过 main 函数或由 main 函数直接或间接调用的函数来触发执行。用户通过编写自定义函数实现系统库函数没有提供的功能，从而创建结构清晰、易于理解和维护的 C 语言程序。

最后，需要说明的是，本章将讲解如何自己定义函数，并调用这些函数。为了简单起见，本章将只讨论在同一个文件中的函数使用情况。

函数的定义与
例题解析

8.2 函数的定义

8.2.1 函数的定义

函数的一般定义形式为：

```
函数类型 函数名(形式参数表)      /* 函数头*/
{
    定义说明语句;
    执行语句;                    /*函数体*/
    [return 语句;]
}
```

函数的定义包括函数头和函数体两部分。

函数头包括函数类型、函数名和参数。函数类型是指函数执行后返回的结果类型。函数名是由用户定义的标识符，具有描述性和反映函数的功能。参数列表在一对圆括号内，可以没有也可以多个，实现函数参数的接收和传递，无参数时可以标记 void 增强可读性。

函数体是函数功能模块的具体实现代码，功能语句必须放在一对花括号{ }中。

【例 8-1】编写一个函数，实现计算"天天向上的力量"。假设一年有 365 天，第 1 天能力值为 1，以此为基数，如果每天好好学习，能力值比前一天能提高 1%，请计算一年后的能力值。

```
#include <stdio.h>
int main()
{   float dayup(void);                  /*函数声明*/
        printf("一年能进步%.3f\n",dayup());  /*函数调用*/
        return 0;
    }
float dayup(void)                       /*函数定义*/
{   float up=1;
    int i;
    for(i=1;i<=365;i++)
        up=up*(1+0.01);
    return (up);
}
```

程序运行结果：

一年能进步 37.783

在 C 语言中，参数是函数与调用者之间传递数据的通道，根据是否需要参数可以分为有参函数和无参函数。有参函数在定义时需要指定形式参数（简称形参），而无参函数则不需要，上例中的 dayup 函数就是无参函数。

　　形式参数是函数定义时声明的变量，用于接收调用函数时传递匹配实际参数（简称实参）。形参需要在函数定义时明确指定，多个形参之间用逗号分隔。例如：

```
int add(int x,int y,int z)
{
    return x+y+z;
}
```

8.2.2　return 语句

　　函数的值是通过 return 语句带回主调函数的，return 语句的使用方式取决于函数是否需要返回值。

　　如果函数不需要返回值，即函数类型为 void，可以使用不带表达式的 return 语句：

`return;`

　　这种情况下，return 语句的作用是结束函数的执行。

　　如果函数需要返回值，return 语句必须包含一个表达式，且表达式的类型应与函数定义的类型一致：

`return (表达式);` 或 `return 表达式;`

　　如果函数定义的类型与 return 语句中表达式的类型不一致，系统会自动进行类型转换，以函数定义的类型为准。

　　在同一函数体中，可以根据需要有多条 return 语句，但只有一条 return 语句被执行到。

　　在 C 语言程序中，一个函数的定义可以放在任意位置，既可放在 main 函数的前面，也可放在 main 函数的后面。

　　【例 8-2】函数定义示例，求三个整数中的最大值。

```
#include <stdio.h>
int main( )
{   int MAX(int a,int b);      /*函数声明*/
    int x=20,y=40,z=30;
    int max1,max2;
    max1=MAX(x,y);
     max2=MAX(max1,z);          /*函数调用*/
    printf("最大值=%d\n",max2);
    return 0;
}
int MAX(int a,int b)          /*函数定义*/
{   int max1;
    if(a>b)  max1=a;
    else max1=b;
    return max1;
}
```

　　程序运行结果：

最大值=40

　　函数的返回值可以直接输出，也可以作为另一个表达式的一个运算对象参与运算。例如，上例中　max1=MAX(x,y);　　　　　　max2=MAX(max1,z);。

应该指出的是，C 语言中所有的函数定义，包括 main 函数在内，都是平行的。也就是说，在一个函数的函数体内，不能再定义另一个函数，即不能嵌套定义，但是函数之间允许相互调用。习惯上把调用者称为主调函数。main 函数可以调用其他函数，但其他函数不能调用 main 函数。

8.3　函数的调用和声明

8.3.1　函数的调用

在进行函数调用时，主调函数必须给出实际参数（简称为实参），主调函数将把实参的值传送给形参实现参数传递。

在 C 语言中，函数调用是通过函数名加上一对小括号来实现的。如果函数有参数，参数需要放在圆括号内，多个参数之间用逗号分隔。函数调用的基本格式如下：

函数名([实际参数表])

若有多个实参时，各实参之间应该用逗号隔开。实参可以是常量、变量或表达式。如果调用的是无参函数，则括号不能省。

在【例 8-2】中，max 函数被调用，并将变量 x 和 y 作为实参传递给 max 函数。函数返回的结果被赋值给 c 变量，然后通过 printf 函数输出。

需要注意的是，调用函数时，要求实参与形参一一对应，在数量和顺序上保持一致，在类型上保持兼容。如果不一致，会出现错误提示。

如果函数有返回值，调用时可以使用一个变量来接收返回值，该变量的类型必须与函数的返回值类型相同。如果函数没有返回值，即返回类型为 void，则不能使用返回值。

【例 8-3】编写一个函数，计算 s=13+23+33+……+1003 的值。

宋元四百年是我国古代数学的黄金时代，涌现出四位大数学家，人称"宋元四大家"，他们是南宋的李冶、秦九韶、杨辉和元代的朱世杰，其中朱世杰更有"中世纪世界最伟大的数学家"之誉。朱世杰在《算术启蒙》一书中，提到堆垛问题：13+23+33+……+1003=？，朱世杰给出的答案是：

$$1^3 + 2^3 + 3^3 + \cdots + n^3 = \left(\frac{n(n+1)}{2}\right)^2$$

这比欧洲最早得到这个公式的德国数学家莱布尼茨早了 300 多年。

```
#include <stdio.h>
int main( )
{   int duiduo(int n);    /*函数声明*/
    int n,result;
    printf("请输入 n 值: ");
    scanf("%d",&n);
    result=duiduo(n);    /*函数调用*/
    printf("结果为%d\n",result);
    return 0;
}
```

例题解析

```
int duiduo(int n)          /*函数定义*/
{   int i,s=0;
    for(i=1;i<=n;i++)
        s=s+i*i*i;
    return s;
}
```

程序运行结果：

请输入 n 值：100↙
结果为 25502500

8.3.2 函数的声明

函数声明（也称为函数原型）告诉编译器函数的名称、返回类型以及参数的类型和数量。在大多数的情况下，程序中使用用户自定义函数之前要先进行函数声明，才能在程序中调用，这与使用变量之前要先进行变量定义说明是一样的。

函数声明的一般形式为：

类型说明符 函数名(形式参数表);

例如，【例 8-2】中的语句 int MAX(int a,int b);和【例 8-3】中的语句 int duiduo(int n);都是函数声明语句。

函数声明可以是一条独立的语句，在写法上与函数头完全一致，只是在最后多了一个分号。但需要注意的是，函数的声明语句和函数的定义是不同的。函数的声明语句是告知 C 编译系统以下程序要调用所声明的函数，只起到说明的作用。

函数声明通常放在源文件的顶部或头文件中，以便在调用函数之前让编译器知道函数的存在。在以下的两种情况中，可以缺省对被调函数的函数说明：

① 被调函数的返回值是 int 型或 char 型。

② 被调函数的函数定义出现在主调函数之前。

但是，一个良好的编程习惯是对所有使用的函数都进行函数声明，这样可以方便 C 编译系统检查可能出现的错误。

如果在所有函数定义之前，在所有函数的外部，对所用到的函数进行了函数声明，则在以后的各主调函数中，可不再对被调函数做说明。

函数调用和函数声明是 C 语言中非常重要的概念。函数调用允许我们在程序中执行特定的任务，而函数声明则帮助编译器理解函数的存在及其参数和返回类型。理解这些概念并正确使用它们，将有助于编写出结构清晰、易于维护的 C 语言程序。

8.3.3 函数的嵌套调用

C 语言不允许函数嵌套定义，即在一个函数体中再定义一个新的函数，但允许函数嵌套调用，即在一个函数体中再调用另一个函数。这种调用方式允许程序将复杂的问题分解为多个简单的子问题，并通过函数之间的协作来解决。函数的嵌套调用是结构化程序设计的重要特征之一。

函数的嵌套调用可以分为两种情况：

① 在函数定义中调用其他函数：在一个函数的函数体中调用另一个函数。

② 在函数调用中嵌套调用其他函数：在一个函数的参数列表中调用另一个函数。

无论是哪种情况，嵌套调用都遵循 C 语言的函数调用规则，即被调用的函数必须已经声明或定义，且参数类型和数量必须匹配。

【例 8-4】编写一个函数，计算两个数的平方和。

```
#include <stdio.h>
int square(int x);
int sum_of_squares(int x,int y);
int main( )
{   int x=3,y=4;
    int result=sum_of_squares(x,y);
printf("结果是%d\n",result);
return 0;
}
int square(int x)        //计算一个数的平方
{   return x*x;
}
int sum_of_squares(int x,int y)          //计算两个数的平方和
{   int square_x=square(x);
    int square_y=square(y);
    return square_x+square_y;
}
```

程序运行结果：

结果是 25

在这个示例中，main 函数调用了 sum_of_squares 函数来计算两个数的平方和，sum_of_squares 函数又嵌套调用了 square 函数来计算一个数的平方。这种嵌套调用使得代码逻辑清晰，功能模块化。

C 语言对函数嵌套调用的深度没有严格的限制，但受限于系统的栈空间。如果嵌套调用的层次过深，可能会导致栈溢出（Stack Overflow）错误。因此，在编写程序时，应尽量避免过深的嵌套调用。

8.3.4　函数的递归调用

函数的递归调用是一种特殊的嵌套调用，即函数直接或间接地调用自身。递归调用是嵌套调用的一个特例。程序设计中会更多地用到直接递归调用。

微课

函数在其自身内部直接调用自身的行为，称为直接递归调用，即函数 A 的代码中显式包含对 A 的调用。

多个函数通过互相调用形成递归链的行为，称为间接递归调用，即函数 A 调用函数 B，函数 B 又调用函数 A。

递归通常用于解决可以分解为相同子问题的问题，例如计算阶乘、斐波那契数列等。

为了防止递归调用无终止地进行下去，必须在函数里有终止递归调用的办法，常用的办法就是加条件判断，当满足某种条件后就不再做递归调用了，然后再逐层返回。下面看一个简单的递归调用的实例。

【例 8-5】编写一个函数，利用递归算法求 $n!$。

$$n! = \begin{cases} 1 & , \quad (n=0,1) \\ n*(n-1)!, & (n \geqslant 2) \end{cases}$$

分析：$n!$ 的数学表达式为：从 $n!$ 的数学表达式中不难看出，它满足数学上对递归函数的要求，因此可以采用递归函数设计求 $n!$ 的函数。完整的程序如下。

```c
#include <stdio.h>
int main( )
{   long fact(int n);
    int n;
    long f;
    printf("Please enter n: ");
    scanf("%d",&n);
    if(n<=0)
        printf("Sorry, you enter a wrong number! \n");
    else
    {   f=fact(n);
        printf("%d!=%ld\n",n,f);
    }
return 0;
}
long fact(int n)
{   long m;
    if(n==0||n==1)
        return 1;
    else
        return n*fact(n-1);
}
```

程序运行结果：

```
Please enter n: 5↙
5!=120
```

8.4　函数参数的传递

在 C 语言中，函数的参数传递是函数调用的核心机制之一。参数传递的方式决定了函数如何接收和处理数据。C 语言支持两种主要的参数传递方式：值传递和地址传递。理解这两种传递方式的区别和应用场景，对于编写高效、正确的程序至关重要。

8.4.1　参数的值传递

值传递是指将实参的值复制一份传递给函数的形参。函数内部对形参的修改不会影响实参的值。形参和实参的功能是用来传送数据的。形参和实参各占一个独立的内存单元。发生函数调用时，实参的值单向传送给形参，这种传值方式称为值传递。

下面这个例题就说明了函数参数之间的单向传递。

【例 8-6】请观察程序的执行结果。

例题解析

```c
#include <stdio.h>
```

```
int main( )
{   void swap(int x,int y);
    int a=10,b=20;
    printf("Before swap: a=%d,b=%d\n",a,b);
    swap(a,b);
    printf("After swap: a=%d,b=%d\n",a,b);
    return 0;
}
void swap(int x,int y)
{   int t;
    t=x; x=y; y=t;
}
```

程序运行结果：

```
Before swap: a=10,b=20
After swap: a=10,b=20
```

从图 8-2 中可以看出，实参 a 和 b 的值已经传送给函数 swap( )中的对应形参 x 和 y，在函数 swap( )中 x 和 y 也确实进行了交换，但因为值传递是单向传递，实参的值不随形参的变化而变化，因此即使交换了形参的值，也不能通过调用函数 swap( )达到交换 main 函数中 a 和 b 的值的目的。

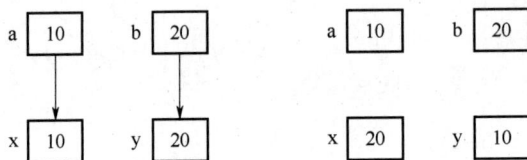

图 8-2　交换函数

数组元素作为实参传递给形参时，与普通变量并无区别，在循环结构的程序中实现了多元素的传递。

【例 8-7】输入每局两个乒乓球运动员的比分，采取五局三胜制，判断最终获胜的球员。

```
#include <stdio.h>
#define N 5
int main( )
{   int pingpang(int x,int y);
    int a[N],b[N],i;
    int a_win=0,b_win=0;
    for(i=1;i<=N;i++)
    {   printf("第%d局比分: ",i);
scanf("%d:%d",&a[i],&b[i]);
    }
    for(i=1;i<=N;i++)
        if(pingpang(a[i],b[i])==1)   a_win++;
        if(pingpang(a[i],b[i])==-1)  b_win++;
    if(a_win>b_win)   printf("运动员甲获胜\n");
    else   printf("运动员乙获胜\n");
    return 0;
}
int pingpang(int x,int y)
```

```
{   if(x>y)   return 1;
    if(x<y)   return -1;
}
```

程序运行结果：

第 1 局比分：5:11
第 2 局比分：11:8
第 3 局比分：11:9
第 4 局比分：7:11
第 5 局比分：9:11
运动员乙获胜

在这个程序的 main 函数中，利用 for 循环语句，每次循环时都将数组元素 a[i] 和 b[i] 作为实参调用一次函数 pingpang( )，即把数组元素 a[i] 和 b[i] 的值传送给形参 x 和 y，供函数 pingpang( ) 使用。

8.4.2　参数的地址传递

地址传递是 C 语言中另一种重要的参数传递方式。在地址传递中，主调函数将实参的地址传递给形参，形参通过地址直接访问实参的内存空间。由于传递的是地址，因此函数内部对形参的修改会直接影响主调函数中的实参。

地址传递时，形参通过指针访问实参的内存空间，二者指向同一块内存，通常适用于复杂数据类型，常用于传递数组、结构体或需要修改实参的情况。C 语言规定：数组名是数组的首地址，所以地址传递中的参数既可以是地址，也可以是数组名。

地址传递的具体实例，待指针部分再讲解相关实例。

值传递和地址传递是 C 语言中两种重要的参数传递方式，各有其优缺点和适用场合。值传递简单安全，适用于基本数据类型和小型数据；地址传递高效灵活，适用于复杂数据类型和需要修改实参的场合。

8.5　变量的作用域和存储类型

8.5.1　变量的作用域

在 C 语言中，变量的作用域是指变量在程序中可见和可用的范围。根据变量的定义位置和声明方式，C 语言中的变量作用域分为两种：局部变量和全局变量。

（1）局部变量

在函数内部或复合语句内部定义的变量称为局部变量。函数的形参也属于局部变量。局部变量的作用域仅限于定义它的函数或代码块，超出该范围后，变量将不可见。

局部变量通常存储在栈内存中，只能在定义它的函数内使用，不能被其他函数使用，而且只有在程序执行到定义该变量的函数（或复合语句）时才能生成，一旦执行退出该函数则该变量消失。例如：

```
int main( )
{   int x=10;       ①
    {   int x=5;     ②
```

```
        printf("(1)x=%d\n",x);
    }
    printf("(2)x=%d\n",x);
return 0;
}
```

程序运行结果：

```
(1)x=5
(2)x=10
```

这里出现了两个同名的局部变量 x，①处的变量 x 的作用域是整个 main 函数；②处的变量 x 的作用域仅限于复合语句内。

不同函数允许使用同名的局部变量。在下面这个例子中，main 函数和 fun 函数中分别定义了局部变量 a，它们的作用域互不干扰。

```
void fun1( )
{   int a=10;      /*局部变量*/
    ......
}
void fun2(void)
{   int a=20;      /*局部变量*/
    ......
}
```

使用局部变量，可以节省内存，以为变量在函数结束后会自动释放，但是，无法在函数外部访问局部变量。

（2）全局变量

在函数之外定义的变量称为全局变量。全局变量的有效范围是从定义位置开始到本源程序结束。全局变量可以被文件中的所有函数访问。全局变量通常自动初始化为 0。全局变量通常存储在全局数据区。例如：

```
int a,b;
int main( )
{
......             全局变量 a 和 b 的作用域
}
void fun(void)
{
    ......
}
```

如果在同一个源程序中，出现全局变量和局部变量同名的情况，那么在局部变量的作用域内，全局变量将会被暂时屏蔽。

【例8-8】分析下面程序的运行结果。

```
#include <stdio.h>
int a=5,b=7;
int main( )
{   int plus(int x,int y);
    int a=4,b=5,c;
    c=plus(a,b);
    printf("a+b=%d\n",c);
```

```
        return 0;
    }
    int plus(int x,int y)
    {   int z;
        z=x+y;
        return (z);
    }
```

程序运行结果：

a+b=9

当需要在多个函数之间共享数据时，适合使用全局变量。当某函数改变了全局变量的值时，便会影响到其他的函数，相当于函数之间有了直接的传递通道，即公共变量，从而可能从函数获得一个以上的返回值。

虽然全局变量的作用域大，用起来似乎也很方便灵活，但需要提醒读者的是：全局变量增加了程序的耦合性，降低了模块化程度，一般不提倡使用全局变量。

8.5.2　变量的存储类型

在 C 语言中，变量的存储类型决定了变量的存储位置、生命周期以及作用域。C 语言提供了四种存储类型，分别是自动型变量（auto）、寄存器型变量（register）、静态型变量（static）和外部型变量（extern）。

定义变量的完整形式为：

[存储类型] 数据类型 变量名;

例如，static float x,y;

自动型变量存储在内存的动态存储区，寄存器型变量存储在 CPU 的寄存器中，静态型变量和外部型变量存储在内存的静态存储区。

（1）自动型变量

自动型变量用关键字 auto 进行存储类型的声明。auto 型只能用于定义局部变量，存储类型省略时默认为 auto 型。

例如 auto int m,n; 与 int m,n; 等价。

如果定义时没有赋初值，则 auto 型变量中的值是随机数。自动型变量存储在栈内存中，它的生命周期从函数或代码块开始执行时创建，到函数或代码块结束时销毁。

（2）寄存器型变量

寄存器型变量是一种特殊的自动变量，用关键字 register 进行存储类型的声明。register 型只能用于定义局部变量。

寄存器型变量的值存储在 CPU 寄存器中，而不是内存中，因此访问速度更快。因为寄存器的数目有限，所以不能定义任意多个 register 型变量。

例如 register int i;就是定义了一个寄存器型变量。

当变量需要频繁访问时，适合定义为寄存器型变量，尤其适用于循环计数器或临时变量。

（3）静态型变量

静态型变量用关键字 static 进行存储类型的声明。static 型既可以定义局部变量，又可以定义全局变量。

在函数体或复合语句内部定义的 static 型变量，称为静态型局部变量。静态型局部变量的生命周期从程序开始运行时创建，到程序结束时销毁，其作用域仅限于定义它的函数。静态局部变量的值具有可继承性。其对于编写那些在函数调用之间必须保留局部变量值的独立函数是非常有用的。

在函数外部定义的 static 型变量，称为静态型全局变量。静态型全局变量的生命周期与普通全局变量相同，其作用域仅限于定义它的文件。

如果定义时没有赋初值，则系统会为 static 型变量自动赋 0 值（对数值型变量）或空字符（对字符型变量）。

【例 8-9】静态局部变量示例。

```
#include <stdio.h>
void func( )
{   static int x=0;      //静态局部变量
    x++;
    print("Inside func: x=%d\n",x);
}
int main( )
{   func( );
    func( );
    func( );
    return 0;
}
```

程序运行结果：

```
Inside func: x=1
Inside func: x=2
Inside func: x=3
```

每种作用域都有其特定的规则和应用场合。在实际编程中，合理使用局部变量、全局变量和静态变量可以提高程序的可读性和可维护性。

（4）外部型变量

外部型变量用关键字 extern 进行存储类型的声明。extern 型只能用于定义全局变量。全局变量的存储类型默认值为 extern 型。

外部变量使用 extern 关键字声明，用于在一个文件中引用另一个文件中定义的全局变量。外部变量的生命周期与普通全局变量相同，其作用域可以跨文件。

【例 8-10】外部型变量示例。

```
文件 1：file1.c
#include <stdio.h>
int x=10;    //全局变量 x
void func( )
{   print("Inside func: x=%d\n",x)
}
文件 2：file2.c
#include <stdio.h>
extern int x;     //外部变量
int main( )
```

```
{   print("Inside main: x=%d\n",x);
    return 0;
}
```

程序运行结果：

```
Inside main: x=10
```

在这个例子中的 file2.c 中通过 extern 关键字引用了 file1.c 中定义的全局变量 x。由此可以看出，当需要在多个文件之间共享数据时，适合使用外部变量。

在实际编程中，应根据需求合理选择存储类型，同时注意变量的作用域和生命周期，以提高程序的性能和可维护性。掌握变量存储类型的规则和应用技巧，将有助于编写出高效、可靠的 C 语言程序。

微课

8.6　内部函数和外部函数

在 C 语言中，根据函数能否被其他源文件调用，用户自定义函数也可分为内部函数和外部函数两种。

8.6.1　内部函数

若函数的存储类型为 static 型，即在函数的类型说明符前加上关键字 static，则称此函数为内部函数。内部函数又称为静态函数。内部函数的声明形式为：

static 类型说明符函数名(形式参数表);

例如 static float fun(float a,float b);

内部函数的特点是只能被本文件中的其他函数所调用，它的作用域仅限于定义它的所在文件。此时，在其他的文件中可以有相同的函数名，它们相互之间互不干扰。

使用静态函数，可以避免不同编译单位因函数同名而引起混乱。若强行调用静态函数，将会产生出错信息。

8.6.2　外部函数

若函数的存储类型为 extern 型，即在函数的类型说明符前加上关键字 extern，则称此函数为外部函数。一般的函数都隐含说明为 extern，所以我们以前所定义的函数都属于外部函数。外部函数的声明形式为：

extern 类型说明符 函数名(形式参数表);

例如，extern char upper(char ch);

关键字 extern 既可以用来引用本文件之外的变量，还可以用来引用本文件之外的函数。

外部函数的特点是可以被其他文件中的函数所调用。通常，当函数调用语句与被调用函数的定义不在同一文件时，应该在调用语句所在函数的声明部分用 extern 对所调用的函数进行函数声明。

【例 8-11】有一个字符串，内有若干个字符，现输入一个字符，要求将出现在字符串中的该字符删去。用外部函数实现。

```
/*file.c*/
```

```
#include <stdio.h>
int main( )
{   extern void enter_string(char str[ ]);        /*函数声明*/
    extern void delete_string(char str[ ],char ch);
    extern void print_string(char str[ ]);
    char c,str[40];
    printf("请输入一个字符串: ");
    enter_string(str);            /*函数调用*/
    printf("请输入要删除的字符: ");
    scanf("%c",&c);
    detele_string(str,c);     /*函数调用*/
    printf("删除指定字符后的字符串为: ");
    print_string(str);           /*函数调用*/
    return 0;
}
/*file2.c*/
#include <stdio.h>
void enter_string(char str[ ])               /*定义外部函数enter_string*/
{   gets(str);
}
/*file3.c*/
void delete_string(char str[],char ch)   /*定义外部函数delete_string*/
{   int i,j;
    for(i=0,j=0;str[i]!='\0';i++)
    if(str[i]!=ch)
        str[j++]=str[i];
    str[i]='\0';
}
/*file4.c*/
#include <stdio.h>
void print_string(char str[ ])               /*定义外部函数print_string*/
{   printf("%s\n",str);
}
```

程序运行结果:

请输入一个字符串: abcdefgabcdefg↙
请输入要删除的字符: d↙
删除指定字符后的字符串为: abcefgabcefg

这个程序由 4 个文件构成。每个文件包含一个函数。除 main 函数外，其余 3 个函数都定义为外部函数。在 main 函数中用 extern 声明了要调用的这 3 个函数。通过此例可以知道，使用 extern 声明就可以将函数的作用域扩展到本文件中。

8.7 综合实例

【例 8-12】超市商品价格统计。统计本周 5 种热销商品的总销售额和平均价格。

```
#include <stdio.h>
#define N 5
```

例题解析

```
float total=0;      /*全局变量*/
void calc_total(float price[N], int num[N])     /*自定义函数：统计总销售额*/
{   int i;
for(i=0;i<N;i++)
    total+=price[i]*num[i];
}
float calc_aver(float price[N])     /*自定义函数：计算平均价格*/
{   int i;
    float sum=0;
for(i=0;i<N;i++)
    sum+=price[i];
return sum/N;
}
int main( )
{   void calc_total(float price[N], int num[N]);      /*函数声明*/
    float calc_aver(float price[N]);                  /*函数声明*/
    float item_price[5]={12.5,8.0,25.9,6.8,15.2};     /*商品价格*/
    int item_num[5]={120,85,43,156,72};               /*商品数量* /
float avg;
calc_total(item_price,item_num);    /*函数调用*/
avg=calc_aver(item_price);               /*函数调用*/    printf("超市销售统计报告：\n");
    printf("本周总销售额：¥%.2f\n",total);
    printf("商品平均价格：¥%.2f\n",avg);
    return 0;
}
```

【例 8-13】编写一个函数，从键盘输入一个正整数 n，输出杨辉三角的前 n 行。

```
                1
               1  1
              1  2  1
             1  3  3  1
            1  4  6  4  1
           1  5 10 10  5  1
          1  6 15 20 15  6  1
```

杨辉三角的规律：每个数字等于上一行的左右两个数字之和，即第 $n+1$ 行的第 i 个数等于第 n 行的第 $i-1$ 个数和第 i 个数之和，这也是组合数的性质之一。

```
#include<stdio.h>
#define N 20
int a[N][N]={0};
int main( )
{   void yanghui(int n);  /*函数声明*/
int n;
    printf("请输入杨辉三角行数：");
    scanf("%d",&n);
    yanghui(n);   /*函数调用*/
    return 0;
}
void yanghui(int n)     /*自定义函数*/
{   int i,j;
    for(i=0;i<n;i++)
```

```
{   for(j=0;j<=i;j++)
    {   if(j==0||j==i)
            a[i][j]=1;
        else
            a[i][j]=a[i-1][j-1]+a[i-1][j];
    }
}
for(i=0;i<n;i++)
{   for(j=0;j<=i;j++)
        printf("%d ", a[i][j]);
    printf("\n");
}
return ;
}
```

小结

一个完整的 C 源程序往往是由多个函数组成的，这些函数可以分布在一个或多个源文件中。程序都是从 main 函数开始执行，由 main 函数直接或间接地调用其他函数来辅助完成整个程序的功能。本章重点介绍了函数的使用方法，包括函数的定义、函数的调用和函数的声明，作为 C 语言程序设计的重要内容，函数是实现模块化程序设计的主要手段。

为保证函数调用时数值传递正确，主调函数中的实参和被调函数中的形参应有严格的对应关系，可以归纳为"三个一致和一个不一致"，即实参和形参必须在个数、类型和顺序上保持一致，而在参数名称上可以不一致。

要注意区分值传递和地址传递的区别和联系。值传递是单向传递，实参和形参各占不同的存储单元；而地址传递是双向传递，实参数组和形参数组共占同一块存储单元。

另外，介绍了变量的作用域和存储类型在程序中的作用。

要注意全局变量的作用。利用全局变量可增加函数之间数据联系的通道，同一文件中的所有函数都能使用全局变量的值，因此当某函数改变了全局变量的值时，便会影响到其他的函数，相当于各函数之间有了直接的传递通道，即公共变量，从而可能从函数获得一个以上的返回值。

习题

参考答案
习题解析

一、选择题

① 以下叙述正确的是（　　）。

A. C 语言程序总是从第一个定义的函数开始执行

B. 在 C 语言程序中，要调用的函数必须在 main 函数中定义

C. C 语言程序总是从 main 函数开始执行

D. C 语言程序中的 main 函数必须放在程序的开始部分

② 若函数调用时的实参为变量，以下关于函数形参和实参的叙述中正确的是（　　）。

A. 函数的实参和其对应的形参共占同一存储单元

B. 形参只是形式上的存在，不占用具体存储单元

C. 同名的实参和形参占用同一存储单元

D. 函数的形参和实参分别占用不同的存储单元

③ 以下叙述正确的是（　　）。

A. 每个函数都可以被其他函数调用（包括 main 函数）

B. 每个函数都可以被单独编译

C. 每个函数都可以单独运行

D. 在一个函数内部可以定义另一个函数

④ 以下叙述正确的是（　　）。

A. C 语言程序是由过程和函数组成的

B. C 语言函数可以嵌套调用，例如 fun(fun(x))

C. C 语言函数不可以单独编译

D. C 语言中除了 main 函数，其他函数不可以作为单独文件形式存在

⑤ 以下关于 return 语句的叙述中正确的是（　　）。

A. 一个用户自定义函数中必须有一条 return 语句

B. 一个用户自定义函数中可以根据不同情况设置多条 return 语句

C. 定义成 void 类型的函数中可以有带返回值的 return 语句

D. 没有 return 语句的用户自定义函数在执行结束后不能返回到调用处

⑥ 如果在一个函数的复合语句中定义了一个变量，则该变量（　　）。

A. 只在该复合函数中有效　　　　　　　B. 在该函数中有效

C. 在本程序范围内有效　　　　　　　　D. 为非法变量

⑦ 以下程序的运行结果是（　　）。

```
#include <stdio.h>
int i=5;
int main( )
{   int fun1(void);
    int i=3;
    {   int i=10;
        i++;
    }
    fun1( );
    i++;
    printf("%d\n",i);
return 0;
}
int fun1(void)
{   i++;
    return (i);
}
```

A. 7　　　　　　　　B. 4　　　　　　　　C. 12　　　　　　　D. 6

⑧ 设函数中有整型变量 n，为保证其在未赋值的情况下初值为 0，应选择的存储类型为（　　）。

A. auto　　　　　　B. register　　　　　C. static　　　　　D. auto 或 register

⑨ 以下程序的运行结果是（　　）。

```
#include <stdio.h>
int f(int n);
int main( )
{   int i,j=0;
    for(i=1;i<3;i++)
       j+=f(i);
    printf("%d\n",j);
    return 0;
}
int f(int n)
{   if(n==1)  return 1;
    else      return f(n-1)+1;
}
```

A．4   B．3   C．2   D．1

⑩ 在 C 语言中，（   ）是在所有函数外部定义声明的。

A．全局变量   B．局部变量   C．形式参数   D．实际参数

⑪ 以下程序的运行结果是（   ）。

```
#include <stdio.h>
int main( )
{   void swap(int a,int b);
    int x=10,y=20;
    swap(x,y);
    printf("x=%d y=%d\n",x,y);
    return 0;
}
void swap(int a,int b)
{   int t;
    t=a; a=b; b=t;
}
```

A．x=10 y=20   B．x=20 y=10   C．x=10 y=10   D．x=20 y=20

⑫ 函数 aver( )的功能是求整型数组中的前若干个元素的平均值，设数组元素个数最多不超过 10 个，则下列函数声明语句错误的是（   ）。

A．float avg(int *a,int n);   B．float avg(int a[10],int n);

C．float avg(int a,int n);   D．float avg(int a[ ],int n);

⑬ 在下面的 main 函数中调用了在其前面定义的函数 fun( )，则以下选项中错误的函数 fun( )首部是（   ）。

```
#include <stdio.h>
int main( )
{   double a[15],k;
    k=fun(a);
}
```

A．double fun(double a[15])   B．double fun(double *a)

C．double fun(double a[ ])   D．double fun(double a)

⑭ 以下程序的运行结果是（   ）。

```
#include <stdio.h>
```

```
int main( )
{   int fun(int x[ ],int n);
    int a[ ]={1,2,3,4,5},b[ ]={6,7,8,9},s=0;
    s=fun(a,5)+fun(b,4);
    printf("%d\n",s);
}
int fun(int x[ ],int n)
{   int i;
    static int sum=0;
    for(i=0;i<n;i++)
       sum+=x[i];
    return (sum);
}
```

A. 45　　　　　　　　B. 50　　　　　　　　C. 60　　　　　　　D. 55

⑮ 以下程序的运行结果是（　　），输入数据为 1 2 3 … 9。

```
#include <stdio.h>
int main( )
{   int sumarr(int a[3][3]);
    int a[3][3],sum,i,j;
    for(i=0;i<3;i++)
      for(j=0;j<3;j++)
        scanf("%d",&a[i][j]);
    sum=sumarr(a);
    printf("sum=%d\n",sum);
}
int sumarr(int a[3][3])
{   int s=0,i;
    for(i=0;i<3;i++)
      s=s+a[i][i];
    return (s);
}
```

A. 6　　　　　　　　B. 12　　　　　　　　C. 24　　　　　　　D. 15

二、填空题

① 凡是函数中未指定存储类型的局部变量，其隐含的存储类型为（　　）。

② 函数调用语句 fun((exp1,exp2),(exp3,exp4,exp5));中含有（　　）个实参。

③ C 语言中，若程序中使用了数学库函数，则在程序中应该包含（　　）头文件。

④ 在函数调用过程中，如果函数 A 调用了函数 B，函数 B 又调用了函数 A，则称为函数的（　　）调用。

⑤如果一个函数只能被本文件中的其他函数所调用，它称为（　　）。

三、阅读程序，写出运行结果

```
① #include <stdio.h>
int fun(void);
int main( )
{   int i,x;
    for(i=0;i<3;i++)
      x=fun( );
    printf("x=%d\n",x);
}
```

```
int fun(void)
{   static int x=3;
    x++;
    return x;
}
② #include <stdio.h>
int d=1;
int main( )
{   int f(int p);
    int a=3;
    printf("%d ",f(a+f(d)));
}
int f(int p)
{   static int d=5;
    d+=p;
    printf("%d ",d);
    return (d);
}
③ #include <stdio.h>
int main( )
{   void sub(int s[ ],int n1,int n2);
    int i,a[10]={1,2,3,4,5,6,7,8,9,10};
    sub(a,0,3); sub(a,4,9); sub(a,0,9);
    for(i=0;i<10;i++)
        printf("%d",a[i]);
    printf("\n");
    return 0;
}
void sub(int s[ ],int n1,int n2)
{   int i,j,t;
    i=n1; j=n2;
    while(i<j)
    {   t=s[i]; s[i]=s[j]; s[j]=t;
        i++;
        j--;
    }
}
```

四、程序设计

① 编写一个函数，用"冒泡法"对输入的 10 个整数进行排序（按升序排序）。

② 编写判断素数的函数 prime( )，调用该函数，统计并输出 100~1000 之间的所有素数。

③ 有两个数组 a 和 b，各有 10 个元素，分别统计出两个数组中对应元素大于（a[i]>b[i]）、等于（a[i]=b[i]）、小于（a[i]<b[i]）的次数。

④ 编写一个函数，当输入整数 n 后，输出高度为 n 的等边三角形。当 n=4 时的等边三角形如下。

```
   *
  ***
 *****
*******
```

⑤　编写一个函数，调用该函数，求 200（不包括 200）以内能被 2 或 5 整除，但不能同时被 2 和 5 整除的整数，结果存放在一个数组中。

⑥　输入 N 个学生的考试成绩，计算出平均分后，将低于平均分的成绩存放在一个数组中，输出低于平均分的人数和成绩。

⑦　一个数字既是回文又是质数，称为回文质数。编写一个函数，判断输入的数字是否是回文质数。

⑧　实现一个矩阵运算工具箱，包含以下功能：矩阵加法、矩阵乘法、打印矩阵。

微课

预处理命令是 C 语言中一种特殊的指令，在编译前被执行，从而影响后续的编译过程，由预处理器处理，其主要目的是提高编译效率和实现代码的模块化管理，增强代码的可读性、可维护性和可移植性。

预处理命令以#开头，主要用于宏定义、文件包含和条件编译等功能。#include 指令用于包含其他文件的内容，宏定义指令可以进行代码段的替换，条件编译指令可以根据不同的条件选择编译不同的代码段。

预处理命令不是 C 语句，这些命令以符号"#"开头，每行末尾不得用";"号结束。C 语言提供的预处理功能主要有 3 种：宏定义、文件包含和条件编译，本章将详细介绍。

表 9-1 列举了 C 语言中的部分预处理命令。

表 9-1　C 语言的部分预处理命令

命令	作用
#	空指令，无任何效果
#include	包含一个头文件
#define	宏定义
#undef	取消已定义的宏
#if	如果给定条件为真，则编译下面代码
#ifdef	如果宏已经定义，则编译下面代码
#ifndef	如果宏没有定义，则编译下面代码
#elif	如果前面的#if给定条件不为真，当前条件为真，则编译下面代码
#endif	结束一个#if…#else 条件编译块
#error	停止编译并显示错误信息

9.1　宏定义

微课

在 C 源程序中允许用一个标识符来表示一个字符串，其称为"宏"。被定义为"宏"的标识符称为"宏名"。在编译预处理时，对程序中所有出现的"宏名"，都会用宏定义中的字符串去代换，这称为"宏代换"。

宏定义是预处理命令中最常用的功能之一。它通过#define 指令定义符号常量或带参数的宏，用于简化代码、提高代码的可读性和可维护性。

宏定义分为不带参数的宏定义和带参数的宏定义两种情况。

9.1.1 不带参数的宏定义

不带参数的宏定义是最简单的宏定义形式，它用一个标识符（宏名）代替一个常量或表达式。定义形式为：

#define 宏名 替换文本

在以上宏定义语句中，define 为宏定义命令，它是一个关键字，宏名是一个标识符，作为一种约定，宏名通常用大写字母表示，以便与变量区分。用宏名代替一个字符串，可以减少程序中重复书写某些字符串的工作量。当需要改变某一个常量的值时，只改变#define 命令行即可。同一个宏名不能重复定义。

例如：#define NUM 10
        int array[NUM];

在这个例子中，宏 NUM 在预处理阶段被替换为 10，它代表的值给出了数组的最大元素数目,从而简化了代码。程序中可以多次使用这个值。如果想改变数组的大小，只需要更改宏定义并重新编译程序即可。

宏定义必须写在函数之外，宏定义的作用域从定义处开始，到文件结束或使用#undef 取消定义为止。例如下面用箭头形象演示作用域的范围。

```
#define G 9.8
#define PI 3.14
int main( )    // 宏 G 的有效范围
{                    // 宏 PI 的有效 范围
    ...
}
#undef G
void fun( )
{
    ...
}
```

宏还可以代表一个字符串常量。

【例 9-1】用宏常量输出社会主义核心价值观。

```
#include <stdio.h>
// 社会主义核心价值观宏定义
#define NATIONAL_GOALS "富强、民主、文明、和谐"
#define SOCIAL_VALUES "自由、平等、公正、法治"
#define CITIZEN_VIRTUES "爱国、敬业、诚信、友善"
int main() {
    printf("社会主义核心价值观\n");
    printf("========================\n");
    printf("国家价值目标：%s\n", NATIONAL_GOALS);
    printf("社会价值取向：%s\n", SOCIAL_VALUES);
    printf("公民价值准则：%s\n", CITIZEN_VIRTUES);
    printf("========================\n");
    printf("践行核心价值观，共筑中国梦! \n");
    return 0;
}
```

程序运行后输出结果：

社会主义核心价值观
========================
国家价值目标：富强、民主、文明、和谐
社会价值取向：自由、平等、公正、法治
公民价值准则：爱国、敬业、诚信、友善
========================
践行核心价值观，共筑中国梦！

本例使用了三个宏定义：NATIONAL_GOALS 代表国家层面的价值目标，SOCIAL_VALUES 代表社会层面的价值取向，CITIZEN_VIRTUES 代表公民个人层面的价值准则。main 函数中通过 printf 语句输出完整的社会主义核心价值观，并在最后输出倡导践行社会主义核心价值观的号召。

9.1.2　带参数的宏定义

带参数的宏定义允许宏接受参数，并在替换文本中使用这些参数。带参数的宏类似于函数，但它在预处理阶段进行替换，而不是在运行时调用。带参数的宏定义形式为：

`#define 宏名(参数表) 替换文本`

注意在宏名与参数的括号之间不应加空格，否则会变成不带参数的宏定义，容易出错。

带参数的宏定义可以用于任何数据类型。在宏定义中出现的参数是形式参数，在宏调用中出现的参数是实际参数，在调用中不仅要进行宏替换，而且还要用实参去替换形参。

例如：`#define S(a,b) a*b   /*a 和 b 是边长，S 是面积*/`
```
...
int area;
area=S(2,3);
```

在宏调用时，用实参 2 和 3 分别替换形参 a 和 b，经过预处理，宏替换后的语句就变为：area=2*3;。

如果宏定义不当，可能会导致意外的错误。带参数的宏定义中，参数和替换文本通常需要用括号括起来，以避免优先级问题，这样就保证了宏定义和参数的完整性。让我们看下面的例子：

`#define Cube(x)((x)*(x)*(x))`

用法举例如下：

```
int num=3+5;
volume=Cube(num);
```

这样，展开后为：volume=((3+5)*(3+5)*(3+5));

如果不加这些括号，就会变为 volume=3+5*3+5*3+5 了，这样就出现错误了。

使用宏定义的好处是，可以简化代码，减少代码中的重复部分；使用有意义的宏名还可以提高程序的可读性；如果需要修改某个常量，只需修改宏定义，而不需要修改代码中的每一处使用。

但是，需要注意的是，宏定义不是函数，它没有类型检查，也不会有函数调用的开销。预处理程序对宏定义不做任何正确性的检查，只是简单的文本替换。如有错误，只能在编译已被宏替换后的源程序时发现。

带参数的宏定义和函数调用看起来有些相似，但是两者是有区别的。

① 在带参数的宏定义中，不分配内存单元给形参，因此不必做类型说明。而在函数中，形参和实参是两个不同的量，各有自己的内存单元。

② 在带参数的宏定义中，只是简单的字符替换，不存在值传递的问题，也没有返回值的概念。而在函数中，调用时需要把实参的值传递给形参，要进行值传递。

③ 在带参数的宏定义中，对参数没有类型的要求，展开时带入指定的字符即可。而在函数中，实参和形参都要定义类型，而且二者类型要求一致。

④ 在带参数的宏定义中，不占用运行时间，只占用编译时间。而在函数中，要占用运行时间。

有些问题利用带参数的宏定义和函数都可以解决。例如比较 a+b 和 c+d 的大小。

用带参数的宏定义来解决，程序如下：

```
#define MAX(x,y)  (x)>(y)?(x):(y)
int main( )
{   int a,b,c,d,t;
    ...
    t=MAX(a+b,c+d);
    ...
return 0;
}
```

用函数来解决，程序如下：

```
int main( )
{   int max(int x,int y);
    int a,b,c,d,t;
    ...
    t=max(a+b,c+d);
    ...
}
int max(int x,int y)
{   return (x>y?x:y);
}
```

9.2 文件包含

微课

文件包含是预处理命令的另一个重要功能，它通过#include 指令将其他文件的内容插入到当前文件中。文件包含通常用于引入头文件（如标准库头文件或用户自定义头文件）。文件包含命令的一般形式为：

格式 1：#include <文件名>
格式 2：#include "文件名"

这种在源程序开头被包含的文件称为"标题文件"或"头文件"，常以".h"为扩展名，以".c"为扩展名也可以。

例如，#include <stdio.h>或#include "stdio.h"

包含标准库头文件时，可以使用格式 1 的形式；包含用户自定义头文件时，可以使用格式 2 的形式。看下面这个文件包含的示例。

```
#include <stdio.h>        //包含标准输入输出头文件
#include "myheader.h"   //包含用户自定义头文件
int main( )
{  print("Hello, World!\n");
}
```

其中，#include<stdio.h>是将标准库的头文件 stdio.h 包含到当前文件中，#include "myheader.h"将用户自定义的头文件 myheader.h 包含到当前文件中。

采用文件包含，可以将多个源程序文件拼接在一起，如有 file1.c 和 file2.c 两个文件，如图 9-1 所示。在对 file1.c 进行编译时，系统会用 file2.c 的内容替换掉 file1.c 中的文件包含命令#include "file2.c"，然后再对其进行编译。

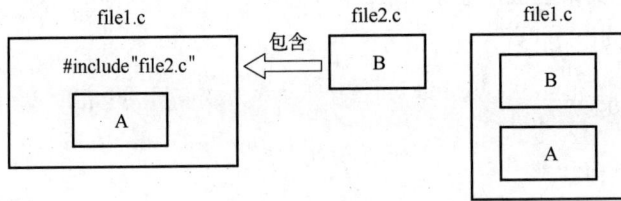

图 9-1　文件包含示例

9.3　条件编译

一般情况下，C 源程序中所有语句都要参加编译，但是有时希望对其中一部分内容只在满足一定条件下才进行编译，即对一部分内容指定编译的条件，这就是"条件编译"。

与 C 语言的条件分支语句类似，在预处理时，也可以使用条件分支，根据不同的情况编译不同的源代码段，这样就可以得到不同的目标代码。条件编译是预处理命令中的高级功能，它允许根据条件选择性地编译代码。条件编译通常用于跨平台开发、调试和功能开关等场合。

条件编译命令有以下 3 种形式。

9.3.1　#if 的使用

#if 的使用形式为：

```
#if 常量表达式
    程序段 1
[#else
    程序段 2]
#endif
```

它的功能是如果常量表达式的值为真（非 0），则对程序段 1 进行编译，否则对程序段 2 进行编译。

【例 9-2】阅读下面的程序，了解#if 的使用。

```
#include <stdio.h>
#define DEBUG 1
int main( )
{  int i,j;
   char ch[26];
```

```
    for(i='a',j=0;i<='z';i++,j++)
    {   ch[j]=i;
        #if DEBUG
            printf("ch[%d]=%c\n",j,ch[j]);
        #endif
    }
    for(j=0;j<26;j++)
        printf("%c",ch[j]);
    printf("\n");
return 0;
}
```

程序运行后的输出结果如下。

```
ch[0]=a
ch[1]=b
…
ch[24]=y
ch[25]=z
abcdefghijklmnopqrstuvwxyz
```

下面我们再介绍#elif 命令的使用。#elif 与多分支 if 语句中的 else…if 类似。#if 和#elif 结合使用可以实现嵌套形式。在嵌套时，每个#endif、#else 或#elif 与最近的#if 或#elif 配对。具体格式如下。

```
#if 常量表达式 1
    程序段 1
#elif 常量表达式 2
    程序段 2
…
#elif 常量表达式 n
    程序段 n
[#else
    程序段 n+1]
#endif
```

【例 9-3】阅读下面的程序，了解#elif 的使用。

```
#include <stdio.h>
#define MAX 100
#define OLD -1
int main( )
{   int i;
    #if MAX>50
    {   #if OLD>0
            i=1;
        #elif OLD<0
            i=2;
        #else
            i=3;
        #endif
    }
    #else
    {   #if OLD>0
```

```
        i=4;
    #elif OLD<0
        i=5;
    #else
        i=6;
    #endif
    }
    #endif
    printf("结果是: %d\n",i);
return 0;
}
```

程序运行后的输出结果如下。

结果是: 2

9.3.2 #ifdef 的使用

#ifdef 的使用形式为：

```
#ifdef 标识符
    程序段 1
[#else
    程序段 2]
#endif
```

它的功能是如果标识符已被#define 命令定义过，则对程序段 1 进行编译，否则对程序段 2 进行编译。

9.3.3 #ifndef 的使用

#ifndef 的使用形式为：

```
#ifndef 标识符
    程序段 1
[#else
    程序段 2]
#endif
```

它的功能是如果标识符未被#define 命令定义过，则对程序段 1 进行编译，否则对程序段 2 进行编译。这与第 2 种形式#ifdef 的功能正好相反。

【例 9-4】阅读下面的程序，了解#ifdef 和#ifndef 的使用。

```
#include <stdio.h>
#define MARY
int main( )
{  #ifdef MARY
    printf("Hi,Mary\n");
  #else
    printf("Hi,Anyone\n");
  #endif
  #ifndef SAM
    printf("SAM is not defined\n");
  #endif
```

```
return 0;
}
```

程序运行后的输出结果如下。

```
Hi,Mary
SAM is not defined
```

上面介绍的条件编译命令当然也可以用条件语句来实现。但是用条件语句将会对整个源程序进行编译，生成的目标代码程序很长，而采用条件编译，则可以根据条件只编译其中的一部分程序段，生成的目标代码程序较短。

小结

预处理命令是 C 语言中非常重要的功能，它们可以增强代码的可读性、可维护性和可移植性。本章详细介绍了宏定义、文件包含和条件编译的使用方法。

宏定义：通过#define 定义符号常量或带参数的宏，简化代码。

文件包含：通过#include 引入头文件，实现代码复用。

条件编译：通过#if、#ifdef 和#ifndef 实现选择性编译，支持跨平台开发和调试。

掌握预处理命令的使用技巧，将有助于编写出高效、灵活的 C 语言程序。合理地使用预处理功能编写的程序便于阅读、修改、移植和调试，可以扩展 C 语言程序设计的环境，有利于实现模块化的程序设计。

习题

参考答案
习题解析

一、选择题

① 以下关于带参数的宏定义的描述中，正确的是（　　）。

A. 宏名和它的参数都无类型　　　　　B. 宏名有类型，它的参数无类型

C. 宏名无类型，它的参数有类型　　　D. 宏名和它的参数都有类型

② 以下叙述不正确的是（　　）。

A. 宏定义不做语法检查　B. 双引号中出现的宏名不进行替换

C. 宏名无类型　　　　　　　　　　　D. 宏名必须用大写字母表示

③ 以下叙述不正确的是（　　）。

A. 预处理命令行都必须以#号开始，结尾不加分号

B. 在程序中凡是以#号开始的语句行都是预处理命令行

C. C 源程序在执行过程中对预处理命令进行处理

D. 预处理命令可以放在程序中的任何位置

④ 以下程序的运行结果是（　　）。

```
#include <stdio.h>
#define PT 3.5
#define S(x) PT*x*x
int main( )
{  int a=1,b=2;
   printf("%4.1f\n",S(a+b));
return 0;
}
```

A. 14.0   B. 31.5   C. 7.5   D. 程序有错误，无输出结果

⑤ 以下程序的运行结果是（　　）。

```c
#include <stdio.h>
#define S(x) 4*(x)*x+1
int main( )
{ int m=5,n=2;
  printf("%d\n",S(m+n));
  return 0;
}
```

A. 197   B. 143   C. 33   D. 28

⑥ 以下程序中的 for 循环执行的次数是（　　）。

```c
#include <stdio.h>
#define N 2
#define M N+1
#define NUM (M+1)*M/2
int main( )
{ int i;
  for(i=1;i<=NUM;i++)
    printf("%d\n",i);
  return 0;
}
```

A. 5   B. 6   C. 8   D. 9

⑦ 在文件包含预处理语句中，当#include 后面的文件名用双引号括起来时，寻找被包含文件的方式为（　　）。

A. 直接按系统设定的标准方式搜索目录

B. 先在源程序所在目录搜索，若找不到，再按系统设定的标准方式搜索

C. 仅仅搜索源程序所在目录

D. 仅仅搜索当前目录

⑧ 以下叙述正确的是（　　）。

A. #define 和 printf 都是 C 语句

B. #define 是 C 语句，而 printf 不是 C 语句

C. #define 不是 C 语句，而 printf 是 C 语句

D. #define 和 printf 都不是 C 语句

⑨ 以下程序的运行结果是（　　）。

```c
#include <stdio.h>
#define LETTER 0
int main( )
{ char ch,str[20]= "C Language";
  int i=0;
  while((ch=str[i])!='\0')
  {  #if LETTER
        if(ch>='a'&&ch<='z')  ch=ch-32;
     #else
        if(ch>='A'&&ch<='Z')  ch=ch+32;
```

```
    #endif
    printf("%c",ch);
    i++;
  }
  return 0;
}
```

A．C Language　　　　B．c language　　　　C．C LANGUAGE　　D．c LANGUAGE

⑩ 以下程序的运行结果是（　　　）。

```
#include <stdio.h>
#define DEBUG 0
int main( )
{  #ifdef DEBUG
    printf("Debugging\n");
  #else
    printf("Not debugging\n");
  #endif
    printf("Running\n");
  return 0;
}
```

A．Debugging　　　　B．Not debugging　　　C.Running　　　　　D．无答案

二、填空题

① C 语言提供了 3 种预处理命令，它们是（　　　）、（　　　）和条件编译。

② 预处理命令都是以符号（　　　）开头的。

③ 根据不同的条件去编译不同的程序部分，称为（　　　）。

④ C 语言用（　　　）命令来实现文件包含的功能。

⑤ 一般情况下，#include 命令可以包含两种文件——（　　　）文件和（　　　）文件。

三、程序设计

① 编写一个宏定义 SWAP，用以交换两个实型变量 a 和 b 的值。

② 编写宏定义 MAX 和 MIN，分别用以求两个整数中的大值和小值。

③ 编写程序模拟数控平台移动，要求：

a．用宏定义平台移动方向（X 正方向为 1，负方向为−1，Y 轴同理）；

b．定义低速（LOW）和高速（HIGH）两种速度值；

c．程序从(0,0)出发，X 正方向高速移动 5 单位，Y 正方向低速移动 3 单位，X 负方向低速移动 2 单位，显示终点坐标。

指针是 C 语言中强大、灵活的重要应用，具有功能复杂、性能高效、使用广泛的特点。指针在数组和字符串操作中发挥着核心作用，是实现链表、树、图等复杂数据结构的基石；大型数据结构（如数组、结构体等）通常以指针作为参数传递给函数，函数指针允许函数作为参数传递给其他函数。此外，指针也是实现动态内存分配和释放的关键工具。

指针的学习，首先要对内存、变量、地址等基本概念有清晰的理解，再从简单例子入手，通过实践编程深入理解并探索指针的工作原理和用途，在编程中灵活运用。

10.1 指针的概念

10.1.1 地址的概念

要理解指针的概念，可以先了解地址的概念。

前面章节中程序中定义的变量是需要存储的，存储的空间就是内存单元。内存单元是有起止位置和编号的，这个内存单元的编号就是内存地址。

编译系统对定义的变量并不是统一分配同样的字节单元，而是根据定义变量的类型来分配所需要的存储空间。例如在 Dev C++编译环境下，一般为 int 变量分配 4 个字节，为 double 变量分配 8 个字节，为字符型变量分配 1 个字节。

内存区的每一个字节的编号就是"地址"，对应的内存单元存储的信息就是数据、是单元内容。假设有定义 int i=3;char ch='A';float k=24.45;，存储这 3 个变量的地址是从 2000 开始的，那么编译时系统分配 2000～2003 这 4 个字节给变量 i，2004 这 1 个字节给 ch，2008～2011 给 k，也就是变量 i、ch、k 的地址分别是 2000、2004 和 2005，详细存储如图 10-1 所示。

虽然前面章节的程序一般是通过变量名对数据进行操作的，但实际上存储单元内部对变量值的存取都是通过地址进行的，每一个变量都有一个内存地址与它对应。假如有如下输出语句：

```
printf("%d",i);
```

它是这样执行的：根据变量名与地址的对应关系（这个对应关系是在编译时确定的）找到变量 i 的首地址 2000，然后从

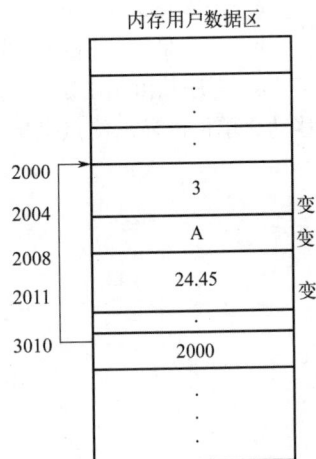

内存用户数据区

2000	3
2004	A
2008	24.45
2011	
3010	2000

图 10-1 内存存储单元

由 2000 开始的 4 个字节中取出数据,即变量的值 3,把它输出。

10.1.2 指针

指针与存储地址是紧密联系的。

指针:一个变量的地址称为指针。例如变量 i 的存储地址是 2000,那么地址 2000 就是变量 i 的指针。

指针变量:一个用于存储内存地址的变量。它是一种特殊变量,存储的不是直接的数据值,而是内存地址。例如有一个变量 i_p,它存储的是 i 的指针 2000,那么变量 i_p 就是指针变量。整型变量 i 用于存储整数值,指针变量 i_p 则用于存储地址。

指针变量的值(指针变量中存放的值)是地址(指针),指针变量是存放指针的。请正确区分"指针"和"指针变量"这两个概念。

10.2 变量的指针和指向变量的指针变量

为了表示指针变量和它所指向的变量之间的联系,C 语言定义了两个与指针有关的运算符——&和*。

&:读作"取地址运算符",&是单目运算符,含义是取变量的地址,优先级是 2,如 int i=3;,则&i 是取变量 i 的地址。

*:读作"指向",*是指针运算符,或称"间接访问"运算符,取指针所指向的内存单元的内容,优先级为 2 级。

例如 int i=3;,则&i 为变量 i 的地址,*i_p 为指针变量 i_p 所指向的存储单元的内容,即 i_p 所指向的变量的值 i,如图 10-2 所示,则以下两个语句作用等价。

① i=3;

② *i_p=3;

语句②的含义是将 3 赋给指针变量 i_p 所指向的变量。

由此可见以下两个关系表达式结果是 True,并且&和*运算是互逆运算。

```
i_p ==&i==&(*i_p)
i == *i_p== *(&i)
```

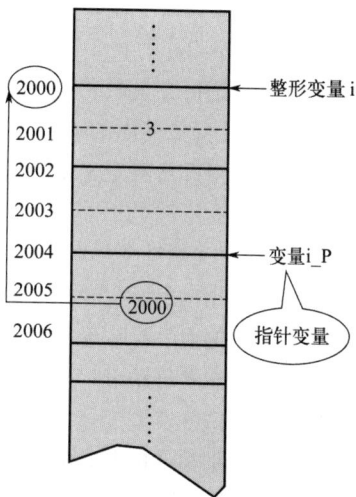

图 10-2 指针变量

10.2.1 指针变量

用来存放地址的变量称为指针变量,指针变量不同于普通整型变量和其他类型的变量,必须将它明确声明为"指针类型"。

声明指针变量的一般形式为:

数据类型 *指针变量名;

其中,数据类型是前面章节的所有数据类型,后续章节学习的构造数据类型也可以使用,指针变量名满足正确的标识符条件即可,不过指针变量一般使用与单词 pointer 有关的标识符,如 p_1、p1、i_p 等。

例如：

```
int i,j;
int *p_1, *p_2;
p_1=&i; p_2=&j;
```

第 1 行定义了两个整型变量 i 和 j，第 2 行定义了两个指针变量 p_1 和 p_2，它们是指向整型变量的指针变量，指针所指向的内容只能是整数，不能指向其他类型变量，比如实型变量 x 和 y。p_1 和 p_2 分别被赋值，指向变量 i 和 j。效果图如图 10-3 所示。

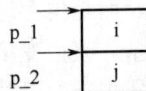

下面都是合法的定义与赋值。

```
float *p_3;   //*p_3 是指向 float 类型变量的指针变量
char *p_4;    //*p_4 是指向字符类型变量的指针变量
```

图 10-3　指针赋值

另外，可以用赋值语句使一个指针变量得到另一个变量的地址，从而使它指向该变量。例如：

```
p_1=&i;
p_2=p_1;
```

将变量 i 的首地址存放到指针变量 p_1 中，因此 p_1 就"指向"了变量 i。同样，将 p_1 赋值给变量 p_2，则 p_2 也"指向"了变量 i。

在定义指针变量时要注意以下两点。

① 指针变量前面的"*"表示该变量的类型为指针型变量，不是乘法算术运算符"*"，可以理解为指针变量定义标志。指针变量名是 p_1、p_2，而不是*p_1、*p_2。这与定义整型或实型变量的形式是不同的。

② 在定义指针变量时必须指定数据类型。指针又是可以移动的，每移动 1 个位置实际上是移动一个指向的存储类型的字节数。例如如果指针指向一个单精度实型变量，那么"使指针移动 1 个位置"意味着移动 4 个字节；如果指针指向一个字符型变量，那么"使指针移动 1 个位置"意味着移动 1 个字节。所以一个指针变量只能指向同一个类型的变量，不能开始时指向一个单精度实型变量，然后又指向一个字符型变量。

需要特别注意的是，整型变量的地址才可以存储到指向整型变量的指针变量中，因此下面的赋值是错误的。

```
float a;      /*定义 a 为 float 类型的变量*/
int *p_1;     /*定义 p_1 为基类型为 int 的指针变量*/
p_1=&a;       /*将 float 类型变量的地址送到指向整型变量的指针变量中，这是错误的*/
```

10.2.2　数据的访问形式

指针变量中只能存放地址（指针），不要将一个整数（或其他任何非地址类型的数据）赋给一个指针变量。比如下面的赋值是不合法的。

```
p_1=100;   /* p_1 为指针变量,而 100 为整数,错误*/
```

图 10-2 中的变量定义和赋值如下。

```
int i=3; int *i_p;
i_p=&i;
```

整数 i 可以通过两种形式访问。第一种通过变量名直接访问数据的形式称为直接访问。第二种通过指针访问变量的形式称为间接访问。

例如，k=i+4;是直接访问，而 k=*i_p+4;是间接访问。

指针变量的引用需要指针变量运算符。请比较下面使用整型变量和整型指针变量的两种不同访问形式。

【例 10-1】编写程序，输入任意两个整数 a、b，通过直接变量访问和间接指针访问的形式输出对应的值，并输出变量的地址。

```c
#include "stdio.h"
int main()
{
    int a,b;
    int *p_1, *p_2;
    p_1=&a;          // *把变量 a 地址给 p_1 赋值*/
    p_2=&b;          // *把变量 b 地址给 p_2 赋值*/
    printf("Please input a,b:");
    scanf("%d%d",&a,&b);
    printf("a=%d,b=%d\n",a,b);
    printf("Again input a,b:");
    scanf("%d%d",p_1,p_2);
    printf("*p_1=%d, *p_2=%d\n",*p_1, *p_2);
    printf("p_1=%p, p_2=%p\n",p_1, p_2);
    return 0;
}
```

例题解析

运行结果为：

```
Please input a,b:5 9
a=5,b=9
Again input a,b:20 40
*p_1=20, *p_2=40
p_1=0085fc74, p_2=0085fc70
```

说明：

① 程序定义两个指针变量 p_1 和 p_2 时并指向任何变量（未赋初值），后续程序语句中通过语句 p_1=&a;，即 a 的地址，和 p_2=&b;，即 b 的地址，使指针指向了整数 a、b。

② 程序中对变量 a、b 输入了两次，第一次使用了&a 和&b 形式，第二次直接使用了指针 p_1、p_2，程序运行结果一样，即两种访问形式结果一样。

③ 指针赋值语句 "p_1=&a" 和 "p_2=&b"，是将 a 和 b 的地址分别赋给 p_1 和 p_2。注意不能写成 "*p_1=&a;" 和 "*p_2=&b;"，因为 a 的地址是赋给指针变量 p_1 的，而不是赋给 *p_1 的，即变量 a。

10.2.3　指针变量作为函数参数

函数的参数不仅可以是整型、实型、字符型等数据，也可以是指针类型。其作用是将一个变量的地址传送到另一个函数中。

【例 10-2】编写交换函数 swap，其功能是对任意两个整数实现有效交换，使用指针类型的数据作为函数参数，要求 a 和 b 两个整数的输入用逗号分隔开。程序如下。

```
#include <stdio.h>
int main()
    {
    void swap(int *p1,int *p2);
    int a,b;
    int *p_1, *p_2;
    scanf("%d,%d",&a,&b);
    p_1=&a;
p_2=&b;
    if(a<b) swap(p_1,p_2);
    printf("\n%d,%d\n",a,b);
    return 0;
  }
void swap(int *p1,int *p2)
{
    int temp;
    temp=*p1;
    *p1=*p2;
    *p2=temp;
}
```

运行结果如下。

5,9✓
9,5

对程序的说明：

swap 是用户定义的函数，它的作用是交换两个变量的值。swap 函数的两个形参是指针变量。程序先执行 main 函数，指针变量 p_1 和 p_2 赋值如图 10-4（a）所示。调用 swap 函数，将实参变量 p_1 和 p_2 的值传送给形参变量，如图 10-4（b）所示。接着执行 swap 函数的函数体，使*p1 和*p2 的值互换。互换后的情况如图 10-4（c）所示。函数调用结束后，形参 p1 和 p2 不复存在（已释放）。互换后的情况如图 10-4（d）所示。

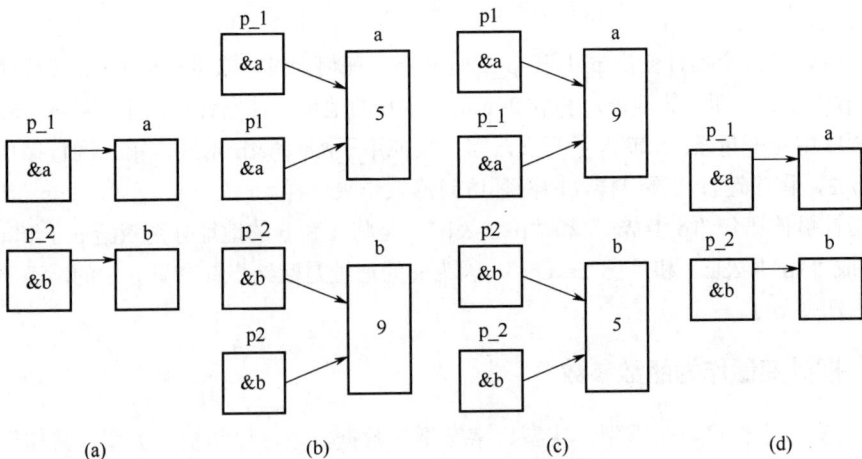

图 10-4　指针作参数的交换过程

最后在 main 函数中输出 a 和 b 的值就是已经交换过的值（a=9，b=5）。

函数传递参数是指针，传递方式是（地）址传递。址传递的特点是实参与形参双向传递，使用的是同一块内存单元。

分析比较表 10-1 中的问题代码和修改代码，掌握指针参数的具体应用。

表 10-1　两个案例代码的比较（是否已经包含了 10-3 的例题）

	问题代码	修正代码

程序段	<pre>void swap(int *p1,int *p2)
	{
	    int *temp;
	    *temp=*p1;
	    *p1=*p2;
	    *p2=*temp;
	}</pre>
		<pre>void swap(int *p1,int *p2)
		{
		    int *temp,x;
		    temp=&x;
		    *temp=*p1;
		    *p1=*p2;
		    *p2=*temp;
		}</pre>

比较	swap 函数中声明了一个指向整数的指针 temp，但是没有为它分配内存，就直接通过 *temp 来访问它指向的值，这是未定义行为，通常会导致程序崩溃或者输出错误的结果	正确的做法应该是先分配一个整数的内存空间给 temp，然后再进行值的交换
变量声明	声明了一个指针 int *temp，但未初始化	通过 temp = &x 为 temp 指定了合法的内存地址（x 的地址）
内存分配	未为 temp 分配内存，直接解引用 *temp	通过 temp = &x 为 temp 指定了合法的内存地址（x 的地址）
行为	*temp = *p1 试图向未定义的内存地址写入数据，导致未定义行为（可能崩溃或错误）	*temp = *p1 将 *p1 的值正确存储到 x 中，行为明确且安全
交换逻辑	由于 *temp 未指向有效内存，后续赋值无意义，交换失败	使用 x 作为临时存储空间，成功交换 *p1 和 *p2 的值
结果	未定义行为，可能导致程序崩溃或垃圾值输出	正确交换 p1 和 p2 所指向的变量值，p1 和 p2 的地址不变
正确性	正确性错误，无法实现交换功能	正确，能实现 *p1 和 *p2 值的交换
改进	改进建议需要为 temp 分配内存或直接使用整数变量	已修复，但更简洁的方法是直接用 int temp 而非指针（见例 10-2）

【例 10-3】分析以下程序，思考为什么同样是指针变量作为 swap 函数的形式参数，但结果却没有实现交换。

```
#include <stdio.h>
int main()
    {
    void swap(int *p1,int *p2);
    int a,b;
    int *p_1, *p_2;
    scanf("%d,%d",&a,&b);
    p_1=&a;p_2=&b;
    if(a<b) swap(p_1,p_2);
    printf("\n%d,%d\n",*p_1, *p_2);
    return 0;
    }
void swap(int *p1,int *p2)
```

例题解析

```
{
    int *temp;
    temp=p1;
    p1=p2;
    p2=temp;
}
```

运行结果如下：

```
5,9✔
5,9
```

程序的执行过程是这样的。

① 先使 p_1 指向 a，p_2 指向 b，如图 10-5（a）所示。

② 调用 swap 函数，将 p_1 的值传给 p1，p_2 传给 p2，如图 10-5（b）所示。

③ 在 swap 函数中使 p1 与 p2 的值交换，如图 10-5（c）所示。

④ 形参 p1、p2 将地址传回实参 p_1 和 p_2，使 p_1 指向 b，p_2 指向 a，如图 10-5（d）所示。

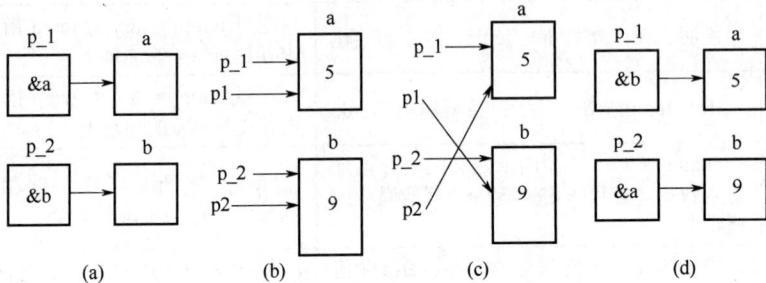

图 10-5　指针做参数的交换过程 2

由第④步可以发现，尽管指针 p_1 和 p_2 完成了交换，但变量 a 和 b 的值并没有改变，改变的仅仅是形参指向 a 和 b 这两个变量的指针，也就是形参的指针与传递前的变量指向发生了改变，而实参指针 p_1 和 p_2 的指向并没有改变，所以 a 和 b 的输出结果仍然是 a,9（*p_1 就是 a 值，*p_2 就是 b 值）。

【例 10-4】输入 a、b、c 这 3 个整数，按大小顺序输出。

```
#include <stdio.h>
int main()
{
    void exchange(int *q1, int *q2, int *q3);
    int a,b,c, *p1, *p2, *p3;
    scanf("%d,%d,%d",&a,&b,&c);
    p1=&a;p2=&b;p3=&c;
    exchange(p1,p2,p3);
    printf("\n%d,%d,%d\n",a,b,c);
    return 0;
}
void exchange(int *q1, int *q2, int *q3)
{
    void swap(int *pt1, int *pt2);
    if(*q1<*q2) swap(q1,q2);
```

```
        if(*q1<*q3) swap(q1,q3);
        if(*q2<*q3) swap(q2,q3);
    }
    void swap(int *pt1, int *pt2)
    {
        int temp;
        temp=*pt1;
        *pt1=*pt2;
        *pt2=temp;
    }
```

运行结果如下：

<u>8,3,6</u>↙
8,6,3

10.3　数组与指针

在 C 语言中，指针和数组之间有着紧密的联系。数组在内存中是连续存储的。定义一个数组时，系统在内存中分配一块连续的空间来存储数组元素，每个数组元素都有一个对应的内存地址。指针是一个变量，它存储的是一个变量的内存地址。因此，指针可以用来指向数组的首个元素（即数组的第一个内存地址）。一旦指针指向了数组的首个元素，我们就可以通过指针来访问和修改数组中的元素。

10.3.1　指向数组元素的指针

定义一个指向数组元素的指针变量的方法，与以前介绍的定义指向变量的指针变量方法相同。例如：

int a[10];（定义 a 为包含 10 个整型数据的数组）
int *p;　　（定义 p 为指向整型变量的指针变量）

如果数组为 int 型，则指针变量的基类型也应为 int 型。下面是对该指针变量赋值。

p=&a[0];

把 a[0]元素的地址赋给指针变量 p，也就是使 p 指向 a 数组的第 0 号元素，即 a[0]，如图 10-6 所示。

C 语言规定：数组名（不包括形参数组名，形参数组并不占据实际的内存单元）表示数组的首地址，是地址常量。数组中首元素，即下标为 0 的元素的地址也是数组的首地址。因此，如已定义 int a[10],*p;，则下面两个语句等价。

p=&a[0];

p=a;

数组名 a 不代表整个数组，上述 "p=a;" 的作用是 "把数组 a 的首元素的地址赋给指针变

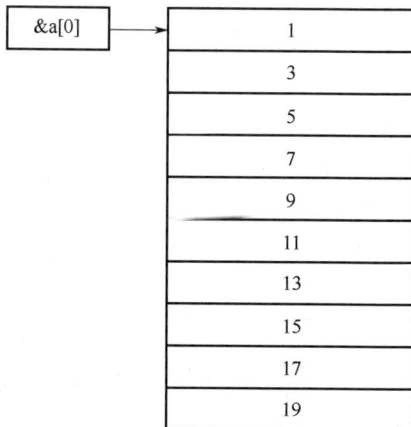

图 10-6　数组指针

量 p"而不是"把数组 a 各元素的值赋给 p"。

在定义指针变量时可以对它赋初值，比如：

```
int *p=&a[0];
```

它等价于下面两行：

```
int *p; p=&a[0];    /*切记，不是*p=&a[0]; */
```

当然定义时也可以写成：

```
int *p=a;
```

它的作用是将数组 a 首元素，即 a[0]的地址赋给指针变量 p，而不是赋给*p。

10.3.2 通过指针引用数组元素

假设 p 已定义为一个指向整型数据的指针变量，并已给它赋了一个整型数组元素的地址，使它指向某一个数组元素。以下赋值语句表示将 1 赋给 p 当前所指向的数组元素。

```
*p=1;
```

按 C 语言的规定：如果指针变量 p 已指向数组中的一个元素，则 p+1 指向同一数组中的下一个元素，而不是将 p 的值（地址）简单地加 1。例如数组元素是 float 型，每个元素占 4 个字节，则 p+1 意味着 p 的值（是地址）加 4 个字节，使它指向下一元素。p+1 所代表的地址实际上是 p+1×d，这里 d 是一个数组元素所占的字节数（在 Turbo C++中，对 int 型，d=2；对 float 和 long 型，d=4；对 char 型，d=1。在 Dev C++中，对 int、long 和 float 型，d=4；对 char 型，d=1）。

如果 int a[10],*p; p=&a[0];，则：

① p+i 和 a+i 都是 a[i]的地址，或者说，它们指向 a 数组的第 i 个元素，如图 10-7 所示。这里需要特别注意的是 a 代表数组首元素的地址，a+i 也是地址，它的计算方法同 p+i，即它的实际地址为 a+i×d。例如 a+9 的值是&a[9]，它指向 a[9]，如图 10-7 所示。

② *(p+i)或*(a+i)是 p+i 或 a+i 所指向的数组元素，即 a[i]。例如*(p+3)或*(a+3)就是 a[3]，即*(p+3)、*(a+3)、a[3] 这三者等价。实际上，在编译时，对数组元素 a[i]就是按*(a+i) 处理的，即按数组首元素的地址加上相对位移量算出要找元素的地址，然后取出该单元中的数据。若数组 a 的首元素的地址为 1000，设数组为 float 型，则 a[3]的地址是这样计算的：1000+3×4=1012，然后从 1012 地址所指向的 float 型单元中

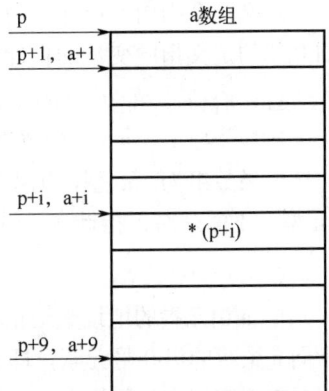

图 10-7 指针移动与引用

取出元素的值，即 a[3]的值。可以看出[ ]实际上是变址运算符，即将 a[i]按 a+i 计算地址，然后找出此地址单元中的值。

③ 指向数组的指针变量也可以带下标，如 p[i]与*(p+i)等价。

根据以上叙述，引用一个数组元素有两种表示方法、4 种写法。

a. 下标法，如 a[i]和 p[i]形式。

b. 指针法，如*(a+i) 或*(p+i)。其中，a 是数组名，p 是指向数组元素的指针变量，其初值 p=a。

【例 10-5】使用不同表示方式输出数组中的全部元素。假设开发一个小型库存管理系统，需要管理一个商店中 5 种商品的库存量。库存量存储在一个整型数组 a 中，数组包含 5 个元素，分别表示 5 种商品（例如苹果、香蕉、橙子、梨、葡萄）的当前库存数量。编写代码，将这 5 种商品的库存量输出到屏幕上，以便店员能够快速查看。为了实现这个功能，使用 4 种不同方法来输出数组中的全部元素。

```c
#include "stdio.h"
#define N 5
int main()
{   int a[N], *pa,i;
    for(i=0;i<N;i++)
        a[i]=i+1;
    pa=a;
    for(i=0;i<N;i++)
        printf("*(pa+%d):%d ",i, *(pa+i));
    printf("\n");
    for(i=0;i<N;i++)
        printf("*(a+%d):%d ",i, *(a+i));
    printf("\n");
    for(i=0;i<N;i++)
        printf("pa[%d]:%d ",i,pa[i]);
    printf("\n");
    for(i=0;i<N;i++)
        printf("a[%d]:%d ",i,a[i]);
    printf("\n");
    return 0;
}
```

例题解析

程序运行结果如下。

```
*(pa+0):1  *(pa+1):2  *(pa+2):3  *(pa+3):4  *(pa+4):5
*(a+0):1  *(a+1):2  *(a+2):3  *(a+3):4  *(a+4):5
pa[0]:1  pa[1]:2  pa[2]:3  pa[3]:4  pa[4]:5
a[0]:1  a[1]:2  a[2]:3  a[3]:4  a[4]:5
```

10.3.3 用数组名作为函数参数

有以下函数调用：

```c
void fun(int arr[],int n)
{
    ...
}
int main()
{
    int array[10];
       ...
    fun(array,10);
    ...
    return 0;
}
```

其中，array 为实参数组名，arr 为形参数组名。

数组元素作为实参时，如果已定义一个函数，其原型为：

```
void swap(int x,int y);
```

假设有以下的函数调用。

```
swap(a[1],a[2]);
```

用数组元素 a[1]、a[2] 作为实参的情况与用变量作为实参时一样，是"值传递"方式，将 a[1] 和 a[2] 的值单向传递给 x 和 y，但是，当 x 和 y 的值改变时，a[1] 和 a[2] 的值并不改变。

再看用数组名作为函数参数的情况。实参数组名代表该数组首元素地址，而形参是用来接收从实参传递过来的数组首元素地址的。因此，形参应该是一个指针变量（只有指针变量才能存放地址）。实际上，C 语言编译都是将形参数组名作为指针变量来处理的。例如，上面给出的函数 f 的形参是写作数组形式的：

```
f(int arr[ ],int n)
```

但是编译时是将 arr 按指针变量处理的，相当于将函数 f 写成：

```
f(int *arr,int n)
```

以上两种写法是等价的。在该函数被调用时，系统会建立一个指针变量 arr，用来存放从主调函数传递过来的实参数组首元素的地址。如果在 f 函数中用 sizeof(arr) 测定 arr 所占的字节数，结果为 4（用 32 平台时）或为 8（用 64 位平台时）。这是因为系统是把 arr 作为指针变量来处理的（指针变量在 32 位平台中占用 4 个字节，在 64 位平台中占用 8 个字节）。

当 arr 接收了实参数组的首元素地址后，arr 就指向实参组首元素，也就是指向 array[0]，因此 *arr 就是 array[0]。arr+1 指向 array[1]，arr+2 指向 array[2]，arr+3 指向 array[3]，也就是说 *(arr+1)、*(arr+2)、*(arr+3) 分别是 array[1]、array[2]、array[3]。根据前面介绍过的知识，*(arr+i) 和 arr[i] 是无条件等价的。因此，在调用函数期间 arr[0] 和 *arr 以及 array[0] 都代表数组 array 序号为 0 的元素，依此类推，arr[3] 和 *(arr+3) 以及 array[3] 都代表 array 数组序号为 3 的元素，如图 10-8 所示。

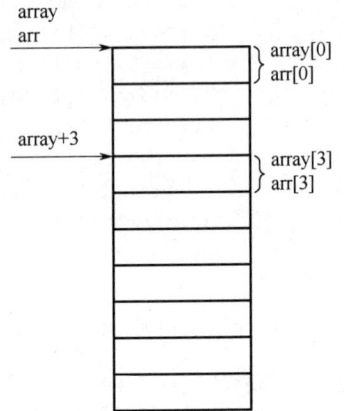

图 10-8　数组名参数

常用这种方法通过调用一个函数来改变实参数组的值。

下面把用变量名作为函数参数和用数组名作为函数参数做一比较，如表 10-2 所示。

表 10-2　变量名和数组名作为函数参数的比较

实参类型	变量名	数组名
要求形参的类型	变量名	数组名或指针变量
传递的信息	变量的值	实参数组首元素的地址
通过函数调用能否改变实参的值	不能	能

需要说明的是：C 语言调用函数时虚实结合的方法都是采用"值传递"方式，当用变量名作为函数参数时传递的都是变量的值，当用数组名作为函数参数时，数组名代表的是数组首元素地址，传递的值是地址，所以要求形参为指针变量。

注意，实参数组名代表一个固定的地址或者说是指针常量，但形参数组并不是一个固定的地址值，而是作为指针变量，在函数调用开始时，它的值等于实参数组首元素的地址，在函数执行期间，它可以再被赋值。例如：

```
void f(int arr[ ],int n)
{
printf("%d\n",*arr);  /*输出 array[0]的值*/
printf("%d\n",*(arr+3));  /*输出 array[3]的值*/
}
```

【例 10-6】使用 C 语言指针将数组 a 中 n 个整数逆序存放。学生成绩管理系统中有一个数组 a，存储了 n 个学生的考试成绩（整数）。现在要求将这些成绩按逆序重新排列，以便从最后一位学生的成绩开始查看。

算法思想：使用两个指针分别指向数组的开头和结尾，通过交换两端元素的值，逐步向数组中心移动，直到所有元素都被逆序排列。整个过程不需要额外的数组空间，仅在原数组上操作。

具体程序如下。

例题解析

```
#include <stdio.h>
// 函数声明：使用指针逆序存放数组元素
void reverseArray(int *arr, int n);
int main() {
    int n;
    printf("请输入学生人数（数组元素个数）: ");
    scanf("%d", &n);
    // 假设最多支持 100 个学生
    if (n <= 0 || n > 100) {
        printf("输入无效，人数应在 1 到 100 之间。\n");
        return 1;
    }
    int a[100]; // 静态数组，存储成绩
    printf("请输入 %d 个学生的成绩: \n", n);
    for (int i = 0; i < n; i++) {
        scanf("%d", & a[i]);
    }
    // 输出原始数组
    printf("原始成绩顺序: ");
    for (int i = 0; i < n; i++) {
        printf("%d ", a[i]);
    }
    printf("\n");
    // 调用逆序函数
    reverseArray(a, n);
    // 输出逆序后的数组
    printf("逆序后的成绩: ");
    for (int i = 0; i < n; i++) {
        printf("%d ",a[i]);
    }
    printf("\n");
    return 0;
}
```

```
// 函数定义：使用指针逆序存放数组
void reverseArray(int *arr, int n) {
    int *start = arr;          // 指向数组开头
    int *end = arr + n - 1;    // 指向数组末尾
    int temp;
    // 从两端向中间交换元素，直到 start >= end
    while (start < end) {
        // 交换 start 和 end 指向的值
        temp = *start;
        *start = *end;
        *end = temp;
        // 移动指针
        start++;
        end--;
    }
}
```

运行结果如下。

输入：
请输入学生人数（数组元素个数）：5
请输入 5 个学生的成绩：
85 92 78 95 88
输出：
原始成绩顺序：85 92 78 95 88
逆序后的成绩：88 95 78 92 85

函数 inv 中的形参数组名为 x。在 inv 函数中可以不指定数组元素的个数，因为形参数组名实际上是一个指针变量，并不是真正地开辟一个数组空间（定义实参数组时必须指定数组大小，因为要开辟相应的存储空间）。函数形参 n 用来接收实际上需要处理的元素个数。如果在 main 函数中有函数调用语句"inv(a,10)"，表示要求对 a 数组的 10 个元素进行题目要求的颠倒排列。如果改为"inv(a,5)"，则表示要求将 a 数组的前 5 个元素进行颠倒排列，此时，函数 inv 只处理前 5 个数组元素。函数 inv 中的 m 是 i 值的上限，当 i≤m 时，循环继续执行，当 i>m 时，则结束循环过程，例如，若 n=10，则 m=4，最后一次 a[i] 与 a[j] 的交换是 a[4] 与 a[5] 交换。

对这个程序可以做一些改动，将函数 inv 中的形参 x 改成指针变量。实参为数组名，即数组 a 首元素的地址，将它传给形参指针变量 a。这时 x 就指向 a[0]。x+m 是 a[m] 元素的地址。设 i 和 j 以及 p 都是指针变量，用它们指向有关元素 i 的初值为 x，j 的初值为 x+n-1，如图 10-9 所示，使 *i 与 *j 交换就是使 a[i] 与 a[j] 交换。

具体程序如下。

i, x	a数组
	3
	7
	9
	11
p=x+m	0
	6
	7
	5
j	4
	2

图 10-9　顺序存放过程

```
#include <stdio.h>
int main()
{
    void inv(int *x,int n);
    int i,a[10]={11,0,6,7,5,4,2,9,7,10};
    printf("The original array:\n");
```

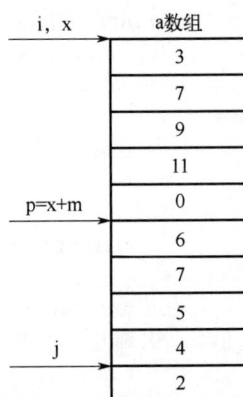

```
   for(i=0;i<10;i++)
     printf("%d,",a[i]);
   printf("\n");
   inv(a,10);
   printf("The array has been inverted:\n");
   for(i=0;i<10;i++)
     printf("%d,",a[i]);
   printf("\n");
   return 0;
}
void inv(int *x,int n)
{
   int *p,temp, *i, *j,m=(n-1)/2;
   i=x;j=x+n-1;p=x+m;
   for(;i<=p;i++,j--)
   {temp=*i; *i=*j; *j=temp;}
   return;
}
```

运行结果与前一程序相同。

归纳起来，如果有一个实参数组，要想在函数中改变数组中的元素的值，实参与形参的对应关系有以下 4 种情况，对应关系对比如表 10-3 所示。

表 10-3　形参与实参对应关系比较表

情况	实参类型	形参类型	传递机制	内存关系	操作特点
形参和实参都用数组名	数组名 (a)	数组名 (x[])	实参 a 传递的是数组首地址 &a[0]，形参 x 接收此地址	形参与实参共用同一段内存单元	通过 x[i] 可直接访问和修改 a[i]，操作简单直观
实参用数组名，形参用指针变量	数组名 (a)	指针变量 (*x)	实参 a 传递首地址 &a[0]，形参 x 初始化为 &a[0]	形参指针指向实参数组的内存	x 可通过指针运算（如 x+i 或 x++）访问和修改 a 的任意元素，灵活性高
实参形参都用指针变量	指针变量 (p)	指针变量 (*x)	实参 p（值为 &a[0]）传递给形参 x，x 初始化为 &a[0]	形参指针指向实参数组的内存	x 可动态调整指向（如 x++），但实参显式使用指针更灵活
实参为指针变量，形参为数组名	指针变量 (p)	数组名 (x[])	实参 p（值为 &a[0]）传递给形参 x，x 被编译器视为指针，指向 &a[0]	形参与实参共用同一段内存单元	通过 x[i] 修改 a[i]，形参语法上像数组，但本质是指针操作

10.3.4　多维数组与指针

用指针变量可以指向一维数组中的元素，也可以指向多维数组中的元素，但是概念上和使用上，多维数组的指针比一维数组的指针更复杂一些。

（1）多维数组的地址

以二维数组为例，设有一个二维数组，它有 3 行 4 列，它的定义为：

```
int a[3][4]={{1,3,5,7},{9,11,13,15},{17,19,21,23}};
```

a 是一个数组名。a 数组包含 3 行，即 3 个元素 a[0]、a[1]、a[2]。而每个元素又是一个一维数组，它包含 4 个元素，即 4 个列元素，例如 a[0]所代表的一维数组又包含 4 个元素 a[0][0]、a[0][1]、a[0][2]、a[0][3]，如图 10-10 所示。可以认为二维数组是"数组的数组"，即二维数组 a 是由 3 个一维数组所组成的。

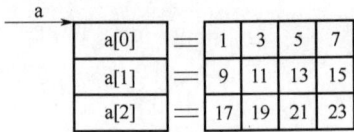

图 10-10　二维数组地址

从二维数组的角度来看。a 代表二维数组首元素的地址，此处的首元素不是一个简单的整型元素，而是由 4 个整型元素所组成的一维数组，因此 a 代表的是首行（第 0 行）的首地址。a+1 代表第 1 行的首地址。如果二维数组的首行的首地址为 2000，则在 DevC++中，a+1 为 2016，第 0 行有 4 个整型数据，因此 a+1 的含义是 a[1]的地址，即 a+4×4=2016。a+2 则表示 a[2]的首地址，它的值是 2032。

a[0]、a[1]、a[2]既然是一维数组名，而 C 语言又规定了数组名代表数组首元素地址，因此 a[0]表示一维数组 a[0]中第 0 列元素的地址，即&a[0][0]。a[1]的值是&a[1][0]，a[2]的值是&a[2][0]。

a[0]为一维数组名，该一维数组中序号为 1 的元素地址显然应该用 a[0]+1 表示。此时"a[0]+1"中的 1 代表 1 个列元素的字节数，即 4 个字节，如果 a[0]的值是 2000，则 a[0]+1 的值是 2004，而不是 2016。

a[i]从形式上看是 a 数组中序号为 i 的元素，如果 a 是一维数组名，则 a[i]代表 a 数组序号为 i 的元素所占的内存单元的内容。a[i]是有物理地址的，是占内存单元的。但如果 a 是二维数组，则 a[i]代表一维数组名。它只是一个地址，并不代表某一元素的值，如同一维数组名只是一个指针常量一样。a、a+i、a[i]、*(a+i)、*(a+i)+j、a[i]+j 都是地址，而*(a[i]+j)是二维数组元素 a[i][j]的值，见表 10-4。

表 10-4　数组 a 的性质

表示形式	含义	地址
a	二维数组名，指向一维数组 a[0]，即 0 行首地址	2000
a[0], *(a+0), *a	0 行 0 列元素地址	2000
a+1, &a[1]	1 行首地址	2016
a[1], *(a+1)	1 行 0 列元素 a[1][0]的地址	2016
a[1]+2, *(a+1)+2, &a[1][2]	1 行 2 列元素 a[1][2]的地址	2024
*(a[1]+2), *(*(a+1)+2), a[1][2]	1 行 2 列元素 a[1][2]的值	元素值为 13

（2）指向多维数组元素的指针变量

在了解上面的概念之后，可以用指针变量指向多维数组中的元素。

【例 10-7】用指针变量输出二维数组元素的值。

```c
#include <stdio.h>
int main()
{
    int a[3][4]={1,3,5,7,9,11,13,15,17,19,21,23};
    int *p;
    for(p=a[0];p<a[0]+12;p++)
    {
        if((p-a[0])%4==0)printf("\n");
        printf("%4d",*p);
    }
    printf("\n");
    return 0;
}
```

例题解析

运行结果如下。

```
1    3    5    7
9    11   13   15
17   19   21   23
```

p 是一个指向整型变量的指针变量，它可以指向一般的整型变量，也可以指向整型的数组元素。每次 p 值加 1，使 p 指向下一元素。if 语句的作用是输出 4 个数据后换行。尝试修改程序，把 p 的值，即数组元素的地址输出。可将程序最后两条语句改为：

```
printf("addr=%p,value=%2d\n",p, *p);
```

在 Dev C++环境下某一次运行时输出如下。

```
addr=0000005da47ff8e0,value= 1
addr=0000005da47ff8e4,value= 3
addr=0000005da47ff8e8,value= 5
addr=0000005da47ff8ec,value= 7
......
```

注意地址是以十六进制数表示的（输出格式为%p）。

（3）用指向数组的指针作为函数参数

一维数组名可以作为函数参数传递，多维数组名也可作为函数参数传递。在用指针变量作为形参以接受实参数组名传递来的地址时，有两种方法，第一种方法是用指向变量的指针变量作形参，第二种方法是用指向一维数组的指针变量作形参。

【例 10-8】有一个冷门专业自然班，3 个学生，本学期各学 4 门主课，编写程序，计算总平均分数以及第 n 个学生的成绩。

用函数 average 求总平均成绩，用函数 search 找出并输出第 i 个学生的成绩。

程序如下。

```
#include <stdio.h>
int main()
{
    void average(float *p,int n);
    void search(float (*p)[4],int n);
    float score[3][4]={{65,67,70,60},{80,87,90,81},{90,99,100,98}};
    average(*score,12);
    search(score,2);
    return 0;
}
void average(float *p,int n)
{
    float *p_end;
    float sum=0,aver;
    p_end=p+n-1;
    for(;p<=p_end;p++)
        sum=sum+(*p);
        aver=sum/n;
    printf("average=%5.2f\n",aver);
}
void search(float (*p)[4],int n)
{
```

例题解析

```
    int i;
    printf("the score of No.%d are:\n",n);
    for(i=0;i<4;i++)
    printf("%5.2f ",*(*(p+n)+i));
}
```

程序运行结果如下。

```
average=82.25
the score of No. 2 are:
90.00  99.00 100.00 98.00
```

微课

10.4 字符串与指针

10.4.1 字符串的表达形式

在 C 语言中，可以用两种方法访问一个字符串。

（1）用字符数组存放一个字符串，然后输出该字符串

7.3 节对字符串的存储使用了字符数组，其读取可使用%s 格式或专用字符串函数。如

```
char string[]="I love China!";
printf("%s\n",string);
return 0;
```

（2）用字符指针指向一个字符串

可以不定义字符串数组，而定义一个字符指针，用字符指针指向字符串的字符。

【例 10-9】定义字符指针。

```
#include <stdio.h>
int main()
{
    char *string="I love China!";
    printf("%s\n",string);
    return 0;
}
```

string		
	I	string[0]
		string[1]
	l	string[2]
	o	string[3]
	v	string[4]
	e	string[5]
		string[6]
	c	string[7]
	h	string[8]
	i	string[9]
	n	string[10]
	a	string[11]
	!	string[12]
	\0	string[13]

图 10-11 字符数组地址

在程序中定义了一个字符指针变量 string，用字符串 "I love China!" 对它初始化。实际上是把字符串第 1 个元素的地址（存放字符串的字符数组的首元素地址）赋给 string。不可误认为 string 是一个字符串变量，以为在定义时把 "I love China!" 这几个字符赋给该字符串变量，这是错误的想法。定义 string 的部分如下：

```
char *string="I love China!";
```

等价于下面两行：

```
char *string;
string="I love China!";
```

可以看到 string 被定义为一个指针变量，指向字符型数据。上述定义行并不等价于：

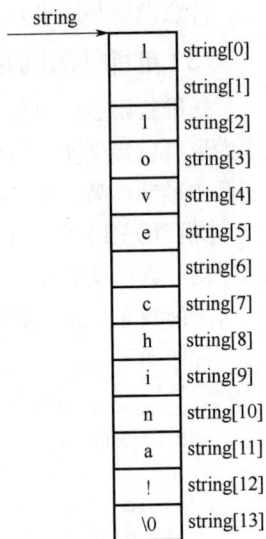

```
char *string;
*string="I love China!";
```

在输出时，要用：

```
printf("%s\n",string);
```

%s 是输出字符串的格式符，给定字符指针 string，系统依次输出其指向的字符，并自动将 string 加 1，指向下一字符，直到遇到结束标志 \0。内存中的字符串末尾自动加 \0，用于标记结束位置。

显然，用%s 可以对一个字符串进行整体的输入输出。对字符串中字符的存取，可以用下标方法，也可以用指针方法。

【例 10-10】将字符串 a 复制为字符串 b。

```
#include <stdio.h>
int main()
 {
    char a[ ]="I am a boy.",b[20];
    int i;
    for(i=0; *(a+i)!='\0';i++)
        *(b+i)= *(a+i);
        *(b+i)='\0';
    printf("string a is:%s\n",a);
    printf("string b is:");
    for(i=0;b[i]!='\0';i++)
        printf("%c",b[i]);©
    printf("\n");
    return 0;
}
```

例题解析

程序运行结果为：

```
string a is:I am a boy.
string b is:I am a boy.
```

10.4.2　字符指针作为函数参数

将一个字符串从一个函数传递到另一个函数，可以用地址传递的方法，即用字符数组名作为参数，也可以用指向字符的指针变量作为参数。在被调用的函数中可以改变字符串的内容，在主调函数中可以得到改变了的字符串。

【例 10-11】用函数调用实现字符串的复制。

（1）用字符数组作为参数

程序如下。

例题解析

```
#include <stdio.h>
int main()
{
    void copy_string(char from[ ], char to[ ]);
    char a[ ]="I am a teacher.";
    char b[ ]="you are a student.";
    printf("\nstring a=%s\nstring b=%s\n",a,b);
    printf("copy string a to string b:\n ");
```

```
    copy_string(a,b);
    printf("\nstring a=%s\nstring b=%s\n",a,b);
    return 0;
}
void copy_string(char from[ ], char to[ ])
{
    int i=0;
    while(from[i]!='\0')
      {to[i]=from[i];i++;}
    to[i]='\0';
}
```

程序运行结果如下。

```
string a=I am a teacher.
string b=you are a student.
copy string a to string b:
string a=I am a teacher.
string b=I am a teacher.
```

（2）形参用字符指针变量

程序如下。

```
#include <stdio.h>
int main()
{
    void copy_string(char *from, char *to);
    char *a="I am a teacher.";
    char *b="you are a student.";
    printf("\nstring a=%s\nstring b=%s\n",a,b);
    printf("copy string a to string b:\n ");
    copy_string(a,b);
    printf("\nstring a=%s\nstring b=%s\n",a,b);
    return 0;
}
void copy_string(char *from, char* to)
{
    for(;*from!='\0';from++,to++)
        *to=*from;
    *to='\0';
}
```

归纳起来，作为函数参数，有以下几种情况，见表 10-5。

表 10-5　指针与数组的对应关系

实参	形参
数组名	数组名
数组名	字符指针变量
字符指针变量	字符指针变量
字符指针变量	数组名

10.5 指向函数的指针

10.5.1 用函数指针变量调用函数

可以用指针变量指向整型变量、字符串、数组，也可以指向一个函数。一个函数在编译时被分配一个入口地址，这个函数入口地址就称为函数的指针。可以用一个指针变量指向函数，然后通过该指针变量调用此函数。先通过一个简单的例子来回顾一下函数的调用情况。

【例 10-12】求 a 和 b 中的大者。先列出一般方法的程序。

```
#include <stdio.h>
int main()
{
    int max(int,int);
    int a,b,c;
    scanf("%d,%d",&a,&b);
    c=max(a,b);
    printf("a=%d,b=%d,max=%d",a,b,c);
    return 0;
}
int max(int x,int y)
{
    int z;
    if(x>y) z=x;
    else    z=y;
    return  z;
}
```

main 函数中的 c=max(a,b);包括了一次函数调用（调用 max 函数），每一个函数都占用一段内存单元，它们有一个起始地址。因此，可以用一个指针变量指向一个函数，通过指针变量来访问它指向的函数。

将 main 函数改写为：

```
#include <stdio.h>
int main()
{
    int max(int,int);
    int (*p)(int,int);
    int a,b,c;
    p=max;
    scanf("%d,%d",&a,&b);
    c=p(a,b);
    printf("a=%d,b=%d,max=%d",a,b,c);
    return 0;
}
```

在 main 函数中有一个赋值语句：

```
c=(*p)(a,b);
```

它和 c=max(a,b);等价，这就是用指针形式实现函数的调用。用以上两种方法实现函数的调用，结果是一样的。

10.5.2　用指向函数的指针作为函数参数

在 C 语言中，可以使用指向函数的指针作为函数参数，实现了运行时动态决定调用哪个函数。这在实现回调函数、排序算法中的比较函数等有实际应用。

下面的示例，实现如何使用指向函数的指针作为函数参数，并调用相应的函数。

```
#include <stdio.h>
// 定义两个简单的函数，它们接受两个整数并返回它们的和与差
int add(int a, int b) {
    return a + b;
}

int subtract(int a, int b) {
    return a - b;
}

// 定义一个接受函数指针作为参数的函数
int calculate(int (*func)(int, int), int a, int b) {
    return func(a, b);
}

int main() {
    int x = 5;
    int y = 3;

    // 使用指向 add 函数的指针调用 calculate 函数
    int sum = calculate(add, x, y);
    printf("Sum: %d\n", sum);

    // 使用指向 subtract 函数的指针调用 calculate 函数
    int diff = calculate(subtract, x, y);
    printf("Difference: %d\n", diff);

    return 0;
}
```

程序输出是：

```
Sum: 8
Difference: 2
```

这个示例展示了指向函数的指针如何提供一种灵活的方式来传递函数作为参数，并在运行时调用它们。这非常有实用价值，尤其是在运行时根据条件或配置动态改变行为时。

10.6　返回指针值的函数与指向指针的指针

10.6.1　返回指针值的函数

一个函数可以返回一个整型值、字符型值、实型值等，也可以返回指针型的数据，即地

址。其概念与以前类似，只是返回的值的类型是指针类型而已。

这种返回指针值的函数，一般定义形式为：

类型名 *函数名(参数表列);

例如：

int *a(int x,int y);

a 是函数名，调用它以后能得到一个指向整型数据的指针（地址）。x、y 是函数 a 的形参，为整型。请注意该语句*a 两侧没有括号，在 a 的两侧分别为*运算符和( )运算符，而( )优先级高于*，因此 a 先与( )结合，显然这是函数形式。这个函数前面有一个*，表示此函数是指针型函数（函数值是指针）。最前面的 int 表示返回的指针指向整型变量。

【例 10-13】有若干个学生的成绩（每个学生有 4 门课程），要求在用户输入学生序号以后，输出该学生的全部成绩。用指针函数实现。

程序如下。

```
#include <stdio.h>
int main()
{
    float score[ ][4]={{60,70,80,90},{56,89,67,88},{34,78,90,66}};
    float *search(float (*pointer)[4],int n);
    float *p;
    int i,m;
    printf("enter the number of student:");
    scanf("%d",&m);
    printf("The scores of No.%d are:\n",m);
    p=search(score,m);
    for(i=0;i<4;i++)
    printf("%5.2f\t",*(p+i));
    return 0;
}
float *search(float (*pointer)[4],int n)
{
    float *pt;
    pt=*(pointer+n);
    return(pt);
}
```

例题解析

运行情况如下。

```
enter the number of student:2↙
The scores of No. 2 are:
34.00  78.00 90.00 66.00
```

10.6.2　指向指针的指针

在 C 语言中，指向指针的指针（pointer to pointer）是一种特殊的指针类型，其存储的内容是另一个指针的地址。普通指针（如 int *p）保存变量的地址，而指向指针的指针（如 int **pp）保存普通指针的地址。这种机制在需要动态管理内存（如二维数组、函数参数传递指针地址）或操作多级间接引用时是常用的。

前面讲的是一级指针：int *p 指向整数变量的地址，例如 p = &x，x 是一个 int 类型变量。而二级指针则是：int **pp 指向一级指针的地址，例如 pp = &p，p 是一个 int * 类型指针。

*p 获取 p 指向的整数值。

*pp 获取 pp 指向的一级指针值（即 p 的值，也就是 &x）。

**pp 获取 p 指向的变量值（即 x 的值）。

声明与初始化：

```
int x = 10;             // 普通变量
int *p = &x;            // 一级指针，指向 x 的地址
int **pp = &p;          // 二级指针，指向 p 的地址
```

【例 10-14】卫星任务优先级调整。在航天工程中，地面控制中心需要管理多个卫星任务的优先级。假设有两个卫星任务，分别记录了任务执行时间（整数，单位：分钟），通过指针存储这些数据。由于任务紧急性发生变化，地面站需要交换这两个任务的优先级，即交换它们的时间数据指针指向的内容，以便重新分配资源。通过 C 语言中的二级指针实现这一功能，模拟任务调整过程。

算法过程：

① 初始化两个任务时间 time1 和 time2，分别用指针 task1 和 task2 指向。

② 用二级指针 priority1 和 priority2 管理 task1 和 task2 的地址。

③ 调用 adjustTaskPriority，通过临时变量 temp 保存 *pp1，然后交换 *pp1 和 *pp2 的值。

④ 输出调整前后的任务时间，验证交换成功。

程序实现

```
#include <stdio.h>

// 函数：使用二级指针交换两个任务时间指针的指向
void adjustTaskPriority(int **pp1, int **pp2) {
    int *temp = *pp1;  // 保存第一个任务的指针
    *pp1 = *pp2;       // 将第一个指针指向第二个任务时间
    *pp2 = temp;       // 将第二个指针指向第一个任务时间
}

int main() {
    int time1 = 30, time2 = 45;        // 任务1执行时间30分钟，任务2执行时间45分钟
    int *task1 = &time1, *task2 = &time2; // 任务时间指针
    int **priority1 = &task1, **priority2 = &task2; // 任务优先级二级指针

    printf("调整前：任务1时间 = %d分钟，任务2时间 = %d分钟\n", *task1, *task2);
    adjustTaskPriority(priority1, priority2); // 交换任务优先级
    printf("调整后：任务1时间 = %d分钟，任务2时间 = %d分钟\n", *task1, *task2);

    printf("任务优先级调整完成，为航天事业优化资源配置! \n");
    return 0;
}
```

输出结果

调整前：任务1时间 = 30分钟，任务2时间 = 45分钟
调整后：任务1时间 = 45分钟，任务2时间 = 30分钟

10.7　综合实例

【例 10-15】卫星数据解析与处理模拟。在航天工程领域，卫星通过无线电信号将大量数据传输回地面站。这些数据通常包含遥测信息（如温度、电压、姿态角等）、科学探测数据（如图像或辐射值）以及状态码，采用特定的二进制或文本格式打包发送。为了确保数据传输的高效性和完整性，卫星会按照预定义的协议（如 CCSDS 标准）组织数据，包含头部信息（标识数据类型和长度）、有效载荷（实际数据内容）和校验位（用于错误检测）。地面站接收到这些数据后，需要对其进行解码、解析和处理，以提取关键信息并进行后续分析，例如监测卫星健康状态或生成科学报告。

算法过程：

① 输入数据：无符号字符数组 receivedData，模拟从卫星接收到的二进制数据流。数组内容按特定格式组织，包含：4 字节整数（卫星 ID）、4 字节浮点数（温度数据）、3 个 8 字节双精度浮点数。

② 处理过程如下：

初始化目标结构体：定义 SatelliteData 结构体变量 satellite，用于存储解析后的数据，包含字段 id（整数，卫星 ID）、temperature（浮点数，温度）、position[3]（双精度浮点数数组，三维位置）

调用解析函数 parseSatelliteData()，传入接收数据的指针和目标结构体地址。

数据解析（在 parseSatelliteData 函数中）：解析卫星 ID、温度数据、位置数据。

③ 输出结果：在 main 函数中，使用 printf 打印解析后的数据：卫星 ID（整数）、温度（浮点数）、三维位置（3 个浮点数）。

模拟程序如下：

```
#include <stdio.h>
#include <stdlib.h>
#include <string.h>

// 假设的卫星数据包结构
typedef struct {
int id; // 卫星 ID
float temperature; // 温度数据
double position[3]; // 三维位置数据
} SatelliteData;
```

例题解析

```
// 模拟接收到的卫星数据（二进制形式）
unsigned char receivedData[] = {
// 假设的数据，这里仅为示例，实际数据会根据卫星和协议有所不同
0x01, 0x00, 0x00, 0x00, // 卫星 ID: 1
0x64, 0x00, 0x00, 0x00, // 温度数据（浮点数，小端序）
// 位置数据（双精度浮点数，小端序）
0x40, 0x09, 0x21, 0xFB, 0x54, 0x40, 0x00, 0x00, // X坐标
0x00, 0x00, 0x80, 0x3F, 0x00, 0x00, 0x00, 0x00, // Y坐标
0x00, 0x00, 0x00, 0x00, 0x00, 0x00, 0xF0, 0x3F // Z坐标
};
```

```
// 函数声明：解析卫星数据
void parseSatelliteData(unsigned char *data, SatelliteData *satData);

int main() {
SatelliteData satellite;
parseSatelliteData(receivedData, &satellite);

printf("Satellite ID: %d\n", satellite.id);
printf("Temperature: %.2f\n", satellite.temperature);
printf("Position: (%.2f, %.2f, %.2f)\n", satellite.position[0], satellite.
position[1], satellite.position[2]);

return 0;
}

// 函数定义：解析卫星数据
void parseSatelliteData(unsigned char *data, SatelliteData *satData) {
// 解析卫星 ID（假设为 4 字节整数）
satData->id = *(int *)data;
data += sizeof(int);

// 解析温度数据（假设为 4 字节浮点数，小端序）
float *tempPtr = (float *)data;
satData->temperature = *tempPtr;
data += sizeof(float);

// 解析位置数据（假设为 3 个 8 字节双精度浮点数，小端序）
double *posPtr = (double *)data;
for (int i = 0; i < 3; i++) {
satData->position[i] = posPtr[i];
}
}
```

在这个案例中，定义了 SatelliteData 结构体来模拟卫星发送的数据包。然后，创建 receivedData 数组来模拟接收到的卫星数据（这里的数据是硬编码的，实际情况下这些数据会从串口、网络或其他接口接收）。接着定义 parseSatelliteData 函数接受一个指向接收数据的指针和一个指向 SatelliteData 结构体的指针，用于解析数据并填充到结构体中。在 main 函数中，调用 parseSatelliteData 函数来解析数据，并打印出解析后的卫星 ID、温度和位置信息。

运行结果如下：

```
Satellite ID: 1
Temperature: 0.00
Position: (0.00, 0.00, 1.00)
```

【例 10-16】简单图像数据处理与识别模拟。随着人工智能技术的发展，图像识别技术在各个领域中得到了广泛应用。这个案例模拟简单的图像数据处理过程，使用 C 语言和指针来操作图像数据，并进行简单的特征提取与识别。假设有一个简单的灰度图像，其数据以二维数组的形式存储，每个像素点的值范围在 0～255 之间，写出 C 程序识别图像中的特定形状或模式。

算法过程：

① 输入

图像数据：一个二维无符号字符数组 image[WIDTH][HEIGHT]，模拟灰度图像的像素数据。

文件名：filename（字符串）为虚拟参数，仅用于模拟从文件加载数据的场景，未实际使用。

阈值：threshold（整数），用于模式检测，示例中设为 128，表示检测亮度超过 128 的像素点。

② 处理过程

初始化图像数组：　main 函数中声明二维数组 unsigned char image[WIDTH][HEIGHT]，用于存储图像的像素数据。

加载图像数据（loadImage 函数）：输入参数 image 和 filename。

使用嵌套循环遍历图像的每个像素，为每个像素赋值，生成模拟灰度值。

检测特定模式（detectPattern 函数）：输入参数 image 和 threshold。使用嵌套循环遍历图像的每个像素，检查每个像素值 image[x][y] 是否大于阈值 threshold。如果 image[x][y] > threshold，打印该像素的位置 (x, y)，提示检测到高亮度像素。

③ 输出

检测到的亮度超过阈值的像素点位置，格式为：

在位置(x, y)检测到高亮度像素。

模拟程序如下：

```
#include <stdio.h>
#include <stdlib.h>

// 假设的图像大小
#define WIDTH 100
#define HEIGHT 100

// 加载图像数据（这里仅为示例，实际情况下会从文件或其他来源加载）
void loadImage(unsigned char (*image)[HEIGHT], const char *filename) {
// 假设图像数据已经硬编码在程序中，实际情况下会从文件中读取
for (int y = 0; y < HEIGHT; y++) {
for (int x = 0; x < WIDTH; x++) {
image[x][y] = (x + y) % 256; // 简单的示例数据，实际为图像的实际像素值
}
}
}

// 检测图像中的特定模式（这里以简单的阈值检测为例）
void detectPattern(unsigned char (*image)[HEIGHT], int threshold) {
for (int y = 0; y < HEIGHT; y++) {
for (int x = 0; x < WIDTH; x++) {
if (image[x][y] > threshold) {
printf("在位置(%d, %d)检测到高亮度像素\n", x, y);
// 这里可以根据实际需求进行进一步处理，如标记、计数等
}
}
}
}
```

例题解析

```
int main()
{
unsigned char image[WIDTH][HEIGHT]; // 存储图像数据的二维数组
loadImage(image, "dummy_filename"); // 加载图像数据（这里仅为示例，文件名为虚拟的）

// 检测图像中亮度超过某个阈值的像素点
detectPattern(image, 128); // 假设阈值为 128，实际值根据需求设定

return 0;
}
```

案例中使用二维数组的指针来操作图像数据。loadImage 函数模拟了从文件中加载图像数据的过程（实际上这里只是用硬编码的数据填充了数组），而 detectPattern 函数则遍历图像数据，检测并输出亮度超过某个阈值的像素点位置。

程序运行结果如下：

在位置(99, 30)检测到高亮度像素
在位置(98, 31)检测到高亮度像素
在位置(99, 31)检测到高亮度像素
……

随着人工智能技术进步，特别是图像识别技术的发展，C 语言在图像处理尤其在处理复杂数据结构（如图像、音频等）方面，很好地展示了指针在图像处理方面的强大功能和模拟应用。

🔖 小结

（1）有关指针的数据类型的小结

表 10-6 是有关指针的数据类型的小结。

表 10-6　指针数据类型小结

定义	含义
int i;	定义整型变量 i
int *p;	p 为指向整型数据的指针变量
int a[n];	定义整型数组 a，它有 n 个元素
int *p[n];	定义指针数组 p，它由 n 个指向整型数据的指针元素组成
int (*p)[n];	p 为指向含 n 个元素的一维数组的指针变量
int f();	f 为返回整型函数值的函数
int *p();	p 为返回一个指针的函数，该指针指向整型数据
int (*p)();	p 为指向函数的指针，该函数返回一个整型值
int **p;	p 是一个指针变量，它指向一个指向整型数据的指针变量

（2）指针运算小结

前面已用过一些指针运算，如 p++，p+i 等。把全部的指针运算列出如下。

① 指针变量加（减）一个整数。

例如 p++、p--、p+i、p-i、p+=i、p-=i 等均是指针变量加（减）一个整数。

C 语言规定，一个指针变量加（减）一个整数并不是简单地将指针变量的原值加（减）一个整数，而是将该指针变量的原值（是一个地址）和它指向的变量所占用的内存单元字节

数相加（减）。

② 指针变量赋值。将一个变量地址赋给一个指针变量。例如：

p=&a;（将变量 a 的地址赋给 p）

p=array;（将数组 array 首元素地址赋给 p）

p=&array[i];（将数组 array 第 i 个元素的地址赋给 p）

p=max;（max 为已定义的函数，将 max 的入口地址赋给 p）

p1=p2;（p1 和 p2 都是指针变量，将 p2 的值赋给 p1）

③ 指针变量可以有空值，即该指针变量不指向任何变量，可以如下表示。

```
p=NULL;
```

其中，NULL 是整数 0，它使 p 的存储单元中所有的二进制位均为 0，也就是使 p 指向地址为 0 的单元。

④ 两个指针变量可以相减。如果两个指针变量都指向同一数组中的元素，则两个指针变量值之差是两个指针之间的元素个数。

⑤ 两个指针变量比较。若两个指针指向同一数组的元素，则可以进行比较。指向前面的元素的指针变量"小于"指向后面元素的指针变量。

本章介绍了指针的基本概念和初步应用。应该说明，指针是 C 语言中重要的概念，是 C 的一个特色。使用指针的优点是：

① 提高程序效率；

② 在调用函数时变量改变了的值能够为主调函数使用，即可以从函数调用得到多个可改变的值；

③ 可以实现动态存储分配。

习题

参考答案
习题解析

一、选择题

① 数组名和指针变量均表示地址。以下不正确的说法是（　　）。

A．数组名代表的地址值不变，指针变量存放的地址可变

B．数组名代表的存储空间长度不变，但指针变量指向的存储空间长度可变

C．以上两种说法均正确

D．没有差别

② 变量的指针，其含义是指该变量的（　　）。

A．值　　　　　　　　　B．地址　　　　　　　　C．名　　　　　　　D．一个标志

③ 已有定义 int a=5;int *p1,*p2;，且 p1 和 p2 均已指向变量 a，下面不能正确执行的赋值语句是（　　）。

A．a=*p1+*p2;　　　　B．p2=a;　　　　　　　C．p1=p2;　　　　　D．a=*p1*(*p2);

④ 若 int (*p)[5];，其中，p 是（　　）。

A．5 个指向整型变量的指针

B．指向 5 个整型变量的函数指针

C．一个指向具有 5 个整型元素的一维数组的指针

D．具有 5 个指针元素的一维指针数组，每个元素都只能指向整型量

⑤ 设有定义：int a=3,b,*p=&a;，则下列语句中使 b 不为 3 的语句是（　　）。

A．b=*&a;　　　　　B．b=*p;　　　　　C．b=a;　　　　　D．b=*a;

⑥ 若有以下定义，则不能表示 a 数组元素的表达式是（　　）。

```
int a[10]={1,2,3,4,5,6,7,8,9,10},*p=a;
```

A．*p　　　　　　　B．a[10]　　　　　C．*a　　　　　　D．a[p-a]

⑦ 设 char **s;，以下表达式正确的是（　　）。

A．s=computer　　　B．*s="computer"　　C．**s="computer"　　D．*s='c'

⑧ 设 char s[10]; *p=s;，以下表达式不正确的是（　　）。

A．p=s+5;　　　　　B．s=p+s;　　　　　C．s[2]=p[4];　　　　D．*p=s[0];

⑨ 执行下面程序段后，*p 等于（　　）。

```
int a[5]={1,3,5,7,9},*p=a+1;
```

A．1　　　　　　　　B．3　　　　　　　　C．5　　　　　　　　D．7

⑩ 下列关于指针的运算中，（　　）是非法的。

A．两个指针在一定条件下，可以进行相等或不等的运算

B．可以用一个空指针赋值给某个指针

C．一个指针可以是两个整数之差

D．两个指针在一定的条件下，可以相加

二、填空题

① 在 int a=3;p=&a 中，*p 的值是（　　）。

② "*" 称为（　　）运算符，"&" 称为（　　）运算符。

③ 若两个指针变量指向同一个数组的不同元素，则可以进行减法运算和（　　）运算。

④ 若有定义 int *pa[5];，pa 是一个具有 5 个元素的指针数组，每个元素是一个（　　）指针。

⑤ 存放某个指针的地址值的变量称为指向指针的指针，即（　　）。

⑥ 在 C 语言中，数组元素的下标是从（　　）开始的，数组元素连续存储在内存单元中。

⑦ 若有 int a[10],*p=a;，则对 a[3]的引用可以是 p[3]（下标法）和（　　）（地址法）。

⑧ &符号后面跟变量名，表示该变量的（　　），&后跟指针名，表示该指针变量的（　　）。

⑨ 若有 char a[]="ABCDE"，则语句 printf("%c",*a);的输出是（　　）。

⑩ 若 a 是已经定义的整型数组，再定义一个指向 a 的存储首地址的指针 p 的语句是（　　）。

三、判断题

① &b 指的是变量 b 的地址所存放的数据。　　　　　　　　　　　　　　（　　）

② 通过变量名或地址访问一个变量的方式称为"直接访问方式"。　　　　（　　）

③ 存放地址的变量同其他变量一样，可以存放任何类型的数据。　　　　（　　）

④ 指向同一数组的两个指针 p1、p2 相减的结果与所指元素的下标相减的结果是相同的。
　　　　　　　　　　　　　　　　　　　　　　　　　　　　　　　（　　）

⑤ 如果两个指针的类型相同，且均指向同一数组元素，那么它们之间就可以进行加法运算。　　　　　　　　　　　　　　　　　　　　　　　　　　　　　　　（　　）

⑥ Char *name[5]定义了一个一维指针数组。它有 5 个元素，每个元素都是指向字符数据

的指针型数据。　　　　　　　　　　　　　　　　　　　　　　（　　）

⑦ 语句 y=p++;和 y=(*p)++;是等价的。　　　　　　　　　　（　　）

⑧ 函数指针所指向的是程序代码区。　　　　　　　　　　　　（　　）

⑨ 用指针作为函数参数时，采用的是"地址传送"方式。　　　（　　）

⑩ int *p;定义了一个指针变量 p，其值是整型的。　　　　　　（　　）

四、阅读下面程序，写出程序运行结果

①
```c
#include <stdio.h>

#include <string.h>
void fun(char *s)
{
    char a[8];
    s=a;
    strcpy(a,"student");
    printf("%s\n",s);
}
int main()
{
    char *p;
    fun(p);
  return 0;
}
```

②
```c
#include <stdio.h>

int main()
{
    int a,b;
    int *p, *q, *r;
    p=&a;q=&b;a=9;
    b=5*(*p%5);
    r=p;p=q;q=r;
    printf("\n%d,%d,%d\n",*p, *q, *r);
  return 0;
}
```

③
```c
#include <stdio.h>

int main()
{
    int a,b, *p, *q;
    p=q=&a;
    *p=10;
    q=&b;
    *q=10;
    if(p==q)
        puts("p==q");
```

```
        else
            puts("p!=q");
        if(*p==*q)
            puts("*p==*q");
        else
            puts("*p!= *q");
    return 0;
}

④
#include <stdio.h>

#include <string.h>
int main()
{
    char *p,str[20]="abcd";
    p="abc";
    strcpy(str+3,p);
    printf("%s\n",str);
    return 0;
}
```

五、程序设计

① 输入 3 个整数，按由小到大的顺序输出。

② 输入 3 个字符串，按由小到大的顺序输出。

③ 有 n 个整数，使前面各数顺序向后移 m 个位置，最后 m 个数变成最前面 m 个数。写一函数实现以上功能，在主函数中输入 n 个整数和输出调整后的 n 个数。

④ 有 n 个人围成一圈，顺序排号。从第 1 个人开始报数，1~3 报数，凡报到 3 的人退出圈子，问最后留下的是原来的第几号的那位。

⑤ 写一函数，求一个字符串的长度。在 main 函数中输入字符串，并输出其长度。

⑥ 有一字符串，包含 n 个字符。写一函数，将此字符串从第 m 个字符开始的全部字符复制成为另一个字符串。

⑦ 输入一行文字，找出其中大写字母、小写字母、空格、数字以及其他字符各有多少。

⑧ 将 n 个数按输入时顺序的逆序排列，用函数实现。

在本章之前所介绍的数据类型都是基本数据类型（如整型、字符型、浮点型等）或者是由基本类型数据构成的数组。但是有的时候需要将多种类型的数据联系在一起，构成更加复杂的数据类型。

在日常生活中，我们经常会用到一些附表头的表格。例如表 11-1 所示的是一个学校的学生信息管理表，包括学号（num）、姓名（name）、性别（sex）、数学（maths）、英语（english）、C 程序（cprogram）等与学生紧密关联的数据。如果将学号、姓名等分别定义为互相独立的简单变量，难以反映它们之间的内在联系，并且数据之间的关系容易出现混乱。因此 C 语言提供了允许用户自己定义数据类型的机制，在这种机制下，数据管理将会非常方便。

表 11-1　学生信息管理表

学号	姓名	性别	年龄	数学	英语	C 程序
2132010201	Zhangming	M	21	90	80	85
2132010202	Wangwei	M	21	80	75.5	90.5
2132010203	Liuhua	F	20	88	90	85
......	......	......	......	......	......	......

如表 11-1 所示的附有表头的学生信息表可使用一种构造数据类型——"结构（structure）"，或用"结构体"来定义，定义后的数据项成为一个整体，相当于数据库中记录的关系。

本章将主要逐次介绍结构体、共用体、枚举等用户自己建立的数据类型。

11.1 结构体

11.1.1 定义结构体类型

结构体是一种构造类型，它是由若干成员组成的。每一个成员可以是一个基本数据类型或者是一个构造类型。结构体既然是一种"构造"而成的数据类型，在使用之前必须先定义它，也就是构造它。结构体类型的定义相当于定义二维表的表头。

微课

定义一个结构体的一般形式为：

```
struct [结构体名]
{
成员表列;
};
```

　　成员表列由若干个成员组成，每个成员都是该结构体的一个组成部分。对每个成员必须做类型说明，其形式为：

类型说明符　成员名;

成员名的命名应符合标识符的书写规定。例如引例中的学生信息管理表可定义如下：

```
struct student
{
    long num;
    char name[20];
    char sex;
    int age;
    float maths;
    float english;
    float cprogram;
};
```

　　在这个结构体类型定义中，结构体名为 student，结构体类型为 struct student。结构体由 7 个成员组成，分别对应信息表的每一列。第 1 个成员为 num，长整型变量；第 2 个成员为 name，字符数组；第 3 个成员为 sex，字符变量；第 4 个成员 age，整型变量；第 5~7 个成员为 maths、english 和 cprogram，均为实型变量，为了简化程序，后续部分实例中把 3 门课程的成绩只保留一门，成员名更换为 score。应注意在括号后的分号是不可少的。结构体定义之后，即可进行变量说明。我们可以用结构体变量来表示二维表中的记录。

11.1.2　定义结构体类型变量

　　一旦定义了结构体类型，就可以采用不同的形式定义结构体类型变量。

　　① 一般形式 1：先定义结构体类型，再定义该类型的变量。

<table>
<tr><td>一般形式 1：先后定义</td><td>结构体变量定义实例</td></tr>
<tr><td>

```
struct 结构体名
{
    成员表列
}
struct 结构体名 变量名表列;
```

</td><td>

```
struct student
{
    long num;
    char name[20];
    char sex;
int age;
    float score;
};
struct student stu1,stu2;
```

</td></tr>
</table>

　　这里说明了两个变量 stu1 和 stu2 为 struct student 类型的变量，可以理解为 stu1、stu2 分别对应的二维表的行。请注意，struct student 代表结构体类型名（类型标识符），如同使用 int 定义变量（如 int a,b;），int 是类型名一样。

　　② 一般形式 2：在定义结构体类型的同时定义变量。

　　例如：

<table>
<tr><td>一般形式 2：同步定义</td><td>结构体变量定义实例</td></tr>
<tr><td>

```
struct 结构体名
{
```

</td><td>

```
struct student
{
```

</td></tr>
</table>

成员表列

　　}变量名表列；

```
long num;
char name[20];
char sex;
int age;
float score;
}stu1,stu2;
```

③ 一般形式 3：直接定义结构体变量。

一般形式 3：直接定义

```
struct
{
成员表列
}变量名表列；
```

结构体变量定义实例

```
struct
{
    long num;
    char name[20];
    char sex;
    int age;
    float score;
}stu1,stu2;
```

第 3 种方法与第 2 种方法的区别在于第 3 种方法中省去了结构体名，直接给出了结构体变量。在程序后面不需要再定义新的结构体变量的情况下，我们可以使用第 3 种方法，程序较为简洁。

成员也可以是一个结构体变量，称为结构体嵌套。例如第 4 个成员 age 不够具体，这时定义一个 struct date 类型，由 month（月）、day（日）、year（年）3 个成员组成，细分原 age 成员。

```
struct date
{   int month;
    int day;
    int year;
};
struct
{
    long num;
    char name[20];
    char sex;
    struct date birthday;
    float score;
}stu1,stu2;
```

结构体变量 stu1 和 stu2 的成员 birthday 被定义为 struct date 结构体类型。对应的二维表如表 11-2 所示。

表 11-2　嵌套的结构体定义

num	name	sex	birthday			score
			month	day	year	
2132010201	Zhangming	M	3	25	2004	78.5
2132010202	Wangwei	M	7	9	2004	97.0
2132010203	Liuhua	F	5	16	2005	89

成员名可与程序中其他变量同名，二者不代表同一对象。例如程序中可以另定义一个变量 num，它与 struct student 中的成员 num 是两回事，互不干扰。

11.1.3 结构体变量的初始化和引用

和其他简单变量及数组型变量一样，结构体类型的变量也可以在变量定义时进行初始化，亦即在定义结构体变量的同时给变量的成员赋值。例如：

```
struct student
{
    long num;
    char name[20];
    char sex;
    int age;
    float score;
}stu1 ={2132010201," Zhangming",'M',21,78.5};
```

若结构体类型的成员中另有一个结构体类型的变量，则初始化时要对各个基本成员赋予初值。例如：

```
struct date
{
    int month;
    int day;
    int year;
};
struct
{
    long num;
    char name[20];
    char sex;
    struct date birthday;
    float score;
}stu1={2132010201," Zhangming",'M',3,25,2004,78.5};
```

在程序中使用结构体变量，可以有两种方法。

（1）将结构体变量作为一个整体来使用

可以将一个结构体变量作为一个整体赋给另一个结构体变量，条件是这两个变量必须具有相同的结构体类型。

例如：

```
struct student stu1={2132010201," Zhangming",'M',21,78.5};
struct student stu2;
stu2=stu1;
```

这样 stu2 中各成员的值均与 stu1 中成员的值相同。

（2）引用结构体变量中的成员

在程序中使用结构体变量时，往往不把它作为一个整体来使用。除了允许具有相同类型的结构体变量相互赋值以外，一般对结构体变量的使用，包括赋值、输入、输出、运算等都是通过结构体变量的成员来实现的。

表示结构体变量成员的一般形式是：

结构体变量名.成员名

其中的圆点运算符称为成员运算符，它的运算级别是最高的。

例如：

stu1.num　　　　　第 1 个学生的学号
stu2.sex　　　　　第 2 个学生的性别

如果一个结构体类型中含有另一个结构体类型的成员，则要用若干个成员运算符，逐级找到最低级的成员才能使用。

例如：

stu1.birthday.month

不能写成：

stu1.month

对结构体变量的成员可以像对普通变量一样进行各种运算（其类型决定可以进行的运算）。

例如：

stu1.score+=10;
stu1.num=stu2.num+20;

不能将一个结构体变量作为一个整体进行输入和输出，而只能对结构体变量中的各个成员分别进行输入和输出。

例如：

```
struct student stu1;
scanf("%ld%s%c%d%f",&stu1.num,stu1.name,&stu1.sex, &stu1.age,&stu1.score);
printf("No:%ld\nname:%s\nsex:%c\nage:%d\nscore:%f\n",stu1.num,stu1.name,stu1.
sex,stu1.age,stu1.score);
```

11.2　使用结构体数组

一个结构体变量只能存放一个对象的数据。如我们定义了两个结构体变量 stu1 和 stu2 分别代表两个学生，但如果有 5 个或者更多个学生的数据需要进行运算，显然使用数组更具优势，这就是结构体数组，即数组中每一个元素都是一个结构体变量。

11.2.1　定义结构体数组

定义结构体数组的方法和定义结构体变量的方法相似，只需说明它为数组类型即可。

例如：

```
struct student
{
   long num;
  char name[20];
  char sex;
   float score;
}stu[5];
```

这里定义了一个结构体数组 stu，共有 5 个元素，stu[0]~stu[4]。每个数组元素都具有 struct

student 的结构形式，和普通数组一样，对结构体数组可以做初始化赋值。

例如：

```
struct student
{
    long num;
    char name[20];
    char sex;
    float score;
}stu[5]={
        {2132010201,"Zhangming",'M',78.5},
        {2132010202,"Wangwei",'M',97.0},
        {2132010203,"Liuhua",'F',89},
        {2132010204,"Cheng ling",'F',87},
        {2132010205,"Wang ming",'M',58}
        };
```

当对全部元素做初始化赋值时，也可不给出数组长度。

11.2.2　结构体数组的应用

【例 11-1】对学生的成绩进行统计分析，计算 5 名学生的平均成绩和不及格的人数。

```
//计算 5 名学生的平均成绩和不及格的人数
//结构体数组的简单应用
#include <stdio.h>
struct student
{
    long num;
    char name[20];
    char sex;
    float score;
}stu[5]={
    {2132010201,"Zhangming",'M',78.5},
    {2132010202,"Wangwei",'M',97.0},
    {2132010203,"Liuhua",'F',89},
    {2132010204,"Cheng ling",'F',87},
    {2132010205,"Wang ming",'M',58}
    };
int main()
{
    int i,count=0;
    float ave,sum=0;
    for(i=0;i<5;i++)
    {
      sum+=stu[i].score;
      if(stu[i].score<60) count+=1;
    }
    printf("sum=%6.2f\n",sum);
    ave=sum/5;
    printf("average=%6.2f\ncount=%d\n",ave,count);
    return 0;
}
```

例题解析

【例 11-2】两点间的距离在生活中有很多实际的应用。比如日常出行中的导航应用程序，当我们输入起点和终点的位置时，导航应用会计算出这两点之间的距离，并为我们提供最佳路线。定义一个结构体来表示一个点的坐标，然后编写一个函数来计算两个点之间的距离，并在主函数中测试这个函数。

```c
//例 11-2 example11_2.c 计算两个点之间的距离
#include <stdio.h>
#include <math.h>
struct Point
{
    double x;
    double y;
};
double distance(struct Point p1, struct Point p2)
{
    return sqrt((p2.x - p1.x) * (p2.x - p1.x) + (p2.y - p1.y) * (p2.y - p1.y));
}
int main()
{
    struct Point p1 = {3.0, 4.0};
    struct Point p2 = {6.0, 8.0};
    printf("Distance between p1 and p2: %.2f\n", distance(p1, p2));
    return 0;
}
```

例题解析

11.3 结构体指针

11.3.1 指向结构体变量的指针

可以用一个指针指向结构体变量，指向结构体变量的指针的值是所指向的结构体变量的首地址。通过结构体指针可以访问该结构体变量。

结构体指针变量说明的一般形式为：

    struct 结构体名 *结构体指针变量名;

例如：

```c
struct student
{
        long num;
        char name[20];
        char sex;
        float score;
}stu1={2132010201,"Zhangming",'M',78.5};
struct student *pstu=&stu1;
```

当然也可在定义 struct stu 结构体类型的同时说明 pstu（见图 11-1）。与前面讨论的各类指针变量相同，结构体指针变量也必须先赋值后才能使用。

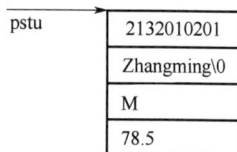

图 11-1　pstu

赋值是把结构体变量的首地址赋予该指针变量，不能把结构体名赋予该指针变量。如果 stu1 是被定义为 struct student 类型的结构体变量，则 pstu=&stu1 是正确的，而 pstu=&student 是错误的。

有了结构体指针变量，就能更方便地访问结构体变量的各个成员。其访问的一般形式为：

   (*结构体指针变量).成员名

或为：

   结构体指针变量->成员名

例如：   (*pstu).num

或者：   pstu->num

应该注意(*pstu)两侧的括号不可少，因为成员符 "."的优先级高于 "*"。如去掉括号写作*pstu.num，则等效于*(pstu.num)，这样意义就完全不对了。

下面通过例子来说明结构体指针变量的具体说明和使用方法。

【例 11-3】使用指向结构体变量的指针来访问输出结构体变量的成员的值。

```
//指向结构体变量的指针的简单应用
#include <stdio.h>
int main()
{
    struct student
    {
      long num;
      char name[20];
      char sex;
      float score;
    } stu1={2132010201,"Zhangming",'M',78.5},*pstu;
    pstu=&stu1;
    printf("Name=%s\nScore=%.2f\n\n",stu1.name,stu1.score);
    printf("Name=%s\nScore=%.2f\n\n",(*pstu).name,( *pstu).score);
    printf("Name=%s\nScore=%.2f\n\n",pstu->name,pstu->score);
    return 0;
    }
```

例题解析

在 printf 语句内用 3 种形式输出 stu1 的成员 name 和 score 的值。从运行结果可以看出：

① 结构体变量.成员名。

② (*结构体指针变量).成员名。

③ 结构体指针变量->成员名。

这 3 种用于表示结构体变量成员的形式是完全等效的。

11.3.2 指向结构体数组的指针

可以用一个指针指向结构体变量，同样也可以用指针指向一个结构体数组。指向结构体数组的指针完全类似于指向普通数组的指针，这时结构体指针变量的值是整个结构体数组的首地址。

设 ps 为指向结构体数组的指针变量，则 ps 指向该结构体数组的 0 号元素，ps+1 指向 1 号元素，ps+i 则指向 i 号元素，这与普通数组的情况是一致的。

【例 11-4】用结构体数组建立 10 名学生信息，要求从键盘输入学生信息，然后输入学号，查询该学号学生的信息和成绩，将查询结果输出到屏幕上，用指向结构体数组的指针输入输出结构体数组。

```c
//用指向结构体数组的指针输入输出结构体数组
#include <stdio.h>
#define NUM 10
struct student
{
    long num;
    char name[20];
    int age;
    float score[3];
};
int main()
{
    struct student stu[NUM], *p;
    int i,j,number;
    p=stu;
    for (i=0;i<NUM;i++,p++)
    {
        printf("input num,name,age,three score:\n");
        scanf("%ld%s%d%f%f%f",&p->num,p->name,&p->age,&p->score[0],&p->score[1],
&p->score[2]);
    }
    printf("input the number of the student:\n");
    scanf("%ld",&number);
    p=stu;
    for (i=0;i<NUM;i++,p++)   //查询信息
    {
        if (number==p->num)
        {
            printf("name=%s\nage=%d\n",p->name,p->age);
            for (j=0;j<3;j++)
                printf("%6.2f",p->score[j]);
            break;
        }
    }
    printf("\n");
    return 0;
}
```

应该注意的是，一个结构体指针变量虽然可以用来访问结构体变量或结构体数组元素的成员，但是不能使它指向一个成员，也就是说不允许取一个成员的地址来赋予它。因此，ps=&stu[1].sex 是错误的。而只能是：

　　ps=stu;　　　//赋予数组首地址

或者是指向某个数组元素，例如：

　　ps=&stu[0];　　//赋予 0 号元素首地址

11.3.3　用结构体变量和结构体变量的指针作为函数参数

　　在程序设计中，常常要将结构体类型的数据传递给一个函数。如果用结构体变量作为函数参数进行整体传送，需要将全部成员逐个传送，特别是成员为数组时会使传送的时间和空间开销很大，严重降低了程序的效率。因此最好的办法就是使用指针，即使用指向结构体变量的指针作为函数形参进行传送。此时要求函数的实参为相同结构体类型的结构体变量的地址值，以实现传地址调用。这时实参传向形参的只是地址，从而减少了时间和空间的开销。通过传地址调用可以在被调函数中通过改变形参所指向的变量值来达到改变调用函数实参值的目的，实现函数之间的数据传递。

　　【例 11-5】用结构体数组建立 10 名学生信息，从键盘输入学生信息，并输出总分最高的学生记录。要求将结构体数组数据的输入写成函数，查找总分最高记录的过程写成函数，在 main 函数中调用这些函数。

例题解析

```c
//使用指向结构体变量的指针作为函数参数
#include <stdio.h>
#define NUM 10
void input(struct student *pstu,int n);
struct student *search_max(struct student *pstu,int n);
struct student
{
    long num;
    char name[20];
    int age;
    float score[3];
};
int main()
{
    struct student stu[NUM], *pmax;
    int j;
    input (stu,NUM);
    pmax=search_max(stu,NUM);
    printf("name=%s\nage=%d\n",pmax->name,pmax->age);
    for (j=0;j<3;j++)
        printf("%6.2f",pmax->score[j]);
    printf("\n");
    return 0;
}
void input(struct student *pstu,int n)
{
    int i;
    for (i=0;i<n;i++,pstu++)
    {
        printf("input num,name,age,three score:\n");
        scanf("%ld%s%d%f%f%f",&pstu->num,pstu->name,&pstu->age,
&pstu->score[0], &pstu->score[1],&pstu->score[2]);
    }
}
//查找总分最高的学生记录
struct student * search_max(struct student *pstu,int n)
```

```
{
    int i,k=0;
    float sum,max=0;
    for (i=0;i<n;i++)         {sum=(pstu+i)->score[0]+(pstu+i)->score[1]+
(pstu+i)->score[2];
        if (max<sum)
        { max=sum; k=i;}
    }
     return pstu+k;
}
```

11.4 用指针处理链表

11.4.1 链表的定义

数组作为同类型数据的集合，给程序设计带来很多方便，但同时也存在一些问题。我们知道，用数组存放数据，必须事先定义固定的长度，即元素个数。例如我们要设计存放一个班级的学生信息，可以使用数组，要存放 30 个学生信息就设计长度为 30 的数组，要存放 50 个学生信息就设计长度为 50 的数组。假如我们事先并不知道学生人数，就必须将数组设计得足够大，例如设计长度为 100 的数组，但实际学生数只有 30，这样就会造成内存的浪费。显然用数组只适合已知长度的数据，因为数组对内存的占用是静态的，程序运行过程中长度是不变的。

链表为解决这类问题提供了一个有效的途径。它是常见的线性数据结构，由系列节点（每个节点包含数据部分和指向下一个节点的指针或链接）组成，可动态地分配存储空间，需要多少就分配多少。可以说链表在按顺序处理数据和频繁遍历以及高级数据结构（如栈、队列、双端队列等）等系列操作中都具有明显优势。

一种简单的链表（单向链表）如图 11-2 所示。

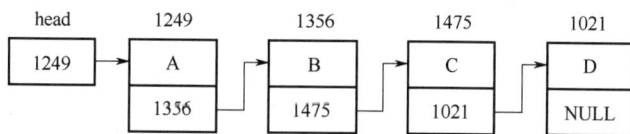

图 11-2 单向链表

在图 11-2 中，结点上面的数值代表结点的存储地址，结点中的 A、B、C、D 代表结点中的数据。第 0 个结点称为头结点，它存放有第一个结点的首地址，它没有数据，只是一个指针变量。以下的每个结点都分为两个域，一个是数据域，存放各种实际的数据，如学号 num、姓名 name、性别 sex 和成绩 score 等。另一个域为指针域，存放下一结点的首地址。链表中的每一个结点都是同一种结构体类型。可以看出，head 指向第 1 个结点，第 1 个结点的地址域又指向第 2 个结点……直到最后一个结点，该结点不再指向其他结点，它称为"表尾"，它的地址部分放一个 NULL（表示空地址），链表到此结束。

前面介绍了结构体变量，用它作为链表中的结点是最合适的。例如一个存放学生学号和成绩的结点可为以下结构。

```
struct student
{ int num;
  float score;
  struct student *next;
};
```

前两个成员项组成数据域；后一个成员项 next 构成指针域，next 是一个指向 struct student 结构体类型的指针变量。

11.4.2 建立静态链表

下面通过一个简单的例子来说明如何建立和输出一个简单链表。

【例 11-6】建立一个如图 11-2 所示的简单链表，它由 3 个学生数据的结点组成，输出结点中的数据。

```
//例 11-6 example11_6.c 简单静态链表的建立
#include <stdio.h>
//定义结构体类型
struct student
{
    long num;
    float score;
    struct student *next;
};
int main()
{
    struct student a,b,c, *head, *p;
    a.num=2132010201;a.score=89.5;
    b.num=2132010202;b.score=78.5;
    c.num=2132010203;c.score=80.0;   //对结点的 num 和 score 成员赋值
    head=&a;                    //将结点 a 的起始地址赋给头指针 head
    a.next=&b;          //将结点 b 的起始地址赋给 a 结点的成员 next
    b.next=&c;          //将结点 c 的起始地址赋给 b 结点的成员 next
    c.next=NULL;     //结点 c 为表尾，将 NULL 赋给 c 结点的成员 next
    //输出链表中各个结点—链表的遍历
    p=head;
    do
    { // 输出 p 指向的结点的数据
        printf("num:%12d\tscore:%6.2f\n",p->num,p->score);
        p=p->next;                   //使 p 指向下一个结点
    }while (p!=NULL);
    return 0;
}
```

程序的输出结果为：

```
num:  2132010201   score:  89.50
num:  2132010202   score:  78.50
num:  2132010203   score:  80.00
```

在本例中，所有结点都是在程序中定义的，不是临时开辟的，也不能用完后释放，这种链表叫作"静态链表"。

11.4.3　建立动态链表

　　所谓建立动态链表是指在程序执行过程中从无到有地建立起一个链表，即一个一个地开辟结点和输入各结点数据，并建立起前后相链接的关系。

　　链表结构是动态地分配存储的，即在需要时才开辟一个结点的存储单元。怎样动态地开辟和释放存储单元呢？C 语言提供了一些内存管理函数，这些内存管理函数可以按需要动态地分配内存空间，也可把不再使用的空间回收待用，为有效地利用内存资源提供了方法。使用这些函数应包含头文件 stdlib.h 或 malloc.h。

（1）分配内存空间函数 malloc 和 calloc

函数原型：

```
void *malloc(unsigned size);
void *calloc(unsigned n,unsigned size);/*一次分配n块*/
```

　　功能：在内存的动态存储区中分配一块长度为"size"字节和 n 块长度为"size"字节的连续区域，函数的返回值为该区域的首地址。

　　为确保内存分配准确，函数 malloc()通常和运算符 sizeof 一起使用，例如：

```
int *p;
p=(int *)malloc(20*sizeof(int));
```

　　通过 malloc 函数分配能存放 20 个整型数的连续内存空间，并将该内存空间的首地址赋予指针变量 p。

　　例如：

```
struct student
{
    long num;
    float score;
    struct student *next;
};
struct student *stu ,*ps;
stu=(struct student *)malloc(sizeof(struct student)); /*分配 struct student 类型结
点的字节数内存空间，并将所分配的内存首地址存储在指针变量 stu 中*/
ps=(struct student*)calloc(2,sizeof(struct student));/* 按 struct student 的长度分
配 2 块连续区域，强制转换为 struct student 指针类型，并把其首地址赋予指针变量 ps*/
```

（2）释放内存空间函数 free

　　函数原型：void free(void *p);

　　功能：释放 p 所指向的一块内存空间，p 是一个任意类型的指针变量，它指向被释放区域的首地址。被释放区域应是由 malloc 或 calloc 函数所分配的区域。

　　建立一个单向动态链表的步骤如下。

　　① 设 3 个指针变量：head、p1、p2，用来指向 struct student 类型数据。即

```
struct student *head=NULL,*p1,*p2;
```

　　② 用 malloc 函数开辟第一个结点，并使 head 和 p2 都指向它。通过下面的语句申请一个新结点的空间，再从键盘输入数据。

```
head=p2=(struct student *)malloc(sizeof(struct student));
```

```
// head 为头指针变量，指向链表的第一个结点；p2 指向链表的尾结点
scanf("%d%f",&p2->num,&p2->score);
```

③ 再用 malloc 函数重新开辟另一个结点并使 p1 指向它，接着输入该结点的数据，并与上一结点相连，使 p2 指向新建立的结点。

```
//p1 指向新结点
p1=(struct student *)malloc(sizeof(struct student));
scanf("%d%f",&p1->num,&p1->score);
p2->next=p1;       //与上一结点相连，实现将新开辟的结点插入到链表尾
p2=p1;             //使 p2 指向新结点，新结点成为链表尾
```

④ 重复执行第 3 步，依次创建后面的结点，直到所有的结点建立完毕。

⑤ 将表尾结点的指针域置 NULL（p2-> next=NULL）。

【例 11-7】编写一个建立有 n 个结点的链表的函数 create。

```
#include <stdlib.h>
#define LEN sizeof (struct student)
struct student
{
    long num;
    float score;
    struct student *next;
 };
struct student *create(int n)
{
    struct student *head, *p1, *p2;
    int i;
    head=p2=(struct student*) malloc(LEN);
    printf("input num and score:\n");
    scanf("%ld%f",&p2->num,&p2->score);
    for(i=2;i<=n;i++)
    {
      p1=(struct student*) malloc(LEN);
      printf("input Number and score:\n");
      scanf("%ld%f",&p1->num,&p1->score);
      p2->next=p1;
      p2=p1;
    }
    p2->next=NULL;
    return(head);
}
```

例题解析

程序中，用 LEN 表示 sizeof(struct student)的主要目的是在程序内减少书写并使阅读更加方便。结构 struct student 定义为外部类型，程序中的各个函数均可使用该定义。

create 函数用于建立一个有 n 个结点的链表，它是一个指针函数，它返回的指针指向 struct student 结构体整型变量。在 create 函数内定义了 3 个指向 struct student 结构体变量的指针变量。head 为头指针，p1 指向新开辟的结点，p2 指向链表的尾结点。

11.4.4　输出链表

将链表中各结点的数据依次输出，首先要知道链表第一个结点的地址，也就是要知道 head

的值。设一个指针变量 p，先指向第一个结点，输出 p 所指的结点，然后使 p 后移一个结点，再输出，直到链表的尾结点。

【例 11-8】编写一个输出链表的函数 print。

```
void print(struct student *head)
{
    struct student *p;
    p=head;
    while (p!=NULL)
    {
        printf("%d,%6.2f\n",p->num,p->score);
        p=p->next;
    }
}
```

11.4.5　链表删除操作

假设已建好图 11-3 所示的链表结构。

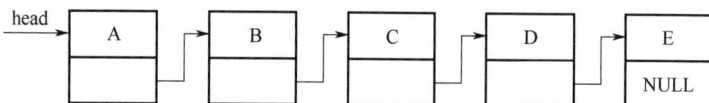

图 11-3　单向链表

要删除 C 结点，使链表成为图 11-4 所示的形式，修改结点指针域的值即可。

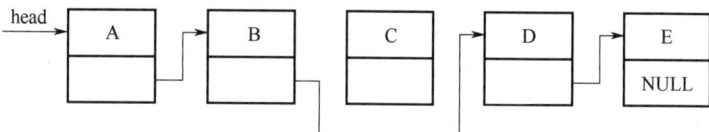

图 11-4　删除结点后的链表

可以设两个指针变量 p1 和 p2，先使 p1 指向第一个结点（p1=head），如果要删除的不是第一个结点，则 p2=p1，即使 p2 指向刚检查过的结点，然后使 p1 后移指向下一个结点（p1=p1->next）。如此一次一次使 p1 后移，直到找到所要删除的结点或检查完链表后都找不到要删除的结点为止。

找到要删除的结点后，还要考虑两种情况。

① 删除的是第一个结点：head=p1->next。

② 如果要删除的不是第一个结点：p2->next=p1->next。

【例 11-9】编写函数 del 以删除动态链表中指定的结点。

```
struct student *del(struct student *head,int num)
{
    struct student *p1, *p2;
    if (head==NULL) {printf("\n list null\n");return head;}
    p1=head;
    while (num!=p1->num && p1->next!=NULL)
        //p1指向的不是所要找的结点，并且后面还有结点
    { p2=p1;p1=p1->next;}
```

例题解析

```
    if (num==p1->num)
    {
        if (p1==head)
            head=p1->next;
        else
            p2->next=p1->next;
        printf("delete %d\n",num);
    }
    else
        printf("%d not has been found\n",num);
    return head;
}
```

11.4.6　链表插入操作

同删除结点一样，也可以向链表中插入结点。

若已有一个学生链表，各结点是按成员项 num（学号）的值由小到大顺序排列的。要插入一个新的学生结点，要求按学号的顺序插入。

首先要确定插入的位置。先用指针变量 p0 指向新结点，p1 指向第一个结点。将 p0->num 与 p1->num 相比较，如果 p0->num>p1->num，则待插入的结点不应插入在 p1 所指向的结点之前。此时首先使 p2 指向刚检查的结点，即 p2=p1，然后将 p1 后移，即 p1=p1->next。再将 p0->num 与 p1->num 相比较，如果仍然是 p0->num>p1->num，则应使 p1 后移，直到 p0->num<= p1->num 为止，这时将 p0 插在 p1 之前，但如果 p0 比所有结点的 num 都大，p1 已指到表尾，则 p1 不再后移，将 p0 所指的结点插到链表末尾。

对于被插入的结点 p0，插入后在链表中的位置有 3 种情况，对应的修改结点指针的方法也相应有 3 种。

① p0 结点插入到表中，既不在表头，也不在表尾，如图 11-5 所示。修改指针。

```
p2->next=p0;
p0->next=p1;
```

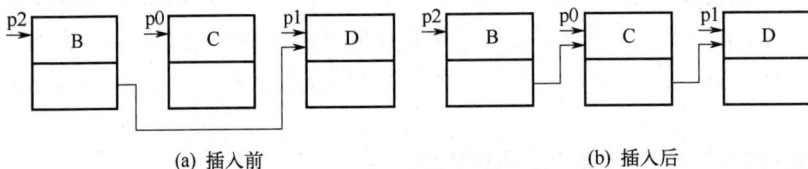

(a) 插入前　　　　　　　　　　　　　(b) 插入后

图 11-5　将结点插在表中

② p0 结点插入到表头，如图 11-6 所示。修改指针。

```
head=p0; p0->next=p1;
```

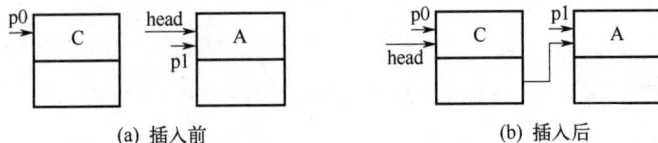

(a) 插入前　　　　　　　　　(b) 插入后

图 11-6　将结点插在表头

③ p0 结点插入到表尾，如图 11-7 所示。修改指针。

```
p1->next=p0; p0->next=NULL;
```

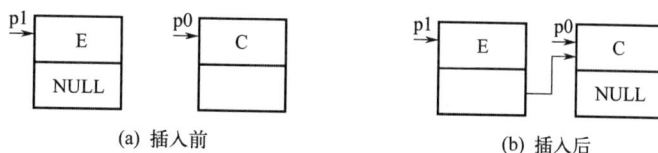

(a) 插入前   (b) 插入后

图 11-7   将结点插在表尾

【例 11-10】编写插入结点的函数 insert。

```
struct student *insert(struct student *head,struct student *stud)
{
    struct student *p0, *p1, *p2;
    p1=head;
    p0=stud;
    if (head==NULL)      //原来的链表是空表
    { head=p0; p0->next=NULL;}
    else
    {
        while ((p0->num>p1->num)&&(p1->next!=NULL))
        {p2=p1;    p1=p1->next;}
        if (p0->num<=p1->num)
        { if (head==p1) head=p0;
          else p2->next=p0;
          p0->next=p1;
        }
        else
        { p1->next=p0;p0->next=NULL;}
    }
    return head;
}
```

例题解析

11.4.7 链表综合操作

将以上建立、输出、删除、插入的函数组织在一个 C 语言程序中，用 main 函数作为主调函数，可以写出以下 main 函数（各函数放在 main 函数之后）。

【例 11-11】链表的综合操作。

```
//例 11-11 example 11_11.c 链表的综合操作
#include <stdio.h>
#include <stdlib.h>
#define LEN sizeof (struct student)
struct student
{
    long num;
    float score;
    struct student *next;
};
struct student *create(int n);
void print(struct student *head);
struct student *del(struct student *head,int num);
```

```
struct student *insert(struct student *head,struct student *stud);
int main()
{
    struct student *head, *stu;
    int n;
    int del_num;
    printf("input the number of the records:\n");
    scanf("%d",&n);
    head=create(n);
    print(head);
    printf("input the deleted number:\n");
    scanf("%d",&del_num);
    head=del(head,del_num);
    print(head);
    printf("\ninput the inserted record\n");
    stu=(struct student *)malloc(LEN);
    scanf("%d%f",&stu->num,&stu->score);
    head=insert(head,stu);
    print(head);
    return 0;
}
```

微课

11.5 共用体类型

11.5.1 共用体类型的定义

共用体（Union）是 C 语言中一种特殊的数据类型，它允许在相同的内存位置存储不同类型的数据。这种结构适用于需要节省内存或者处理不同类型数据的场景中。

例如可以把一个整型变量、一个字符型变量、一个实型变量放在同一个地址开始的内存单元中。以上 3 个变量在内存中占的字节数不同，但都从同一地址开始存放，也就是使用覆盖技术，几个变量互相覆盖。这种使几个不同的变量共同占用一段内存的结构，称为"共用体"，有的书中也称为"联合体"。

定义共用体类型变量的一般形式为：

union 共用体名
{
　　成员表列;
}变量表列;

例如假定一个变量 a 可能是 short int、char 或者 float，为了用同一个存储区来存放一个变量，定义如下共用体类型。

union data
{
    short int i;
    char ch;
    float f;
}a;

也可以将类型声明与变量定义分开。

```
union data
{
    short int i;
    char ch;
    float f;
};
union data a;
```

当然也可以直接定义共用体变量，例如：

```
union
{
    short int i;
    char ch;
    float f;
}a;
```

可以看出，共用体和结构体的定义形式相似，但是它的所有成员共享同一块内存空间。这意味着，虽然共用体可以拥有多个成员，但在任何时刻只有一个成员可以存储有效的值。共用体的大小由其最大成员的大小决定，而结构体类型的变量在内存中所占用的单元是所有成员所占内存单元的和。例如设内存起始地址为 1000。

```
struct data
{
    short int i;
    char ch;
    float f;
}a;
```

结构体变量 a 所占用的内存单元如图 11-8 所示，共用体变量 a 所占用的内存单元如图 11-9 所示。

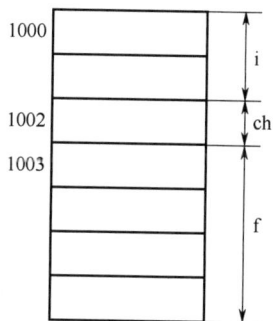

图 11-8　结构体变量 a 占用内存单元　　　　图 11-9　共用体变量 a 占用内存单元

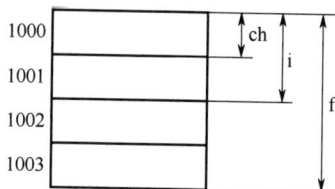

如果使用 sizeof() 来计算数据类型长度，则 sizeof(struct data) 的值为 7，sizeof(union data) 的值为 4。

11.5.2　共用体变量的引用方式

共用体变量的引用方式与结构体变量的引用方式类似，即：

共用体变量名.成员名

【例11-12】阅读下面的程序，分析和了解共用体变量成员的取值情况。

```c
//例11-12 example 11_12.c 共用体成员取值
#include <stdio.h>
union data
{
    short int i;
    char ch;
    float f;
};
int main()
{
    union data a;
    a.i=10;
    a.ch='t';
    a.f=8.9;
    printf("共用体变量a成员的值为: \n");
    printf("a.i=%hd\ta.ch=%c\ta.f=%5.2f\n",a.i,a.ch,a.f);
    return 0;
}
```

程序的运行结果如下。

共用体变量a成员的值为：

a.i=26214   a.ch=f a.f= 8.90

从程序结果可以看出，只有成员 f 具有确定的值，而成员 i 和 ch 的值是不可预料的。共用体的各成员共用同一段内存，所以只接受最后一个赋值。

【例11-13】开发一个图形程序，用于处理圆形和矩形。

```c
#include <stdio.h>
#define PI 3.14159
union Shape
{
    struct
{
    float radius;
} circle;
    struct
{
    float length;
    float width;
} rectangle;
};
int main()
{
union Shape shape;
char shape_type;
printf("Enter shape type (c for circle, r for rectangle): ");
scanf("%c", &shape_type);
if (shape_type == 'c')
{
    printf("Enter radius of the circle: ");
```

例题解析

```
        scanf("%f", &shape.circle.radius);
        float area = PI * shape.circle.radius * shape.circle.radius;
        printf("Area of the circle: %.2f\n", area);
    }
else if (shape_type == 'r')
{
        printf("Enter length of the rectangle: ");
        scanf("%f", &shape.rectangle.length);
        printf("Enter width of the rectangle: ");
        scanf("%f", &shape.rectangle.width);
        float area = shape.rectangle.length * shape.rectangle.width;
        printf("Area of the rectangle: %.2f\n", area);
    }
else
{
        printf("Invalid shape type\n");
    }
    return 0;
}
```

11.6　使用枚举类型

微课

如果一个变量只有几种可能的值，则可以将其定义为枚举类型。所谓"枚举"是指将变量的值一一列举出来，变量的值只限于列举出来的值的范围内，其关键字是 enum。

枚举类型定义的一般形式为：

enum 枚举名 { 枚举值表 };

在枚举值表中应罗列出所有可用值，这些值也称为枚举元素。

例如：

    enum weekday{sun,mon,tue,wed,thu,fri,sat};

该枚举名为 weekday，枚举值共有 7 个，即一周中的 7 天。凡被说明为 weekday 类型变量的取值只能是 7 天中的某一天。

若声明一个枚举类型 enum weekday，可以用此类型米定义变量。例如：

enum weekday a,b,c;

或为：

enum weekday{ sun,mou,tue,wed,thu,fri,sat }a,b,c;

或为：

enum { sun,mou,tue,wed,thu,fri,sat }a,b,c;

枚举类型在使用中有以下规定。

① 枚举值是常量，不是变量，不能在程序中用赋值语句再对它赋值。

例如，对枚举 weekday 的元素再做以下赋值：

sun=5;

mon=2;

sun=mon;

这些都是错误的。

② 枚举元素本身由系统定义了一个表示序号的数值，从 0 开始顺序定义为 0，1，2，…如在 weekday 中，sun 值为 0，mon 值为 1，…，sat 值为 6。

③ 枚举元素在系统定义时可以改变某个枚举元素对应的数值。所有枚举元素的数值都是由其前的枚举元素加 1 而来，但不能从当前的元素向前推算其前的枚举元素的数值。

如程序段：

```
enum weekday { sun=7,mon,tue=3,wed,thu,fri,sat };
```

则其对应的枚举元素的数值如下：mon->8，wed->4。

【例 11-14】阅读下列程序，了解枚举变量的使用。

```
//例11-14 example 11_14.c枚举变量的使用
#include <stdio.h>
int main(){
    enum weekday { sun,mon,tue,wed,thu,fri,sat } a,b,c;
    a=sun;
    b=mon;
    c=tue;
    printf("%d,%d,%d",a,b,c);
    return 0;
}
```
输出结果为：

```
0,1,2
```

说明：

只能把枚举值赋予枚举变量，不能把元素的数值直接赋予枚举变量。例如：

```
    a=sum;
    b=mon;
```

这是正确的。

```
    a=0;
    b=1;
```

这是错误的。如一定要把数值赋予枚举变量，则必须用强制类型转换。

例如：

```
    a=(enum weekday)2;
```

其意义是将顺序号为 2 的枚举元素赋予枚举变量 a，相当于：

```
    a=tue;
```

还应该说明的是枚举元素不是字符常量，也不是字符串常量，使用时不要加单、双引号。

11.7 用 typedef 声明新类型名

C 语言不仅提供了丰富的数据类型，而且还允许由用户自己定义类型说明符，也就是说允许由用户为数据类型取"别名"。类型定义符 typedef 即可用来完成此功能。例如，有整型变量 a, b, 其说明如下。

```
int a,b;
```

其中, int 是整型变量的类型说明符。int 的完整写法为 integer, 为了增加程序的可读性, 可把整型说明符用 typedef 定义为:

```
typedef int INTEGER;
```

就可用 INTEGER 来代替 int 作为整型变量的类型说明了。

例如:

```
INTEGER a,b;
```

它等效于:

```
int a,b;
```

typedef 定义的一般形式为:

```
typedef 原类型名   新类型名;
```

例如:

```
typedef struct stu
{ char name[20];
  int age;
  char sex;
 } STU;
```

定义 STU 表示 stu 的结构体类型, 可用 STU 来说明结构体变量。

```
STU body1,body2;
```

注意: 用 typedef 只是给已有类型增加一个别名, 并不能创造一个新的类型。

11.8 综合实例

【例 11-15】一副扑克牌除去大王和小王还有 4 种花色, 每种花色 13 张牌, 共有 52 张。设计一个洗牌和发牌的程序, 用 H 代表红桃, D 代表方片, C 代表梅花, S 代表黑桃, 用 1～13 代表每一种花色的面值。

分析: 可用结构体类型来表示扑克牌的花色和面值。

```
struct card {
    char *face;
    char *suit;
};
```

结构体成员 face 代表扑克牌的面值, suit 代表扑克牌的花色。函数 void shuffle(Card *wDeck) 用于对扑克牌完成洗牌, 函数 void deal(Card *wdeck) 完成发牌。

程序如下。

```
//例11_15 example11_15.c 洗牌算法
#include <stdio.h>
#include <stdlib.h>
#include <time.h>
```

```
    struct card {
      char *face;
      char *suit;
    };
    typedef struct card Card;
    void fillDeck(Card *, char *[], char *[]);
    void shuffle(Card *);
    void deal(Card *);
    int main()
    {
        Card deck[52];
        char *face[] = {"1", "2", "3", "4", "5", "6", "7", "8", "9", "10", "11", "12",
"13"};
        char *suit[] = {"H", "D", "C", "S"};
        srand(time(NULL));
        fillDeck(deck, face, suit);
        shuffle(deck);
        deal(deck);
        return 0;
    }
    void fillDeck(Card *wDeck, char *wFace[], char *wSuit[])
    {
        int i;
        for (i=0;i<= 51; i++)
        {
            wDeck[i].face = wFace[i % 13];
            wDeck[i].suit = wSuit[i / 13];
        }
    }
    void shuffle(Card *wDeck)
    {
        int i, j;
        Card temp;
        for (i = 0; i <= 51; i++)
        {
            j = rand() % 52;
            temp = wDeck[i];
            wDeck[i] = wDeck[j];
            wDeck[j] = temp;
        }
    }
    void deal(Card *wdeck)
    {
        int i;
        for (i=0;i<=51;i++)
            printf("%2s--%2s%c", wdeck[i].suit, wdeck[i].face,(i+1)%4?'\t':'\n');
    }
```

【例 11-16】编写程序，求解"约瑟夫问题"。由 n 个人围成一圈，对他们从 1 开始依次编号，现指定从第 m 个人开始报数，报到第 s 个数时，该人员出列，然后从下一个人开始报数，仍是报到第 s 个数时，人员出列，如此重复，直到所有人都出列。输出人员的出列顺序。

分析：定义如下结构体类型。

```
struct person
{
    int num;         /*本人的序号*/
    int next;        /*下一个人的序号*/
}ring[100];
```

为简单起见，这里采用结构体数组，而非指针。

成员 num 为本人的序号，当出列后，设为 0。所以，非 0 代表这个人还在队列，0 代表这个人已出队列。

主函数中通过以下语句将 n 个人构成一个单向的圈。

```
for(i=1;i<=n;i++)  //对人员编号
    {
        ring[i].num=i;
        if(i==n)
            ring[i].next=1;
        else
            ring[i].next=i+1;
    }
```

求解出队序列通过函数 void OutQueue(int m,int n,struct person ring[])来实现。函数中，从第 m 个人开始报数，共 n 个人。函数 OutQueue()的算法如下。

① 定义变量 count，i，j。

② 如果 m=1，即从第 1 个人开始报数，则队尾的下标值 j=n，否则 j=m-1。

③ count 作为循环变量，循环体为输出第 count 次出队的人员。

④ i 作为内层循环变量，控制报数到 s 时，队员出列。循环体中通过语句 j=ring[j].next;依次向下数。第一次执行时，以 j 为队尾，则 ring[j].next 为第一个报数人员的序号。

代码如下。

```
//例 11_16 example11_16.c  用结构体解决约瑟夫问题
#include <stdio.h>
struct person
{
    int num;
    int next;
};
void OutQueue(int m,int n,int s,struct person ring[]);
int main()
{
    struct person ring[100];
    int i,n,m,s;
    printf("请输入人数 n(1~99)：");
    scanf("%d",&n);
    for(i=1;i<=n;i++)          //对人员编号
    {
        ring[i].num=i;
        if(i==n)
            ring[i].next=1;
        else
```

```
            ring[i].next=i+1;
        }
        printf("人员编号为：\n");   //输出人员编号
        for(i=1;i<=n;i++)
        {
            printf("%6d",ring[i].num);
            if(i%10==0)
              printf("\n");
        }
        printf("\n请输入开始报数的编号m(1~100)：");
        scanf("%d",&m);
        printf("报到第几个数出列s(1~100)：");
        scanf("%d",&s);
        printf("出列顺序：\n");
        OutQueue(m,n,s,ring);
        return 0;
    }
    void OutQueue(int m,int n,int s,struct person ring[])
    {
        int i,j,count;
        if(m==1)
          j=n;
        else
          j=m-1;
        for(count=1;count<=n;count++)
        {
          i=0;
          while(i!=s)
          {
            j=ring[j].next;
            if(ring[j].num!=0)
            i++;
          }
          printf("%6d",ring[j].num);
          ring[j].num=0;
          if(count%10==0)
            printf("\n");
        }
    }
```

【例 11-17】 口袋中有红、黄、蓝、白、黑 5 种颜色的球若干。每次从口袋中先后取出 3 个球，问得到 3 种不同颜色的球的可能取法，输出每种排列的情况。

球只能是 5 种颜色之一，而且要判断各球是否同色，应该用枚举类型变量处理。

设取出的球为 i、j、k。根据题意，i、j、k 分别是 5 种色球之一，并要求 i≠j≠k。可以使用穷举法，即一种可能一种可能地试，看哪一组符合条件。

用 n 累计得到 3 种不同色球的次数。外循环使第 1 个球 i 从 red 变到 black，中循环使第 2 个球 j 也从 red 变到 black。如果 i 和 j 同色则不可取，只有 i≠j 时才需要继续找第 3 个球，此时第 3 个球 k 也有 5 种可能，即从 red 变到 black，但要求第 3 个球不能和第 1 个球或第 2 个球同色，即 k≠i 并且 k≠j，满足此条件就得到 3 种不同色的球。

为了输出球的颜色，我们首先令 pri 的值为第 1 个球 i，然后输出第 1 个球的颜色。然后令 pri 的值为第 2 个球 j，输出第 2 个球的颜色。最后令 pri 的值为第 3 个球 k，输出第 3 个球的颜色。这个过程用一个循环来实现。

程序如下。

```c
//例 11-17 example 11_17.c 用枚举解决问题
#include <stdio.h>
int main()
{
    enum color {red,yellow,blue,white,black};
    int i,j,k,pri;
    int n,loop;
    n=0;
    for (i=red;i<=black;i++)
    for (j=red;j<=black;j++)
    if (i!=j)
    {
    for (k=red;k<=black;k++)
        if (k!=i && k!=j)
        {
        n++;
        printf("%-4d",n);
        for (loop=1;loop<=3;loop++)
        {
        switch(loop)
        {
        case 1:  pri=i;break;
        case 2:  pri=j;break;
        case 3:  pri=k;break;
        default: break;
        }
        switch(pri)
        {
        case red:    printf("%-10s","red");break;
        case yellow: printf("%-10s","yellow");break;
        case blue:   printf("%-10s","blue");break;
        case white:  printf("%-10s","white");break;
        case black:  printf("%-10s","black");break;
        default:     break;
        }
        }
        printf("\n");
        }
    }
    printf("\ntotal:%5d\n",n);
    return 0;
}
```

运行结果如下。

```
1    red      yellow    blue
2    red      yellow    white
```

```
3       red         yellow      black
...
58      black       white       red
59      black       white       yellow
60      black       white       blue
Total:  60
```

不使用枚举变量而使用常数 0 代表"红"，1 代表"黄"……也可以实现。但用枚举变量更直观，因为枚举变量选用了令人"见名知义"的标识符，而且枚举变量的值限定在定义时规定的几个枚举元素范围内，如果赋予它一个其他的值，就会出现出错信息，便于检查。

小结

本章介绍了 C 语言中的几种用户自己建立的数据类型：结构体、共用体、枚举和用户定义类型，详细讨论了结构体的概念、定义和使用方法，介绍了结构体数组与指针，以及结构体类型数据动态存储分配的使用方法，同时介绍了链表的概念、定义、特点、基本操作等，此外，还介绍了共用体、枚举类型以及用户定义类型的概念和应用。

对于一个已经定义的新数据类型，要想使用该类型，必须为数据类型定义变量，即将数据类型实例化。计算机根据数据类型为变量分配相应的存储空间。

结构体和共用体具有很多相似之处，它们都由成员组成，成员可以具有不同的数据类型。对于结构体变量和共用体变量，我们经常引用的是变量的成员。

在结构体中，各成员都占有自己的内存空间，它们是同时存在的。一个结构体变量的总长度等于所有成员长度之和。在共用体中，所有成员不能同时占有内存空间，它们不能同时存在。共用体变量的长度等于最长的成员的长度。

"."是成员运算符，可用它表示成员项；使用指针时，成员还可以用"—>"运算符引用。

链表是一种重要的数据结构，它便于实现动态的存储分配。

枚举是一种由用户定义的基本类型，使用枚举使得某些数据的表示更加直观。

习题

参考答案
习题解析

一、选择题

① 把一些属于不同类型的数据作为一个整体来处理时，常用（   ）。

A. 结构体类型数据　　　　B. 简单变量　　　　C. 数组　　　　D. 指针类型

② 在 C 语言中，当结构体类型变量在程序运行期间被修改时，（   ）。

A. 结构体类型变量的内存布局会保持不变

B. 结构体类型变量的内存布局会根据成员的类型和大小自动调整

C. 结构体类型变量的内存布局会根据成员的顺序自动调整

D. 结构体类型变量的内存布局会根据成员的访问权限自动调整

③ 链表相比于数组的主要优势在于（   ）。

A. 链表可以动态地分配内存　　　　　　　　B. 链表访问元素的速度更快

C. 链表可以随机访问元素　　　　　　　　　D. 链表占用的内存更少

④ 以下（   ）选项正确地声明了一个指向结构体数组的指针。

A．struct *Person people[];

B．struct Person people[];

C．struct Person *people;

D．struct *people[];

⑤ 以下（　　）正确地访问了结构体变量 book 的 title 成员。

A. book.title　　　　　　B. book->title　　　　　C. book->Book.title　　　　D. book->title()

⑥ 设有如下定义：

```
struck sk
{  int a;
   float b;
} data;
int *p;
```

若要使 p 指向 data 中的 a 域，正确的赋值语句是（　　）。

A．p=&a;　　　　　　B．p=data.a;　　　　　C．p=&data.a;　　　　D．*p=data.a;

⑦ 以下（　　）正确地声明了一个指向结构体的指针。

```
struct Book {
   char title[50];
   float price;
   };
```

A．struct Book *bookPtr;　　　　　　　　B．Book *bookPtr;

C．struct *bookPtr;　　　　　　　　　　D．*bookPtr Book;

⑧ 以下（　　）正确地访问了结构体数组的第三个元素的年龄成员。

A.people[2].age　　　　　　　　　　　B. people[3].age

C. people[2]->age　　　　　　　　　　D. people->age[2]

⑨ 有以下结构体说明和变量的定义，且指针 p 指向变量 a，指针 q 指向变量 b，则不能把结点 b 连接到结点 a 之后的语句是（　　）。

```
struct node
{ char data;
struct node *next;
} a,b, *p=&a, *q=&b;
```

A. a.next=q;　　　　　B. p.next=&b;　　　　C. p—>next=&b;　　　　D.（*p）.next=q;

⑩ 以下函数原型（　　）可以接受结构体 Student 类型的参数并修改它。

A．void modifyStudent(Student s);　　　　　　B．void modifyStudent(Student *s);

C．void modifyStudent(const Student *s);　　　　D．void modifyStudent(Student &s);

⑪ （　　）正确地声明并初始化了一个联合体变量。

A．union Data { int i; float f; } data = { .i = 42, .f = 3.14 };

B．union Data { int i; float f; } data = { .f = 3.14 };

C．union Data { int i; float f; } data = { i = 42, f = 3.14 };

D．union Data { int i; float f; } data = { 42 };

二、判断题

① 结构体成员的访问使用点操作符（.）。　　　　　　　　　　　　　　　　　　　（　　）

② 结构体类型声明后，系统会为其分配内存。　　　　　　　　　　　（　　）

③ 在 C 语言中，可以把一个结构体变量作为一个整体赋值给另一个具有相同类型的结构体变量。　　　　　　　　　　　　　　　　　　　　　　　　　　（　　）

④ 动态链表的节点可以通过指针访问其他节点的数据成员。　　　　　（　　）

⑤ 在 C 语言中，枚举元素表中的元素有先后顺序，可以进行比较。　（　　）

⑥ 使用`typedef 定义的结构体类型名必须以大写字母开头。　　　　（　　）

⑦ 所谓结构体变量的指针就是这个结构体变量所占存储单元段的起始地址。（　　）

⑧ 结构体指针在声明时可以初始化。　　　　　　　　　　　　　　　（　　）

⑨ 联合体（Union）的大小等于其最大成员的大小。　　　　　　　　（　　）

⑩ 在说明一个结构体变量时，系统分配给它的内存是成员中占内存量最大者所需的容量。　　　　　　　　　　　　　　　　　　　　　　　　　　　　　（　　）

三、填空题

① 结构体中的成员可以是基本数据类型，也可以是（　　）、（　　）或（　　）类型。

② 如果结构体变量以指针形式传递、访问成员时需要使用（　　）操作符。

③ 把一些属于不同类型的数据作为一个整体处理时，常用（　　）类型。

④ 以下定义的结构体类型拟包含两个成员，其中成员变量 info 用来存入整型数据，成员变量 link 是指向自身结构体的指针，link 应定义为（　　）类型。

```
struct node
{ int info;
    link;
};
```

⑤ 要复制一个结构体变量到另一个结构体变量，可以使用（　　）函数。

⑥ 现有如下定义：struct aa{int a;float b;char c;}*p;，需用 malloc 函数动态地申请一个 struct aa 类型大小的空间（由 p 指向），则定义的语句为：（　　）。

⑦ 阅读如下程序段，其执行后程序的输出结果是（　　）。

```
#include <stdio.h>
int main()
{ struct a{int x; int y; }num[2]={{20,5},{6,7}};
  printf("%d\n",num[0].x/num[0].y*num[1].y);
  return 0;
}
```

⑧ 已知学生记录描述为：

```
struct birthday
{int year; int month; int day;};
struct student
{ int no;
    char name[20];
    struct birthday birth;
};
struct student s;
```

设变量 s 中的"生日"是"1984 年 11 月 12 日"，对成员 birth 正确赋值的程序段是（　　）。

⑨ 以下程序的输出是（　　）。

```
#include <stdio.h>
```

```
struct st
{ int x; int *y;} *p;
int dt[4]={10,20,30,40};
struct st aa[4]={50,&dt[0],60,&dt[0],60,&dt[0],60,&dt[0]};
int main()
{  p=aa;
   printf("%d\n",++(p->x));
   return 0;
}
```

四、编程题

① 定义一个结构体来表示一个日期，包括年、月和日，然后编写一个函数来检查给定的日期是否有效（考虑闰年）。

② 用结构体数组建立 10 名学生信息，要求从键盘输入学生信息，然后输入学号，查询该学号学生的信息和成绩，将查询结果输出到屏幕上。

③ 有 10 个学生，每个学生的数据包括学号（num）、姓名（name）、3 门课程成绩（score[3]）。从键盘输入 10 个学生数据，要求输出 3 门课程总平均成绩，以及最高分学生的数据（包括学号、姓名、3 门课成绩、平均分数）。

④ 编写程序，将一个链表按逆序排列，即将链头当链尾，链尾当链头。

⑤ 已有 a、b 两个链表，每个链表中的结点包括学号、成绩。要求将两个链表合并，生成一个新链表，按学号升序排列，a、b 链表中相同学号的结点保留一个。

⑥ 一条公交线路包含若干公交站点，每个公交站点包含站点名称，站点名称不超过 20 个字符。

a. 编写建立链表，依次存放一条公交线路的各个站点的信息并统计站的数量，从键盘依次输入从起点到终点的各站点名，每个站点名用回车作为结束，最后用字符#作为输入结束。

b. 编写函数，在链表中删除指定的站点名称所在的结点，最后将删除站点之后的该线路上的站点和站点数量输出。

12.1　C 文件概述

　　文件通常是保存在外部介质上的一组相关数据的有序集合，这个数据集有一个名称，叫作文件名。文件只有在使用的时候才调入内存中来。从用户的角度看，文件可分为普通文件和设备文件两种。

　　普通文件是指驻留在外部介质上的一个有序数据集，可以是源文件、目标文件、可执行程序，也可以是一组数据文件，如音频、视频、图片、文本等。

　　设备文件是指与主机相连的各种外部设备，如显示器、打印机、键盘等。在操作系统中，外部设备也是被作为一个文件来进行管理的，它们的输入、输出等同于磁盘文件的读和写。通常把显示器定义为标准输出文件 stdout，一般情况下在显示器上显示有关信息就是向标准输出文件输出。键盘通常被指定为标准输入文件 stdin，从键盘上输入就意味着从标准输入文件中输入数据。

　　C 语言把文件看作是一个字符（字节）序列，在 C 语言里每个文件都是一连串的字节流或二进制数据流。从这个角度来讲，文件按照数据组织形式可以分为文本文件和二进制文件。文本文件也称为 ASCII 码文件，这种文件在磁盘中存储时每个字符对应一个字节，存放的是该字符的 ASCII 码值。二进制文件是把内存中的数据按其在内存中的存储形式原样输出到磁盘上存放。ASCII 码文件内容可以在屏幕上按字符显示，例如 C 语言的源程序文件就是 ASCII 文件，在 Windows 系统中可以直接用记事本打开。由于 ASCII 码文件是按字符显示，因此能读懂其内容，而二进制文件虽然有时也能显示在屏幕上，但其内容却无法直接读懂。

12.2　文件类型指针

　　在缓冲文件系统中，每个被使用的文件都会在内存中开辟一个区域，存放被调入内存的文件信息，并用一个文件类型的指针变量指向被使用的文件，这个指针称为文件指针，它实际上是由系统定义的一个结构体，名称为 FILE，该结构体中含有文件名、文件状态和文件当前位置等信息。在 stdio.h 文件中有 FILE 结构体的类型声明。

```
typedef struct
{
    short level;                /*缓冲区"满"或"空"的程度*/
    unsigned flags;             /*文件状态标志*/
```

```
    char fd;                        /*文件描述符*/
    unsigned char hold;             /*如无缓冲区，则不读取字符*/
    short bsize;                    /*缓冲区的大小*/
    unsigned char *buffer;          /*数据缓冲区的位置*/
    unsigned char *curp;            /*指针当前的指向*/
    unsigned istemp;                /*临时文件指示器*/
    short token;                    /*用于有效性检查*/
}FILE;
```

通过文件指针就可对它所指的文件进行各种操作了。定义说明文件指针的一般形式为：

```
    FILE *指针变量标识符;
```

其中，FILE 为文件结构体类型名，必须大写，在编程序时不需关心 FILE 结构的细节。例如：

```
FILE *fp;
```

这表示 fp 是指向 FILE 结构的指针变量，通过 fp 即可找到存放某个文件信息的结构变量，然后按结构变量提供的信息找到该文件，实施对文件的操作。习惯上也笼统地把 fp 称为指向一个文件的指针。

12.3　文件的打开与关闭

微课

文件在进行读写操作之前要先打开，使用完毕要关闭。所谓打开文件，实际上是建立文件的各种有关信息，并使文件指针指向该文件，以便进行其他操作。关闭文件则断开指针与文件之间的联系，也就禁止再对该文件进行操作。

在 C 语言中，与文件有关的操作通常都是由库函数来完成的。本章将主要介绍文件操作库函数。

12.3.1　文件打开函数 fopen

通常把读取外存的文件中的数据到内存中称为"文件的打开"，把内存中的数据存回到外存文件中称为"文件的关闭"。因此，使用文件要先打开，使用后，必须关闭。打开文件，首先要改变文件的标志，使其由闭到开，并且把下面的信息传递给编译系统。

① 需要打开的文件名，也就是准备访问的文件的名字。

② 使用文件的方式（"读"还是"写"等）。

③ 让哪一个指针变量指向被打开的文件。

文件打开函数的原型是在 stdio.h 头文件中定义的 fopen 函数，其格式为：fopen("文件名", "使用文件方式");

即 fp= fopen("文件名", "使用文件方式");

其中，fp 是"文件类型指针变量名"，必须是用 FILE 类型定义的指针变量，"文件名"是被打开文件的文件名字符串常量或该串的首地址值。例如：

FILE *fp;
fp=fopen("file1.txt", "r");　/*只读方式打开文本文件 file1.txt*/

"使用文件方式"是指文件的类型和操作方式，通常是如表 12-1 所示的字符串。

表 12-1　使用文件方式的字符串

文件操作方式	含义	打开文件方式
"r"	打开一个文本文件	只读
"w"	打开一个文本文件	只写
"a"	打开一个文本文件，向文本文件尾增加数据	追加
"rb"	打开一个二进制文件	只读
"wb"	打开一个二进制文件	只写
"ab"	打开一个二进制文件，向二进制文件尾增加数据	追加
"r+"	打开一个文本文件	读/写
"w+"	建立一个新的文本文件	读/写
"a+"	打开或生成一个文本文件	读/写
"rb+"	打开一个二进制文件	读/写
"wb+"	建立一个新的二进制文件	读/写
"ab+"	打开或生成一个二进制文件	读/写

说明：

① 用 "r" 方式打开文件的目的是从文件中读取数据，不能向文件写入数据，而且该文件应该已经存在，不能用 "r" 方式打开一个并不存在的文件，否则出错。

② 用 "w" 方式打开的文件只能用于向该文件写数据，即输出文件，而不能用来向计算机输入。如果原来不存在该文件，则在打开时新建立一个以指定的名字命名的文件。如果原来已存在一个以该文件名命名的文件，在打开时将该文件删去，重新建立新文件。

③ 如果需要向文件尾添加新数据（不删除原有数据），应该用 "a" 方式打开，但此时该文件必须已存在，否则将得到出错信息。打开时，位置指针移到文件尾。

④ 用 "r+" "w+" 和 "a+" 方式打开的文件既可以用来输入数据，也可以用来输出数据。用 "r+" 方式时该文件应该已经存在，以便能向计算机输入数据；用 "w+" 方式则新建立一个文件，先向此文件写数据，然后可以读此文件中的数据；用 "a+" 方式打开的文件，原来的文件不被删去，位置指针移到文件尾，可以添加，也可以读。

⑤ 如果打开文件失败，fopen 函数将会带回一个出错信息，此时 fopen 函数将返回一个空指针值 NULL（NULL 在 stdio.h 头文件中已被定义为 0）。通常，用下面的方法打开一个文件。

```
if((fp=fopen("filename","r"))==NULL)
{
    printf("Can not open this file\n");
    exit(0);        /*关闭所有文件，终止正在运行的程序*/
}
```

先检查打开文件的操作是否出错，如果有错就在终端上输出 "Can not open this file"。exit 函数的作用是关闭所有文件，终止正在执行的程序，待用户检查出错误，修改后再运行。

12.3.2　文件关闭函数 fclose

使用完一个文件后应该关闭它。"关闭"就是使文件指针变量不指向该文件，释放其占用的内存空间，使文件指针变量与文件"脱钩"，此后不能再通过该指针对原来与其相联系的文件进行读写操作。用 fclose 函数关闭文件。

fclose 函数调用的一般形式为：

```
fclose(文件指针)
```

例如，

```
fclose(fp);
```

其表示关闭由文件指针 fp 当前指向的文件，收回其占有的内存空间，取消文件指针 fp 的指向。如果在程序中同时打开多个文件，使用完后必须多次调用 fclose 函数将文件逐一关闭。关闭成功返回值为 0，否则返回 EOF（在 stdio.h 头文件中，EOF 宏定义为−1）。

【例 12-1】编程进行文件的打开与关闭测试，并输出相应的提示信息。

```
#include <stdio.h>
int main()
{
  FILE *fp;   int fi;
  fp=fopen("test.dat", "rb");
  if(fp==NULL)  printf("File open failed!\n");
  else  printf("File open successful!\n");
  fi=fclose(fp);
  if (fi==0)  printf("File close successful!\n");
  else  printf("File close failed!\n");
  return 0;
}
```

12.4　文件的读写

对文件的读和写是最常用的文件操作。C 语言中提供了多种读写文件的函数。

① 字符读写函数：fgetc 和 fputc。
② 字符串读写函数：fgets 和 fputs。
③ 数据块读写函数：fread 和 fwrite。
④ 格式化读写函数：fscanf 和 fprinf。

使用以上函数都要求包含头文件 stdio.h，下面分别进行介绍。

12.4.1　字符读写函数 fgetc 和 fputc

字符读写函数是以字符（字节）为单位的读写函数。每次可从文件读出或向文件写入一个字符。

（1）读字符函数 fgetc

fgetc 函数的功能是从指定的文件中读一个字符，函数调用的形式为：

```
字符变量=fgetc(文件指针);
```

例如：

```
ch=fgetc(fp);
```

其意义是从打开的文件 fp 中读取一个字符并送入 ch 中。

对于 fgetc 函数的使用应注意以下几点。

① 在 fgetc 函数调用中，读取的文件必须是以读或读写方式打开的。

② 读取字符的结果也可以不向字符变量赋值，例如 fgetc(fp);，但是读出的字符不能保存。

③ 在文件内部有一个位置指针，用来指向文件的当前读写字节。在文件打开时，该指针总是指向文件的第一个字节。使用 fgetc 函数后，该位置指针将向后移动一个字节。因此可连续多次使用 fgetc 函数，读取多个字符。应注意文件指针和文件内部的位置指针不是一回事。文件指针是指向整个文件的，需在程序中定义说明，只要不重新赋值，文件指针的值是不变的。文件内部的位置指针可以理解为一个偏移量，用以指示文件内部的当前读写位置，每读写一次，该指针均向后移动，它不需在程序中定义说明，而是由系统自动设置的。

【例 12-2】读入文件 test1.txt，并在屏幕上输出文件内容。

```
#include<stdio.h>
#include <stdlib.h>
int main( )
{
    FILE *fp;
    char ch;
    if((fp=fopen("d:\\test1.txt","r+"))==NULL)
    {
        printf("\nCannot open file, press any key to exit!");
        exit(-1);
    }
    ch=fgetc(fp);
    while(ch!=EOF)
    {
        putchar(ch);
        ch=fgetc(fp);
    }
    fclose(fp);
    return 0;
}
```

例题解析

本程序定义了文件指针 fp，以读文本文件方式打开文件 "d:\\ test1.txt"，并使 fp 指向该文件。若打开文件出错，输出提示信息，并退出程序。程序先读入一个字符，然后进入循环，只要读出的字符不是文件结束标志（EOF）就把该字符显示在屏幕上，再读入下一字符。每读一次，文件内部的位置指针向后移动一个字符，文件结束时，该指针指向 EOF。执行本程序将显示整个文件的内容。

（2）写字符函数 fputc

fputc 函数的功能是把一个字符写入指定的文件中，函数调用的形式为：

fputc(字符量,文件指针);

其中，待写入的字符量可以是字符常量或变量，例如 fputc('a',fp);，其含义是把字符 a 写入 fp 所指向的文件中。

对于 fputc 函数的使用需要注意以下几点。

① 被写入的文件可以用写、读写、追加方式打开，用写或读写方式打开一个已存在的文件时将清除原有的文件内容，写入字符从文件首开始。若需保留原有文件内容，希望写入的字符以文件尾开始存放，必须以追加方式打开文件。被写入的文件若不存在，则创建该文件。

② 每写入一个字符，文件内部位置指针向后移动一个字节。

③ fputc 函数有一个返回值，若写入成功则返回写入的字符，否则返回一个 EOF，可用此来判断写入是否成功。

【例 12-3】从键盘输入一行字符，将其写入一个文本文件 test2.txt，同时读取该文件内容并显示在屏幕上。

```c
#include <stdio.h>
#include <conio.h>
#include <stdlib.h>
int main( )
{
  FILE *fp;
  char ch;
  if((fp=fopen("d:\\test2.txt","w+"))==NULL)   /*以写方式读取文本文件*/
  {
    printf("Cannot open file, press any key to exit!");
    getch( );
    exit(-1);
  }
  printf("input a string:\n");
  ch=getchar( );
  while (ch!='\n')
  {
    fputc(ch,fp);
    ch=getchar( );
  }
  rewind(fp);           /*重新定位文件内部位置指针*/
  ch=fgetc(fp);
  while(ch!=EOF)
  {
    putchar(ch);
    ch=fgetc(fp);
  }
  printf("\n");
  fclose(fp);
  return 0;
}
```

程序中第 6 行以读写文本文件方式打开文件 test2.txt。程序第 13 行从键盘读入一个字符后进入循环，当读入字符不为回车符时，则把该字符写入文件之中，然后继续从键盘读入下一字符。每输入一个字符，文件内部位置指针向后移动一个字节。写入完毕，该指针已指向文件尾。若要把文件从头读出，需把指针移向文件头，程序第 19 行 rewind 函数用于把 fp 所指文件的内部位置指针移到文件头。最后的 while 循环用于读出文件中的一行内容。

【例 12-4】从键盘输入一行字符，将其中的小写字母和阿拉伯数字保存在 d 盘根目录下名为"test.txt"的文本文件中，所有输入字符均显示在屏幕上，输入字符 '#' 结束程序。

```c
#include <stdio.h>
int main( )
{
  FILE *fp ; char ch;
  if ((fp=fopen("d:\\yw.txt","w"))==NULL)
```

```
        {
            printf("cannot open file!\n"); exit(0);
    }
            ch=getchar( );
            while(ch !='#')
              { if ((ch>='a' && ch<='z')||(ch>='0' && ch<='9'))  fputc(ch , fp) ;
                putchar(ch) ;
                ch = getchar( );
              }
            fclose(fp);
    return 0;
    }
```

12.4.2　字符串读写函数 fgets 和 fputs

（1）读字符串函数 fgets

fgets 函数的功能是从指定的文件中读取一个字符串到字符数组中，函数调用的形式为：

```
fgets(字符数组名,n,文件指针);
```

其中，n 是一个正整数，表示从文件中读出的字符串不超过 n-1 个字符。在读入的最后一个字符后加上串结束标志'\0'。例如 fgets(str,n,fp); 语句的含义是从 fp 所指的文件中读出不超过 n-1 个字符送入字符数组 str 中。

【例 12-5】从 test3.dat 文件中读入一个包含 10 个字符的字符串，并输出到屏幕。

```
#include <stdio.h>
#include <conio.h>
#include <stdlib.h>
int main( )
{
  FILE *fp;
  char str[20];
  if((fp=fopen("d:\\ test3.dat","r+"))==NULL)
  {
    printf("\nCannot open file, press any key to exit!");
    getch( );   /*按任意键返回*/
    exit(-1);
  }
  fgets(str,11,fp);              /*读取 10 个有效字符，末尾添加结束符'\0'*/
  printf("\n%s\n",str);
  fclose(fp);
  return 0;
}
```

本例定义了一个字符数组 str，以读文本文件方式打开文件 test3.dat 后，从中读出 10 个字符送入 str 数组，在数组最后一个单元内将加上'\0'，然后在屏幕上显示输出 str 数组。

对 fgets 函数的使用需要注意以下几点。

① 在读出 n-1 个字符之前，若遇到了换行符'\0'或 EOF，则读出结束。

② fgets 函数也有返回值，其返回值是字符数组的首地址。

（2）写字符串函数 fputs

fputs 函数的功能是向指定的文件写入一个字符串，其调用形式为：

fputs(字符串,文件指针);

其中，字符串可以是字符串常量，也可以是字符数组名或指针变量，例如：

fputs("abc123",fp);

其含义是把字符串"abc123"写入 fp 所指的文件之中。

【例 12-6】在 test4.dat 文件尾追加一个字符串，并输出到屏幕。

例题解析

```
#include <stdio.h>
#include <conio.h>
#include <stdlib.h>
int main( )
{
  FILE *fp;
  char ch,st[20];
  if((fp=fopen("test4.dat","a+"))==NULL)
  {
    printf("Cannot open file, press any key to exit!");
    getch( );
    exit(1);
  }
  printf("input a string:\n");
  scanf("%s",st);
  fputs(st,fp);
  rewind(fp);         /*重新定位文件内部位置指针*/
  ch=fgetc(fp);
  while(ch!=EOF)      /*逐个字符输出文件内容到屏幕*/
  {
    putchar(ch);
    ch=fgetc(fp);
  }
  printf("\n");
  fclose(fp);
  return 0;
}
```

本例要求在 test4.dat 文件尾追加字符串，因此，在程序第 7 行以追加读写文本文件的方式打开文件，然后输入字符串，并用 fputs 函数把该串写入文件。在程序第 16 行用 rewind 函数把文件内部位置指针移到文件首，再进入循环逐个显示当前文件中的全部内容。

12.4.3　数据块读写函数 fread 和 fwrite

C 语言还提供了用于整块数据的读写函数，可用来读写一组数据，如一个数组元素、一个结构变量的值等。

读数据块函数调用的一般形式为：

fread(buffer, size, count, fp);

写数据块函数调用的一般形式为：

```
fwrite(buffer, size, count, fp);
```

其中：

buffer——表示一个指针，在 fread 函数中，它表示存放输入数据的首地址；在 fwrite 函数中，它表示存放输出数据的首地址。

size——表示数据块的字节数。

count——表示要读写的数据块块数。

fp——表示文件指针。

例如：

```
fread(fa,4,5,fp);
```

其含义是从 fp 所指的文件中，每次读 4 个字节（一个实数）送入实数组 fa 中，连续读 5 次，即读 5 个实数到 fa 中。

【例 12-7】从键盘输入两个学生数据，写入一个文件中，再读出这两个学生的数据显示在屏幕上。

例题解析

```c
#include <stdio.h>
#include <conio.h>
#include <stdlib.h>
struct stu
{
  char name[10];
  int num;
  int age;
  char addr[15];
}boya[2],boyb[2], *p, *q;
int main( )
{
  FILE *fp;
  char ch;
  int i;
  p=boya;
  q=boyb;
  if((fp=fopen("d:\\stu","wb+"))==NULL)
  {
    printf("Cannot open file, press any key to exit!");
    getch( );
    exit(-1);
  }
  printf("\ninput data\n");
  for(i=0;i<2;i++,p++)
  scanf("%s%d%d%s",p->name,&p->num,&p->age,p->addr);
  p=boya;                              /*指针复位*/
  fwrite(p,sizeof(struct stu),2,fp);   /*学生数据写入*/
  rewind(fp);                          //重定位文件内部位置指针
  fread(q,sizeof(struct stu),2,fp);    /*学生数据读取*/
  printf("\n\nname\tnumber    age      addr\n");
  for(i=0;i<2;i++,q++)
  printf("%s\t%5d%10d%s\n",q->name,q->num,q->age,q->addr);
  fclose(fp);
```

}

本例程序定义了一个结构体 stu，定义了两个结构体数组 boya 和 boyb，以及两个结构指针变量 p 和 q。p 指向 boya，q 指向 boyb。程序以读写方式打开二进制文件 stu，输入两个学生数据之后，写入该文件中，然后把文件内部位置指针移到文件首，读出两个学生的数据后，在屏幕上显示。

12.4.4 格式化读写函数 fscanf 和 fprintf

fscanf 函数和 fprintf 函数与前面使用的 scanf 和 printf 函数的功能相似，都是格式化读写函数。两者的区别在于 fscanf 函数和 fprintf 函数的读写对象不是键盘和显示器，而是磁盘文件。这两个函数的调用格式为：

```
fscanf(文件指针,格式字符串,输入表列);
fprintf(文件指针,格式字符串,输出表列);
```

例如：

```
fscanf(fp,"%d%s",&i,s);
fprintf(fp,"%d%c",j,ch);
```

用 fscanf 和 fprintf 函数也可以完成【例 12-7】的功能。修改后的程序如【例 12-8】所示。

【例 12-8】从键盘输入两个学生数据，写入一个文件中，再读出文件，显示在屏幕上。

```
#include <stdio.h>
#include <conio.h>
#include <stdlib.h>
struct stu
{
    char name[10];
    int num;
}boya[2],boyb[2], *p, *q;
int main( )
{
    FILE *fp;
    char ch;
    int i;
    p=boya;
    q=boyb;
    if((fp=fopen("d:\\stu","wb+"))==NULL)
    {
      printf("Cannot open file, press any key to exit!");
      getch( );
      exit(-1);
    }
    for(i=0;i<2;i++,p++)
    {
      printf("\ninput data\n");
      scanf("%s%d",p->name,&p->num);
    }
    p=boya;
    for(i=0;i<2;i++,p++)
       fprintf(fp,"%s %d\n",p->name,p->num);
```

例题解析

```
        rewind(fp);
        for(i=0;i<2;i++,q++)
            fscanf(fp,"%s %d\n",q->name,&q->num);
        printf("\n\nname\tnumber\n");
        q=boyb;
        for(i=0;i<2;i++,q++)
            printf("%s\t%d\t\n",q->name,q->num);
        fclose(fp);
        return 0;
    }
```

与【例 12-7】相比，本程序中 fscanf 和 fprintf 函数每次只能读写一个结构数组的元素，因此采用了循环语句来读写全部数组元素。还要注意指针变量 p 和 q，循环改变了它们的值，因此程序在循环后分别对它们重新赋予了数组的首地址。

12.5　文件的定位和随机读写

前面介绍的对文件的读写方式都是顺序读写，即读写文件只能从头开始，顺序读写各个数据。但在实际问题中常要求只读写文件中某一指定的部分，为了解决这个问题，可移动文件内部的位置指针到需要读写的位置，再进行读写，这种读写称为随机读写。实现随机读写的关键是要按要求移动位置指针，这称为文件的定位。

12.5.1　文件定位

移动文件内部位置指针的函数主要有两个，即 rewind 函数和 fseek 函数。rewind 函数我们前面已多次使用过，其调用形式为：

```
rewind(文件指针);
```

它的功能是把文件内部的位置指针移到文件首。下面主要介绍 fseek 函数。

fseek 函数用来移动文件内部位置指针，其调用形式为：

```
fseek(文件指针,位移量,起始点);
```

文件指针：指向被移动的文件。

位移量：移动的字节数。要求位移量是 long 型数据，以便在文件长度大于 64KB 时不会出错。当用常量表示位移量时，要求加后缀"L"。

起始点：指示从何处开始计算位移量。规定的起始点有 3 种：文件首、当前位置和文件尾，其表示方法如表 12-2 所示。

表 12-2　起始点表示方法

起始点	表示符号	数字表示
文件首	SEEK_SET	0
当前位置	SEEK_CUR	1
文件尾	SEEK_END	2

例如：

```
fseek(fp,100L,0);
```

其意义是把位置指针移到离文件首 100 个字节处。fseek 函数一般用于二进制文件。在文本文件中由于要进行转换，故往往计算的位置会出现错误。

12.5.2 文件的随机读写

在移动位置指针之后，即可用前面介绍的任一种读写函数进行读写。一般是读写一个数据块，因此常用 fread 和 fwrite 函数。【例 12-9】说明了文件的随机读写。

【例 12-9】在学生文件 stu 中读取第 2 个学生的数据并输出到屏幕。

```
#include <stdio.h>
#include <conio.h>
#include <stdlib.h>
struct stu
{
    char name[10];
    int num;
    int age;
    char addr[15];
}boy, *q;
int main( )
{
    FILE *fp;
    char ch;
    int i=1;
    q=&boy;
    if((fp=fopen("d:\\stu","rb"))==NULL)
    {
        printf("Cannot open file, press any key to exit!");
        getch( );
        exit(-1);
    }
    fseek(fp,i*sizeof(struct stu),0);
    fread(q,sizeof(struct stu),1,fp);
    printf("\n\nname\tnumber\tage\taddr\n");
    printf("%s\t%d\t%d\t%s\n",q->name,q->num,q->age,q->addr);
    fclose(fp);
    return 0;
}
```

本程序用随机读出的方法读出第 2 个学生的数据，文件 stu 已在【例 12-7】中建立。程序中定义 boy 为 stu 类型变量，q 为指向 boy 的指针。以读二进制文件方式打开文件，程序用 fseek() 函数移动文件位置指针。其中的 i 值为 1，表示从文件头开始，移动一个 stu 类型的长度，然后再读出的数据即为第 2 个学生的数据。

12.6 综合实例

【例 12-10】从键盘输入文件名，输入字符串，将数字字符写入文件，并输出数字字符串，字符串以 "#" 结束输入。

```
#include <stdio.h>
#include <conio.h>
#include <stdlib.h>
int main( )
{
   FILE *fp;                                    /*定义文件指针*/
   char ch,filename[20];
   scanf("%s",filename);                        /*获取文件名存入字符数组*/
   if((fp=fopen(filename,"w"))==NULL)
   {
      printf("cannot open file\n");
      exit(0);                                  /*终止程序*/
   }
else
{
      printf("please input string:\n");
}
   ch=getchar( );                               /*接收输入的第一个字符*/
   while(ch!='#')
   {
    if(ch>='0'&&ch<='9')
      {
         fputc(ch,fp);
         putchar(ch);
   }
      ch=getchar( );
   }
   printf("\n");                                /*向屏幕输出一个换行符*/
   fclose(fp);
   return 0;
}
```

程序运行如下。

<u>test1.c</u>↙   （输入磁盘文件名）
<u>co9m8p7uter c#</u>↙（输入一个字符串）
　987   （输出字符串，不包含"#"）

【例 12-11】将字符串"I love china!"写入 d 盘的 test.txt 文件中，然后从键盘输入一行字符，并将其追加到 test.txt 文件的后面，同时将文件所有内容读取出来，显示在屏幕上。

```
#include <stdio.h>
int main( )
{
   FILE *fp;
   char s[20],ch;
   fp=fopen("d:\\test.txt","a+");
   fputs("I love china!", fp);
   printf("input a string:\n");
   gets(s);
   fputs(s,fp);
   rewind(fp);
   ch=fgetc(fp);
```

```
while(ch!=EOF)
{
        putchar(ch);
        ch=fgetc(fp);
}
printf("\n");
fclose(fp);
return 0;
}
```

小结

本章介绍了文件的基本概念，文件指针的概念、定义和使用方法，详细讲述了文件的打开、关闭以及读写操作等函数的使用方法。对 C 语言文件的学习应从以下几个方面重点理解。

① C 语言把文件当作一个"流"，按字节进行处理。

② 标准 C 语言采用缓冲文件系统对文件进行操作。

③ C 语言中，用文件指针标识文件，当一个文件被打开时，可取得该文件指针。

④ 文件在读写之前必须打开，读写结束必须关闭。

⑤ 文件可按只读、只写、读写、追加 4 种操作方式打开，同时还必须指定文件的类型是二进制文件，还是文本文件。

⑥ 文件可以字节、字符串、数据块为单位读写，文件也可按指定的格式进行读写。

⑦ 文件内部的位置指针可指示当前的读写位置，移动该指针可以对文件实现随机读写。

习题

参考答案
习题解析

一、选择题

① 在 C 语言中，对文件的存取以（　　）为单位。

A．记录　　　　　　　　B．字节　　　　　　　　C．元素　　　　　　　　D．簇

② 下面能正确定义文件指针变量的是（　　）。

A．FILE *fp　　　　　　B．FILE fp　　　　　　C．int *fp　　　　　　D．file *fp

③ 在 C 语言中，下面对文件的描述正确的是（　　）。

A．用"r"方式打开的义件只能向文件写数据

B．用"R"方式也可以打开文件

C．用"w"方式打开的文件只能用于向文件写数据，且该文件可以不存在

D．用"a"方式可以打开不存在的文件

④ 下面程序段的功能是（　　）。

```
#include <stdio.h>
int main()
{
  char c;
  c=fputc(fgetc(stdin),stdout);…
}
```

A．从键盘输入一个字符给字符变量 c

B．从键盘输入一个字符，然后再输出到屏幕

C．从键盘输入一个字符，然后在输出到屏幕的同时赋给变量 c

D．在屏幕上输出 stdout 的值

⑤ 在 C 语言中，常用如下方法打开一个文件。

```
if((fp=fopen("file1.c","r"))==NULL)
{
    printf("Cannot open this file \n");
    exit(0);
}
```

其中函数 exit(0)的作用是（　　）。

A．退出 C 语言编译环境

B．退出所在的复合语句

C．当文件不能正常打开时，关闭所有的文件，并终止正在调用的过程

D．当文件正常打开时，终止正在调用的过程

⑥ 若 fp 是指向某文件的指针，且已读到该文件的末尾，则函数 feof(fp)的返回值是（　　）。

A．EOF   B．−1   C．非零值   D．NULL

⑦ 标准函数 fgets(s, n, f)的功能是（　　）。

A．从文件 f 中读取长度为 n 的字符串存入指针 s 所指的内存

B．从文件 f 中读取长度不超过 n−1 的字符串存入指针 s 所指的内存

C．从文件 f 中读取 n 个字符串存入指针 s 所指的内存

D．从文件 f 中读取长度为 n−1 的字符串存入指针 s 所指的内存

⑧ 以下程序的功能是（　　）。

```
#include <stdio.h>
int main()
{ FILE *fp;
  long int n;
  fp=fopen("qust.txt","rb");
  fseek(fp,0,SEEK_END);
  n=ftell(fp);
  fclose(fp);
  printf("%ld",n);
}
```

A．计算文件 qust.txt 的起始地址   B．计算文件 qust.txt 的终止地址

C．计算文件 qust.txt 内容的字节数   D．将文件指针定位到文件末尾

⑨ 设文件 test.c 已存在，有下列程序段：

```
#include <stdio.h>
int main()
{
    FILE *fp;
    fp=fopen("test.c","r");
    while(!feof(fp)) putchar(fgetc(fp));
}
```

该程序段的功能是（　　　）。

A．将文件 test.c 的内容输出到屏幕

B．将文件 test.c 的内容输出到文件

C．将文件 test.c 的第一个字符输出到屏幕

D．程序编译报错

⑩ 设文件 test1.dat 已存在，且有下列程序段：

```c
#include <stdio.h>
int main()
{
    FILE *fp1, *fp2;
    fp1=fopen("test1.dat","r");
    fp2=fopen("test2.dat","w");
    while(feof(fp1)) fputc(fgetc(fp1),fp2);
}
```

该程序段的功能是（　　　）。

A．将文件 test1.dat 的内容复制到文件 test2.dat 中

B．将文件 test2.dat 的内容复制到文件 test1.dat 中

C．屏幕输出 test1.dat 的内容

D．程序什么也不做

二、判断题

① 用"a"方式操作文件时，文件可以不存在。　　　　　　　　　　　　　　（　　）

② C 语言中的文件是流式文件，因此只能顺序存取数据。　　　　　　　　　（　　）

③ 打开一个已存在的文件并进行了写操作后，原有文件中的数据将会被覆盖。（　　）

④ 当对文件的写操作完成之后，必须将它关闭，否则可能导致数据丢失。　（　　）

⑤ 在一个程序中对文件进行了写操作后，必须先关闭该文件，然后再打开，才能读到第 1 个数据。　　　　　　　　　　　　　　　　　　　　　　　　　　　　　　　（　　）

⑥ 在 C 语言中，对文件的操作必须通过 FILE 类型的文件指针进行。　　　（　　）

⑦ 正常完成关闭文件操作时，fclose 函数返回值为非 0。　　　　　　　　　（　　）

⑧ fputs 函数的功能是把一个字符串写入指定的文件中。　　　　　　　　　（　　）

⑨ C 文件系统把文件当作一个"流"，按字节（字符）进行处理。　　　　　（　　）

⑩ fputc 函数有 个返回值，如写入成功则返回写入的字符，否则返回一个 EOF。

（　　）

三、填空题

① 按照数据的存储形式，文件可以分为（　　　　　）和（　　　　　）文件。

② C 语言文件以符号常量 EOF 作为字符流文件的结束标记，EOF 代表的值是（　　　　）。

③ 假设非空文本文件 test.txt，要求能读出文件中的全部数据，并在文件原有数据之后添加新数据，则应用 fopen 函数打开该文件的存取方式参数是（　　　　）。

④ 打开已经存在的非空二进制数据文件 test.txt，要求既可以读出文件中原来的内容，也可以覆盖文件原来的数据，则调用 fopen 函数时，使用的存取方式参数是（　　　　）。

⑤ 若要正确调用 fopen 函数需要包含的头文件是（　　　　）。

四、编程题

① 设有一个磁盘文件，将它的内容显示在屏幕上，并把它复制到另一文件中。

② 从键盘输入一行字符串，将其中的小写字母全部转换成大写字母，输出到一个磁盘文件"string.dat"中保存，读文件并输出到屏幕。

③ 设有一文件 score.dat 存放了 30 个人的成绩（英语、计算机、数学），存放格式为每人一行，成绩间由逗号分隔。计算 3 门课平均成绩，统计个人平均成绩大于或等于 90 分的学生人数。

13.1 数值分析应用

C 语言因其高效性和灵活性，在数值分析领域占据着重要的地位。它能够直接操作内存，实现复杂的算法，并提供良好的性能。本章将探讨 C 语言在数值分析中的应用，包括数值计算的基本概念、常见算法的 C 语言实现，以及如何利用 C 语言解决实际问题。我们将通过实例，展示 C 语言在数值分析中的强大功能。

13.1.1 数字计算与科学计算

C 语言在数字计算与科学计算领域，因其高效和精确的计算能力而得到广泛应用。下面以模拟一维弹簧振子的运动例子来说明 C 语言在科学计算中的应用。

【实例 13-1：物理模拟】

在物理学中，经常需要进行各种模拟计算，比如模拟粒子运动、波动传播等。C 语言可以编写出高效的模拟程序，处理大量的计算任务。编写程序：模拟一维弹簧振子的运动，使用改进欧拉法（Heun 法）进行数值积分。

案例解析

数学原理：

- 简谐运动方程：$\dfrac{\mathrm{d}^2 x}{\mathrm{d}t^2} = -10x$

- 分解为一阶方程组：$\dfrac{\mathrm{d}x}{\mathrm{d}t} = v$，$\dfrac{\mathrm{d}v}{\mathrm{d}t} = -10x$

- 改进欧拉法：通过预测-校正近似积分，提供比原始欧拉法更高的精度。

程序设计如下：

```
//sample1.c
#include <stdio.h>
// 定义物理和模拟参数
#define MASS 1.0          // 振子质量（kg）
#define SPRING_CONST 10.0 // 弹簧常数（N/m）
#define DT 0.01           // 时间步长（s）
#define TOTAL_TIME 10.0   // 总模拟时间（s）
int main() {
    double position = 1.0;  // 初始位置（m），非零以启动振荡
```

```
    double velocity = 0.0;   // 初始速度 (m/s)
    double time = 0.0;       // 初始时间 (s)
    // 打开文件用于记录数据
    FILE *fp = fopen("spring_data.txt", "w");
    if (fp == NULL) {
        printf("无法打开文件! \n");
        return 1;
    }
    fprintf(fp, "Time,Position\n"); // 文件头
    // 模拟弹簧振子运动
    while (time < TOTAL_TIME) {
        // 当前状态
        double accel = -(SPRING_CONST / MASS) * position; // 加速度
        // 改进欧拉法（预测-校正）
        double v_mid = velocity + accel * DT / 2.0;        // 中间速度
        double p_mid = position + velocity * DT / 2.0;     // 中间位置
        double a_mid = -(SPRING_CONST / MASS) * p_mid;     // 中间加速度
        // 更新速度和位置
        velocity += a_mid * DT;  // 使用中间加速度更新速度
        position += v_mid * DT;  // 使用中间速度更新位置
        // 输出到文件
        fprintf(fp, "%f,%f\n", time, position);
        // 时间推进
        time += DT;
    }
    fclose(fp);  // 关闭文件
    printf("模拟完成，数据已保存到 spring_data.txt\n");
    return 0;
}
```

运行结果是一个输出文件 spring_data.txt：

```
Time,Position
0.000000,1.000000
0.010000,0.999505
0.020000,0.998021
...
```

在物理模拟方面：模拟一维弹簧振子的简谐运动；基于物理参数：质量（MASS = 1.0 kg）、弹簧常数（SPRING_CONST = 10.0 N/m）。使用初始条件（初始位移 position = 1.0 m，初始速度 velocity = 0.0 m/s）触发振荡。

在数值积分方面：采用改进欧拉法，通过预测-校正步骤计算每一步的速度和位置，提高精度（相比原始欧拉法）。时间步长 DT = 0.01 s，总模拟时间 TOTAL_TIME = 10.0 s。

在数据输出方面：将模拟结果（时间和位置）保存到文件 spring_data.txt，格式为 CSV（逗号分隔值），便于后续分析或绘图。不实时打印到控制台，提高运行效率。

在错误处理方面：检查文件打开是否成功，若失败则提示并退出程序。

在程序反馈方面：模拟完成后，输出提示信息"模拟完成，数据已保存到 spring_data.txt"。

这个程序展示了 C 语言在数值分析中的应用，通过欧拉法模拟弹簧振子的运动。代码简洁但功能有限，适合教学或简单验证。调整初始条件（如 position = 1.0）可观察到真实的简谐振荡。若需更精确的模拟，可优化数值方法或参数。

13.1.2　结合库或框架的高级数值计算

C 语言的高级数值计算可以结合各种数值计算库或框架来增强其数值计算的能力，下面以 GNU Scientific Library（GSL）为例，说明如何结合 C 语言进行数值计算。

GNU Scientific Library（GSL）是一个广泛使用的开源数值计算库，它提供了大量的数学函数、线性代数运算、随机数生成等功能。结合 GSL，C 语言可以更方便地进行复杂的数值计算。

【实例 13-2：使用 GSL 进行数值积分】

计算函数 $f(x)=x\alpha$ 在区间 [a，b] 上的定积分，其中 α 是一个参数（示例中设为 2，即计算 $f(x)=x2$ 的积分）。程序使用 GSL 的自适应积分算法 gsl_integration_qags，并输出积分结果、估计误差和评估的区间数。

步骤一：创建一个名为 example3.c 的文件，并输入以下代码：

案例解析

```
#include <stdio.h>
#include <stdlib.h> // 用于 exit()
#include <gsl/gsl_math.h>
#include <gsl/gsl_integration.h>
// 被积函数
double my_func(double x, void *params) {
    double alpha = *(double *)params;
    return pow(x, alpha);
}

int main() {
    double a, b, alpha;
    int limit = 1000; // 工作空间最大子区间数

    // 用户输入积分区间和 alpha
    printf("请输入积分下限 a: ");
    scanf("%lf", &a);
    printf("请输入积分上限 b: ");
    scanf("%lf", &b);
    printf("请输入指数 alpha (例如 2.0 表示 x^2): ");
    scanf("%lf", &alpha);

    // 检查输入的合理性
    if (a >= b) {
        printf("错误: 下限 a (%f) 必须小于上限 b (%f)\n", a, b);
        return 1;
    }

    // 定义 GSL 函数对象
    gsl_function F;
    F.function = &my_func;
    double alpha_ptr = alpha;
    F.params = &alpha_ptr;

    // 分配工作空间
    gsl_integration_workspace *w = gsl_integration_workspace_alloc(limit);
```

```
        if (w == NULL) {
            printf("错误：工作空间分配失败\n");
            return 1;
        }
        // 积分计算
        double result, error;
        int status = gsl_integration_qags(&F, a, b, 0, 1e-7, limit, w, &result, &error);

        // 检查积分计算状态
        if (status != 0) {
            printf("错误：积分计算失败，GSL 错误码 %d\n", status);
            gsl_integration_workspace_free(w);
            return 1;
        }
        // 输出结果
        printf("积分结果 (从 %f 到 %f): % .18e\n", a, b, result);
        printf("估计误差: % .18e\n", error);
        printf("使用的子区间数: %zu\n", w->size);

        // 计算理论值（仅对 x^alpha 在有限区间有效）
        if (alpha != -1.0) { // 避免 alpha = -1 时分母为零
            double exact = (pow(b, alpha + 1) - pow(a, alpha + 1)) / (alpha + 1);
            printf("理论值: % .18e\n", exact);
            printf("实际误差: % .18e\n", fabs(result - exact));
        } else {
            printf("理论值无法计算 (alpha = -1 时积分发散)\n");
        }

        // 释放工作空间
        gsl_integration_workspace_free(w);
        return 0;
}
```

步骤二：编译程序

使用 gcc 编译器编译程序，并链接 GSL 库：

```
gcc -o example3 example3.c -lgsl -lgslcblas -lm
```

这里-lgsl 和-lgslcblas 分别链接 GSL 库和它的 BLAS 实现，-lm 链接数学库。

步骤三：运行程序

```
./ example3
```

结果示例：

输入：

请输入积分下限 a: 0
请输入积分上限 b: 1
请输入指数 alpha (例如 2.0 表示 x^2): 2

输出：

积分结果 (从 0.000000 到 1.000000): 3.33333333333333333e-01
估计误差: 3.70074341541718814e-15
使用的子区间数: 5

理论值：3.33333333333333333e-01

实际误差：0.00000000000000000e+00

　　GSL 还提供了许多其他功能，如线性代数运算、随机数生成、特殊函数计算等，可以极大地扩展 C 语言在数值计算方面的能力。

13.1.3　数据挖掘算法

　　C 语言在数据挖掘分析上确实可以应用于多种算法，包括但不限于分类算法、聚类算法、关联规则挖掘等。虽然现代数据挖掘工作通常使用更高级的语言（如 Python 或 R）和相应的库（如 scikit-learn、TensorFlow 或 Weka），但 C 语言由于其高效性和底层访问能力，在特定情况下仍然是一个有用的工具。

　　【实例 13-3】K-最近邻算法模拟

　　设计一个简单的 C 语言程序示例，模拟常用的分类算法-K-最近邻（K-Nearest Neighbors，KNN）算法。假设有一个二维数据集，每个数据点都有一个类别标签（例如红色或蓝色），基于 K 个最近邻居的类别来分类新的数据点。

　　程序如下：

案例解析

```
//exmple5.c
#include <stdio.h>
#include <stdlib.h>
#include <math.h>

#define K 3

typedef struct {
    double x, y;
    int label; // 0 for red, 1 for blue
    double distance; // 新增字段，存储预计算的距离
} Point;

double euclidean_distance(Point a, Point b) {
    return sqrt(pow(a.x - b.x, 2) + pow(a.y - b.y, 2));
}

int compare(const void *a, const void *b) {
    Point *pa = (Point *)a;
    Point *pb = (Point *)b;
    if (pa->distance < pb->distance) return -1;
    if (pa->distance > pb->distance) return 1;
    return 0;
}

void find_k_nearest_neighbors(Point dataset[], int size, Point query, Point
neighbors[], int k) {
    // 复制数据并计算距离
    for (int i = 0; i < size; i++) {
        neighbors[i] = dataset[i];
        neighbors[i].distance = euclidean_distance(query, dataset[i]); // 预存距离
    }
```

```
    // 使用 qsort 按距离排序
    qsort(neighbors, size, sizeof(Point), compare);
}

int predict_label(Point neighbors[], int k) {
    int vote[2] = {0}; // Votes for each class (0 for red, 1 for blue)
    for (int i = 0; i < k; i++) {
        vote[neighbors[i].label]++;
    }
    return (vote[0] > vote[1]) ? 0 : 1; // Return majority class
}

int main() {
    int size;
    printf("请输入数据集的大小: ");
    scanf("%d", &size);
    if (size <= 0 || size < K) {
        printf("错误: 数据集大小必须大于 0 且不小于 K (%d)\n", K);
        return 1;
    }

    // 动态分配数据集内存
    Point *dataset = (Point *)malloc(size * sizeof(Point));
    if (dataset == NULL) {
        printf("错误: 内存分配失败\n");
        return 1;
    }

    // 用户输入数据集
    printf("请逐个输入 %d 个点的 x, y 坐标和标签 (0 或 1):\n", size);
    for (int i = 0; i < size; i++) {
        printf("点 %d: ", i + 1);
        scanf("%lf %lf %d", &dataset[i].x, &dataset[i].y, &dataset[i].label);
        if (dataset[i].label != 0 && dataset[i].label != 1) {
            printf("错误: 标签必须为 0 或 1\n");
            free(dataset);
            return 1;
        }
    }

    // 用户输入查询点
    Point query;
    printf("请输入查询点的 x, y 坐标: ");
    scanf("%lf %lf", &query.x, &query.y);

    // 分配邻居数组
    Point *neighbors = (Point *)malloc(size * sizeof(Point));
    if (neighbors == NULL) {
        printf("错误: 内存分配失败\n");
```

```
        free(dataset);
        return 1;
    }

    // 查找 k 个最近邻并预测
    find_k_nearest_neighbors(dataset, size, query, neighbors, K);
    int predicted_label = predict_label(neighbors, K);

    // 输出结果
    printf("查询点 (%f, %f) 的预测标签: %d\n", query.x, query.y, predicted_label);
    printf("最近的 %d 个邻居:\n", K);
    for (int i = 0; i < K; i++) {
        printf("邻居 %d: (%f, %f), 标签: %d, 距离: %f\n",
                i + 1, neighbors[i].x, neighbors[i].y, neighbors[i].label,
neighbors[i].distance);
    }

    // 释放内存
    free(dataset);
    free(neighbors);
    return 0;
}
```

运行示例

输入

```
请输入数据集的大小: 6
请逐个输入 6 个点的 x, y 坐标和标签 (0 或 1):
点 1: 1 2 0
点 2: 2 3 0
点 3: 4 6 1
点 4: 5 7 1
点 5: 3 4 0
点 6: 6 8 1
请输入查询点的 x, y 坐标: 3.5 5
```

输出:

```
查询点 (3.500000, 5.000000) 的预测标签: 0
最近的 3 个邻居:
邻居 1: (3.000000, 4.000000), 标签: 0, 距离: 1.118034
邻居 2: (4.000000, 6.000000), 标签: 1, 距离: 1.118034
邻居 3: (2.000000, 3.000000), 标签: 0, 距离: 2.500000
```

分析:

- 最近 3 个邻居：$(3, 4, 0), (4, 6, 1), (2, 3, 0)$。

- 投票：红点 (0) 2 票，蓝点 (1) 1 票，预测标签为 0。

此外，在数据挖掘分析中，还可以就聚类算法编程模拟，实现将数据集中的对象（或样本）划分为多个类或簇，使得同一簇内的对象尽可能相似，而不同簇之间的对象尽可能不同。总之 C 语言以灵活的数据结构（如 Point 和 Cluster）支持动态数据集处理，而标准库（如 <math.h>）和 GSL 提供丰富的数学工具，增强了复杂算法的实现能力。可以说 C 语言在数值分析中以高效、灵活和底层控制见长，是实现数值积分、统计分析和聚类算法的强大工具，广泛应用于科学计算领域。

13.1.4　人工智能应用

在如火如荼的人工智能项目中，C 语言仍然在发挥着其独特的作用，尤其在跨平台兼容、高性能计算、机器学习和深度学习、图像处理和计算机视觉等方面，都有不错的表现。下面以简单神经网络的前向传播为例，介绍 C 语言与机器学习和深度学习相结合，在人工智能领域是如何应用的。

【实例 13-4】简单神经网络的前向传播。

使用 C 语言将构建一个只有一层隐藏层的神经网络，并使用指针来操作权重和输入数据，实现一个简单的神经网络前向传播过程。

算法过程分析

（1）输入

input：一个包含 3 个双精度浮点数的数组，表示输入层的数据。

weights1：输入层到隐藏层的权重矩阵。

weights2：隐藏层到输出层的权重矩阵。

bias1：隐藏层的偏置，长度为 hiddenSize。

bias2：输出层的偏置，长度为 outputSize。

网络结构参数 inputSize = 3、hiddenSize = 4、outputSize = 2。

（2）处理过程

初始化输出数组：在 main 函数中，声明 output[2] 数组，用于存储输出层的结果。

调用前向传播函数： forwardPropagation 函数执行神经网络前向传播。

Sigmoid 激活函数：定义为 sigmoid(x) = 1.0 / (1.0 + exp(-x))，将加权和映射到 (0, 1) 区间。

（3）输出结果：在 main 函数中，打印 output 数组的每个元素，保留 2 位小数。

程序如下：

```c
#include <stdio.h>
#include <stdlib.h>
#include <math.h>

// 激活函数: Sigmoid
double sigmoid(double x) {
return 1.0 / (1.0 + exp(-x));
}

// 神经网络前向传播函数
void forwardPropagation(double *input, double *weights1, double *weights2, double *bias1, double *bias2, double *output) {
    int inputSize = 3; // 输入层神经元数量
    int hiddenSize = 4; // 隐藏层神经元数量
    int outputSize = 2; // 输出层神经元数量
    double *hiddenLayer = (double *)malloc(hiddenSize * sizeof(double));

    // 计算隐藏层输出
    for (int i = 0; i < hiddenSize; i++) {
```

```
hiddenLayer[i] = bias1[i];
for (int j = 0; j < inputSize; j++) {
hiddenLayer[i] += input[j] * weights1[i * inputSize + j];
}
hiddenLayer[i] = sigmoid(hiddenLayer[i]);
}

// 计算输出层输出
for (int i = 0; i < outputSize; i++) {
output[i] = bias2[i];
for (int j = 0; j < hiddenSize; j++) {
output[i] += hiddenLayer[j] * weights2[i * hiddenSize + j];
}
output[i] = sigmoid(output[i]);
}

free(hiddenLayer); // 释放隐藏层内存
}

int main() {
// 输入数据
double input[] = {0.5, 0.2, 0.3};

// 权重和偏置（这里只是随机初始化的值，实际应用中需要通过训练得到）
double weights1[] = {
0.1, 0.2, 0.3,
0.4, 0.5, 0.6,
0.7, 0.8, 0.9,
0.1, 0.2, 0.3
};
double weights2[] = {
0.2, 0.3,
0.4, 0.5,
0.6, 0.7,
0.8, 0.9
};
double bias1[] = {0.1, 0.2, 0.3, 0.4};
double bias2[] = {0.5, 0.6};

// 输出层结果
double output[2];

// 执行前向传播
forwardPropagation(input, weights1, weights2, bias1, bias2, output);

// 打印输出结果
printf("Output: ");
for (int i = 0; i < 2; i++) {
printf("%.2f ", output[i]);
}
printf("\n");
```

```
    return 0;
}
```

程序运行结果如下：

```
Output: 0.81 0.93
```

这个程序实现了一个简单神经网络的前向传播过程。首先计算隐藏层的输出，然后基于隐藏层的输出计算输出层的输出。在这个过程中使用了指针来操作输入数据、权重和偏置，以及输出层的结果。虽然这个案例很简单，但它展示了 C 语言指针在人工智能领域，特别是在神经网络计算中的实际应用。

13.2　51 单片机应用

C 语言在硬件开发中因其高效性、可移植性和直接硬件操作特性，成为嵌入式系统开发的主流语言。它通过操作寄存器、管理中断和直接访问内存地址等方式实现与硬件交互。在51 单片机中，C 语言通过寄存器操作、中断管理和外设驱动，高效实现硬件控制，广泛应用于工业控制、传感器接口、通信模块等场景。本节通过 CPU 控制 LED 灯的案例，了解 C 语言在单片机中的应用，掌握单片机寄存器操作、二进制与十六进制转换，以及硬件电路与软件代码的交互逻辑，实现精准时间控制和 LED 流水灯、闪烁等动态效果。

【实例 13-5】LED 灯的单片机控制

步骤 1．51 单片机必备软件安装

准备普中 51 单片机学习板（stc89c52 单片机实验板一套），下载并安装程序编译软件 Keil4（KeiluVision4）。

案例解析

安装 CH340 驱动，前提：必须先使用 USB 线将电脑 USB 口和开发板 USB 接口连接，然后再双击驱动软件进行安装。

下载程序烧录软件 PZ-ISP，普中自主研发的自动下载软件，可一键下载，操作非常简单（图13-1）。（安装好第二步的驱动程序后，才能使用程序烧录软件。程序烧录成功的界面见图 13-2）。

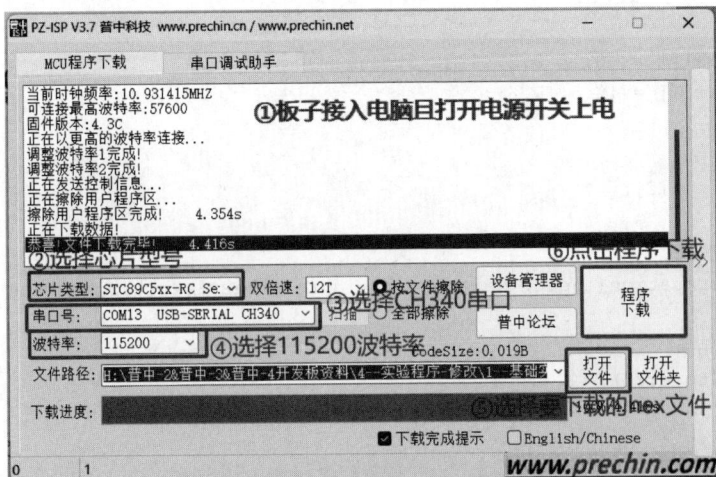

图 13-1　程序烧录各参数填写，烧录前需将板子接入电脑并打开电源

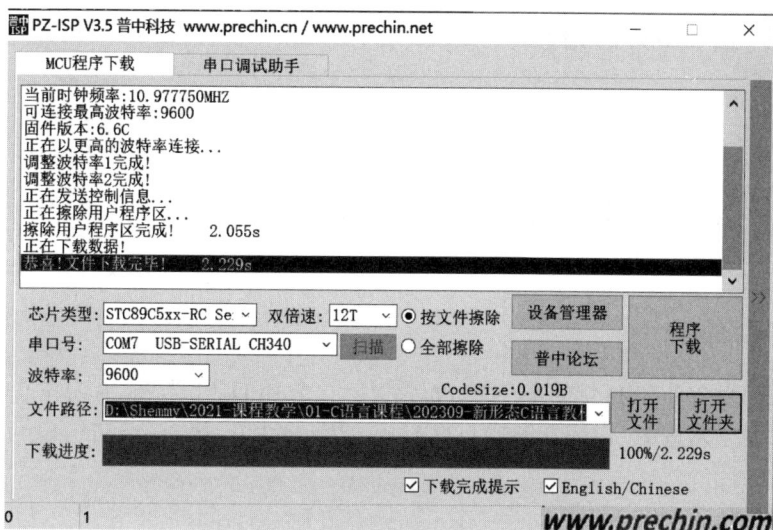

图 13-2　程序烧录成功的界面

步骤 2．在 Keil4 软件中创建工程并编写程序

① 创建工程，打开 Keil 软件，Project>Create new project，建立一个存放工程的目标文件夹，起名为 Led 流水灯实验，工程名称为 project。芯片型号选择 Atmel>AT89C52。不选择添加启动代码。

② 创建 main.c 并添加到 Source Group1 中。File>New 创建文件，点击 Ctrl+S 保存，命名为 main.c。然后，右键单击 Source Group1>Add Files to Group "Source Group1"，选择 main.c 文件点击 Add 进行添加。

③ 编写 C 语言代码并编译。在编译前需生成.hex 文件，用于程序烧录。点击 Target Options 图标，选择 output，勾选 Create HEX File，然后再进行编译程序，在目标文件夹中会生成相应的.hex 文件。

步骤 3．LED 灯设计与控制实现

（1）CPU 控制 LED 灯的原理

CPU 通过控制寄存器来控制硬件电路来执行想要完成的功能。寄存器为 P2 口，8 位为一组，通过寄存器中的二进制数来控制 LED 灯的高低电平。1 为高电平，LED 灯灭；0 为低电平，LED 灯亮。比如，P2 = 1111 1110，最低位为 0，其余都为 1，表明第一个 LED 灯亮，其余 LED 灯灭。在具体实现中，将二进制转化为十六进制。数制间的转换可以参考图 13-3。

十进制	二进制	十六进制	十进制	二进制	十六进制
0	0000	0	8	1000	8
1	0001	1	9	1001	9
2	0010	2	10	1010	A
3	0011	3	11	1011	B
4	0100	4	12	1100	C
5	0101	5	13	1101	D
6	0110	6	14	1110	E
7	0111	7	15	1111	F

图 13-3　数制转换

（2）点亮一盏 LED 灯程序代码

```
#include <REGX52.H>
    int main()
    {
    P2=0xFE;    //1111 1110 点亮第一个 LED 灯
    while(1)    //进入到循环中，这样 P2 口就只被执行 1 次
    {
    }
}
```

解析：

① P2 是控制 8 个 LED 灯的寄存器，每位对应一个 LED（1 为灭，0 为亮）。

② 0xFE 是十六进制，对应二进制 1111 1110，最低位为 0，第一个 LED 亮，可参考图 13-3 进行转换。

（3）LED 灯闪烁程序代码

下面这段代码表达第一个 LED 灯的亮灭，如果放在一个循环中，就能表达 LED 闪烁。

```
P2=0xFE;  ////1111 1110 点亮第一个 LED 灯
P2=0xFF;  //熄灭第一个 LED 灯
```

但是它以特别快的速度在闪烁，看不出亮和灭。原因是单片机的速度是 MHz，相当于每秒运行 100 万次。因此需要在每个语句后面添加一个延时函数，延时 500ms。

延时函数可以在另一个烧录软件 STC-ISP 中获取。STC-ISP 中有个延时计算器的功能，填入相应的参数：系统频率为 12MHz，定时长度为 500ms，8051 指令集选择 STC-Y1，点击生成延时函数。

最后 LED 灯闪烁的程序代码如下。

```
#include <REGX52.H>
#include <INTRINS.H>
void Delay500ms()   //定义延时函数
{
    unsigned char i, j, k;
    _nop_();       //是空语句，需包含头文件 #include <INTRINS.H>
    i=4;
    j=205;
    k=187;

    do
    {
        do
        {
            while(--k);
        }while(--j);
    }while(--i);
}

int main()
{
    while(1)    //进入到循环中，这样 P2 口就只被执行
    {
```

```
        P2=0xFE;
        Delay500ms();  //调用延时函数，点亮第一盏灯，亮 500ms
        P2=0xFF;
        Delay500ms();//熄灭第一盏灯，灭 500ms
    }
}
```

解析：

① 通过 Delay500ms 函数实现精确延时，避免 LED 灯因单片机高速运行而无法观察状态变化。

② _nop_()是空操作指令，用于精确时序调整。

（4）LED 流水灯，从第一个到第八个依次点亮一盏灯并延时 500ms。代码如下：

```
#include <REGX52.H>
#include <INTRINS.H>
void Delay500ms()  //延时 500 毫秒，单片机帧率为 12MHz
{
unsigned char i, j, k;
_nop_(); //是空语句，需包含头文件 #include <INTRINS.H>
i=4;
j=205;
k=187;
    do
    {
        do
        {
            while(--k);
        }while(--j);
    }while(--i);
}
int main()
{
//   P2=0xFE;   //1111 1110
    while(1)   //进入到循环中
    {
        P2=0xFE;   //1111 1110 点亮第 一 个 LED 灯
        Delay500ms();
        P2=0xFD;   //1111 1101 点亮第二个 LED 灯
        Delay500ms();
        P2=0xFB;   //1111 1011 点亮第三个 LED 灯
        Delay500ms();
        P2=0xF7;   //1111 0111 点亮第四个 LED 灯
        Delay500ms();
        P2=0xEF;   //1110 1111 点亮第五个 LED 灯
        Delay500ms();
        P2=0xDF;   //1101 1111 点亮第六个 LED 灯
        Delay500ms();
        P2=0xBF;   //1011 1111 点亮第七个 LED 灯
        Delay500ms();
        P2=0x7F;   //0111 1111 点亮第八个 LED 灯
        Delay500ms();
```

```
        }
    }
```

解析：

① 通过修改 P2 的值（依次左移一位），实现 LED 灯依次被点亮的效果。

② 每个状态后调用延时函数，控制流水速度。

（5）调节流水灯的速度。

在单片机中，C51 数据类型中 int 整型占 2 个字节 16 位。

修改延时函数，在延时函数中添加一个变量，方便设置延时的时长。

首先，在延时计算器中生成延时 1ms 的代码。

```
#include <REGX52.H>
void Delay1ms()   //延时 1 毫秒
{
unsigned char i, j;
i=2;
j=239;
do
{
    while(--j);
}while(--i);
}
```

其次，在延时函数中设置形参。

```
#include <REGX52.H>
void Delay1ms(unsigned int xms)   //设置形式参数
{
unsigned char i, j;
while(xms)
{
    i=2;
    j=239;
    do
    {
        while(--j);
    }while(--i);
    xms--;
}
}
```

最后，可以任意调节流水灯的速度。程序代码如下：

```
#include <REGX52.H>
void Delay1ms(unsigned int xms)   //设置形式参数
{
unsigned char i, j;
while(xms)
{
    i=2;
    j=239;
    do
```

```
    {
        while(--j);
    }while(--i);
    xms--;
    }
}

int main()
{
//    P2=0xFE;    //1111 1110
while(1)
{
    P2=0xFE;    //1111 1110 点亮第一个 LED 灯
    Delay1ms(100);
    P2=0xFD;    //1111 1101 点亮第二个 LED 灯
    Delay1ms(100);
    P2=0xFB;    //1111 1011 点亮第三个 LED 灯
    Delay1ms(100);
    P2=0xF7;    //1111 0111 点亮第四个 LED 灯
    Delay1ms(100);
    P2=0xEF;    //1110 1111 点亮第五个 LED 灯
    Delay1ms(100);
    P2=0xDF;    //1101 1111 点亮第六个 LED 灯
    Delay1ms(100);
    P2=0xBF;    //1011 1111 点亮第七个 LED 灯
    Delay1ms(100);
    P2=0x7F;    //0111 1111 点亮第八个 LED 灯
    Delay1ms(100);
    }
}
```

解析：

① 通过在延时函数 Delay1ms(xms)中设置参数，灵活控制流水灯速度［如 Delay1ms(100) 表示 100ms］。

② 利用循环和递减操作实现精确的毫秒级延时。

总结：C 语言具有高级语言的易用性与底层硬件控制能力，是单片机开发的核心工具。在本次单片机 LED 的设计和控制代码中，内容涉及 C 语言的基础知识、控制语句、函数和高级应用模块，通过融合多项知识点并结合硬件操作实现了精准时间控制和 LED 流水灯、闪烁等动态效果，初步了解了 C 语言在嵌入式系统中的实际应用及其产出效果，展现了 C 语言程序在硬件交互、时序控制等方面的独特优势，为嵌入式学习者提供了良好的示范与引导作用。

所谓关键字就是已被 C 语言编辑工具本身使用，不能作其他用途使用的标识符。例如关键字不能用作变量名、函数名等。

由 ANSI 标准定义的标准关键字共 32 个，如表 A-1 所示。

表 A-1　ANSI 标准定义的标准关键字

关键字	功能描述
auto	声明自动变量
break	跳出当前循环
case	开关语句分支
char	声明字符型变量或函数
const	声明只读变量
continue	结束当前循环，开始下一轮循环
default	开关语句中的"其他"分支
do	循环语句的循环体
double	声明双精度变量或函数
else	条件语句否定分支（与 if 连用）
enum	声明枚举类型
extern	声明变量是在其他文件中声明
float	声明浮点型变量或函数
for	一种循环语句
goto	无条件跳转语句
if	条件语句
int	声明整型变量或函数
long	声明长整型变量或函数
register	声明寄存器变量
return	子程序返回语句（可以带参数，也可以不带参数）
short	声明短整型变量或函数
signed	声明有符号类型变量或函数
sizeof	计算数据类型长度
static	声明静态变量
struct	声明结构体变量或函数
switch	用于开关语句
typedef	用以给数据类型取别名
unsigned	声明无符号类型变量或函数
union	声明共用数据类型

关键字	功能描述
void	声明函数无返回值或无参数，声明无类型指针
volatile	说明变量在程序执行中可被隐含地改变
while	循环语句的循环条件

1999 年以后 ISO 对 C 语言标准进行了修订，在基本保留原来 C 语言特征的基础上，引入了一些新的关键字，不同的编译环境的关键字可能会有一些不同。见表 A-2。

表 A-2 新的关键字

关键字	功能描述
inline	用于定义内联函数
restrict	用于指针类型，表示指针是唯一的访问路径
bool	布尔类型，用于表示逻辑值（true 或 false），头文件 stdbool.h
complex	用于表示复数类型，头文件 complex.h
imaginary	用于表示虚数类型，头文件 complex.h

ASCII 码全称为美国标准信息交换代码（American Standard Code for Information Interchange），是由美国国家标准局（ANSI）制定设计的标准的单字节字符编码方案，用于基于文本的数据，如今已被国际标准化组织（International Organization for Standardization，ISO）定为国际标准，称为 ISO 646 标准，适用于所有拉丁字母。

ASCII 码由 7 位二进制数进行编码，可表示 128 个字符，在计算机的存储单元中，一个 ASCII 码实际上占用一个字节（8 个位），因此标准 ASCII 码的最高位为 0。

标准 ASCII 码与二进制、十六进制的对应关系如表 B-1 所示。

表 B-1 标准 ASCII 码与二进制、十六进制的对应关系

高位 低位	十六进制	0	1	2	3	4	5	6	7
十六进制	二进制	0000	0001	0010	0011	0100	0101	0110	0111
0	0000	NUL	DLE	SP	0	@	P	`	p
1	0001	SOH	DC1	!	1	A	Q	a	q
2	0010	STX	DC2	"	2	B	R	b	r
3	0011	ETX	DC3	#	3	C	S	c	s
4	0100	EOT	DC4	$	4	D	T	d	t
5	0101	ENQ	NAK	%	5	E	U	e	u
6	0110	ACK	SYN	&	6	F	V	f	v
7	0111	BEL	ETB	'	7	G	W	g	w
8	1000	BS	CAN	(	8	H	X	h	x
9	1001	HT	EM	)	9	I	Y	i	y
10	1010	LF	SUB	*	:	J	Z	j	z
11	1011	VT	ESC	+	;	K	[	k	{
12	1100	FF	FS	,	<	L	\	l		
13	1101	CR	GS	-	=	M	]	m	}
14	1110	SO	RS	.	>	N	^	n	~
15	1111	SI	US	/	?	O	_	o	DEL

ASCII 码对应的十进制数如表 B-2 所示。

表 B-2　ASCII 码对应的十进制数

十进制	ASCII 码	十进制	ASCII 码	十进制	ASCII 码	十进制	ASCII 码
0	NUL	32	SP	64	@	96	`
1	SOH	33	!	65	A	97	a
2	STX	34	"	66	B	98	b
3	ETX	35	#	67	C	99	c
4	EOT	36	$	68	D	100	d
5	ENQ	37	%	69	E	101	e
6	ACK	38	&	70	F	102	f
7	BEL	39	'	71	G	103	g
8	BS	40	(	72	H	104	h
9	HT	41	)	73	I	105	i
10	LF	42	*	74	J	106	j
11	VT	43	+	75	K	107	k
12	FF	44	,	76	L	108	l
13	CR	45	-	77	M	109	m
14	SO	46	.	78	N	110	n
15	SI	47	/	79	O	111	o
16	DLE	48	0	80	P	112	p
17	DC1	49	1	81	Q	113	q
18	DC2	50	2	82	R	114	r
19	DC3	51	3	83	S	115	s
20	DC4	52	4	84	T	116	t
21	NAK	53	5	85	U	117	u
22	SYN	54	6	86	V	118	v
23	ETB	55	7	87	W	119	w
24	CAN	56	8	88	X	120	x
25	EM	57	9	89	Y	121	y
26	SUB	58	:	90	Z	122	z
27	ESC	59	;	91	[	123	{
28	FS	60	<	92	\	124		
29	GS	61	=	93	]	125	}
30	RS	62	>	94	^	126	~
31	US	63	?	95	_	127	DEL

ASCII 码表中字符说明如下。

① 常用的 ASCII 码表中，一个 ASCII 码占一个字节（最高位为 0），如果最高位为 1，则 ASCII 字符表个数可扩展一倍，其字符为制表符或其他字符等，其中每 2 个扩展的 ASCII 码可用来表示一个汉字的机内码。

② 十进制数为 0～31 和 127 的 ASCII 码为不可见的控制字符，用于通信方面等。控制字符的作用详见表 B-3。

表 B-3　控制字符的作用

二进制	十进制	十六进制	缩写	可以显示的表示法	作用	语言的转移字符
0000 000	0	0	NUL	NUL	空字符（Null）	
0000 001	1	1	SOH	SOH	标题开始	
0000 010	2	2	STX	STX	本文开始	
0000 011	3	3	ETX	ETX	本文结束	
0000 100	4	4	EOT	EOT	传输结束	
0000 101	5	5	ENQ	ENQ	请求	
0000 110	6	6	ACK	ACK	确认回应	
0000 0111	7	7	BEL	BEL	响铃（报警）	\a
0000 000	8	8	BS	BS	退一格	\b
0000 001	9	9	HT	HT	水平制表	\t
0000 010	10	0A	LF	LF	换行键	\n
0000 011	11	0B	VT	VT	垂直制表	\v
0000 100	12	0C	FF	FF	换页键（走纸控制）	\f
0000 101	13	0D	CR	CR	回车	\r
0000 1110	14	0E	SO	SO	取消变换（Shift out）/移位输出	
0000 1111	15	0F	SI	SI	启用变换（Shift in）/移位输入	
0001 000	16	10	DLE	DLE	跳出数据通信/数据链换码	
0001 001	17	11	DC1	DC1	设备控制 1（XON 启用软件速度控制）	
0001 010	18	12	DC2	DC2	设备控制 2	
0001 011	19	13	DC3	DC3	设备控制 3（XOFF 停用软件速度控制）	
0001 100	20	14	DC4	DC4	设备控制 4	
0001 101	21	15	NAK	NAK	否定（确认失败回应）	
0001 110	22	16	SYN	SYN	空转同步（同步用暂停）	
0001 0111	23	17	ETB	ETB	区块传输结束/信息组传输结束	
0001 000	24	18	CAN	CAN	取消作废	
0001 001	25	19	EM	EM	连接介质中断/纸尽	
0001 010	26	1A	SUB	SUB	替换	
0001 011	27	1B	ESC	ESC	跳出/换码	
0001 100	28	1C	FS	FS	文件分割符	
0001 101	29	1D	GS	GS	组群分隔符	
0001 1110	30	1E	RS	RS	记录分隔符	
0001 1111	31	1F	US	US	单元分隔符	
0111 1111	127	7F	DEL	DEL	删除	

③ 十进制数 32～126 为正常字符，除空格（十进制为 32）外其他是可见字符，包括大小写英文字母、0～9 阿拉伯数字、标点符号、运算符等。

C 语言提供的库函数主要包含输入/输出函数、数学函数、字符处理函数、字符串处理函数、数据转换、改变程序进程和动态存储分配函数以及时间函数等。

（1）输入/输出函数

使用输入/输出函数时应先使用的文件包含 #include <stdio.h>，常用的输入/输出函数如表 C-1 所示。

表 C-1　输入/输出函数

序号	函数原型	功能	结果
1	int scanf(const char *format, arg_list)	从标准输入流中获取参数值	返回成功赋值的个数
2	int printf(const char *format, arg_list)	将格式化字符串输出到标准输出流	返回输出字符的个数，若出错返回负数
3	int getc(FILE *fp)	从文件中读出一个字符	返回所读字符，若结束或出错返回 EOF
4	int putc(int ch,FILE *fp)	把字符 ch 写到文件 fp	若成功，将字符输出到标准设备；若出错，返回 EOF
5	int getchar(void)	从标准输入流读取一个字符	返回所读字符，若文件结束或出错返回-1
6	int putchar(int ch)	把字符 ch 写到标准流 stdout	
7	char * gets(char *str)	从标准输入流读取字符串并回显，读到换行符时退出，并会将换行符省去	若成功，将字符输出到标准设备；若出错，返回 EOF
8	int puts(char *str)	把字符串 str 写到标准流 stdout 中去,并会在输出到最后时添加一个换行符	若成功，将字符串输出到标准设备；若出错，返回 EOF
9	char *fgets(char *str, int num, FILE *fp)	读一行字符，该行的字符数不大于 num-1	返回地址 buf，若文件结束或出错返回 NULL
10	int fputs(char *str, file *fp)	将 str 写入 fp	若成功返回 0，否则返回非零
11	int fgetc(FILE *fp)	从 fp 的当前位置读取一个字符	返回所得到的字符；若读入出错，返回 EOF
12	int fputc(int ch, file *fp)	将 ch 写入 fp 当前指定位置	若成功，返回该字符；否则返回 EOF
13	int fcolse（FILE *fp）	关闭 fp 所指向的文件	若关闭成功返回 0，否则返回-1
14	int fprintf(FILE *fp, char *format,...)	将格式化数据写入流式文件中	返回输出字符的个数，若出错，返回一个负数
15	int feof(FILE *stream)	检测文件位置指示器是否到达了文件 结尾	若是则返回一个非 0 值，否则返回 0
16	int rewind(FILE *fp);	将 fp 所指向的文件位置指向文件开头位置，并清除文件结束标志和错误标志	无返回值

（2）数学函数

系统提供的数学库函数主要包含三角函数、反三角函数、双曲三角函数、指数与对数、取整以及绝对值函数等，使用系统提供的数学库函数时，应在源程序中先使用的文件包含 #include <math.h>。常用的数学函数如表 C-2 所示。其中角度与弧度的转换如下：

- 弧度 = 角度 × π / 180
- 角度 = 弧度 × 180 / π

（圆周率 π：可用 M_PI 表示，由<math.h>中常量获取）

表 C-2　数学函数

序号	函数原型	功能	应用	结果
1	double sin (double x)	计算 sin(x)（x 单位为弧度）	sin(30°)	返回 sin(x)的值
2	double cos (double x)	计算 cos(x)（x 单位为弧度）	cos(60°)	返回 cos(x)的值
3	double tan (double x)	计算 tan (x)（x 单位为弧度）	tan(45°)	返回 tan(x)的值
4	double asin (double x)	计算 $\sin^{-1}(x)(-1\leq x\leq1)$	asin(0.5)	返回 $-\frac{\pi}{2}\sim\frac{\pi}{2}$
5	double acos (double x)	计算 $\cos^{-1}(x)$ $(-1\leq x\leq1)$	acos(−0.5)	返回 $0\sim\pi$
6	double atan (double x)	计算 $\tan^{-1}(x)$	atan(−1)	返回 $-\frac{\pi}{2}\sim\frac{\pi}{2}$
7	double atan2 (double x,double y)	计算 $\tan^{-1}(x/y)$	atan2(0.5,0.5)	返回$-\pi\sim\pi$
8	double exp (double x)	计算 e^x 的值	exp(1)	返回 e^x 的计算结果
9	double sqrt (double x)	计算 x 的平方根（x≥0）	sqrt(4)	返回 $\sqrt{x}$ 的计算结果
10	double log (double x)	计算以 e 为底的对数	log(4)	返回以 e 为底的对数
11	double log10(double x)	计算 lg(x)	log10(10)	返回 lg(x)计算结果
12	double pow(double x, double y)	计算 x^y	pow(10,6)	返回 x^y 计算结果
13	double ceil (double x)	计算 ceil(x)	ceil(4.364)->5	返回向上取整
14	double floor (double x)	计算 floor(x)	floor(3.852)->3	返回向下取整
15	double fabs (double x)	计算 x 的绝对值（双精度）	fabs(−4.573)	返回|x|的计算结果
16	double cosh(double x)	计算 x 的双曲余弦 cosh(x)值	cosh(−2.774)	返回 cosh(x)的计算结果
17	double sinh(double x)	计算 x 的双曲正弦 sinh(x)值	sinh(4.586)	返回 sinh(x)的计算结果
18	double tanh(double x)	计算 x 的双曲正切值	tanh(0.79)	返回 tanh(x)的计算结果
19	double fmod(double x,double y)	计算浮点数 x 和 y 相除的余数	fmod(.076,0.24)->0.04	返回(x%y)的计算结果

（3）字符处理函数

字符的处理可以使用字符处理函数，使用的文件包含#include <ctype.h>，字符处理函数是通过对 ASCII 码的整数值进行分类的宏。常用的字符处理函数如表 C-3 所示。

表 C-3　字符处理函数

序号	函数原型	功能	结果
1	int isalnum(int c)	测试 c 是否为字母或数字	若 c 是字母或数字返回 1，否则返回 0
2	int isalpha(int c)	测试 c 是否为字母	若 c 是字母返回 1，否则返回 0
3	int iscsym(int c)	测试 c 是否为字母、下划线或数字	若 c 是字母、下划线或数字返回 1，否则返回 0
4	int iscsymf(int c)	测试 c 是否为字母、下划线	若 c 是字母或下划线返回 1，否则返回 0
5	int isdigit(int c)	测试 c 是否为十进制数字	若 c 是十进制数字返回 1，否则返回 0
6	int isxdigit(int c)	测试 c 是否为十六进制数字	若 c 是十六进制数字的字符返回 1，否则返回 0
7	int islower(int c)	测试 c 是否为小写字母	若 c 是小写字母返回 1，否则返回 0
8	int isupper(int c)	测试 c 是否为大写字母	若 c 是大写字母返回 1，否则返回 0

序号	函数原型	功能	结果
9	int ispunct(int c)	测试 c 是否为标点符号	若 c 是标点符号，返回 1，否则返回 0
10	int isspace(int c)	测试 c 是否为空格	若 c 是空格返回 1，否则返回 0
11	int isgraph (int c)	测试 c 是否为可打印字符	若 c 是可打印字符返回 1，否则返回 0
12	int isascii(int c)	判断 c 是否为 ASCII 字符（0～127）	若 c 是 ASCII 字符返回 1，否则返回 0
13	int toasscii(int c)	将字符 c 转换成 ASCII	返回字符的 ASCII 码
14	int tolower(int c)	将字符 c 转换成小写字符	若 c 是大写字符返回小写字符，否则原样返回
15	int toupper(int c)	将字符 c 转换成大写字符	若 c 是小写字符，返回大写，否则原样返回

（4）字符串函数

使用字符串处理函数时必须使用的文件包含#include "string.h"。常用的字符串处理函数如表 C-4 所示。

表 C-4 字符串处理函数

序号	函数原型	功能	结果
1	char *strcpy(char *s1, const char *s2)	将字符串 s2 复制到数组 s1 中	返回 s1
2	char *ctrncpy(char *s1, const char *s2, size_t n)	将字符串 s2 开始的 n 个字节复制到字符数组 s1 中	返回 s1
3	char *strcat(char *s1, const char *s2)	将字符串 s2 追加到字符数组 s1 中的字符串后	返回加长的字符串 s1
4	char *strncat(char *s1, const char *s2, size_t n)	将字符串 s2 开始的 n 个字节追加到字符数组 s1 中的字符串后	返回追加后的字符串 s1
5	int strcmp(const char *s1, const char *s2)	比较字符串 s1 与字符串 s2	str1>str2 返回正数 str1=str2 返回 0 str1<str2 返回负数
6	int strncmp(const char *s1, const char *s2, size_t n)	比较字符串 s1 与字符串 s2 前 n 个字符	前 n 个字符比较，返回值同上
7	char *strchr(const char *s, int c)	查找 c 所代表的字符在字符串 s 中首次出现的位置，成功则返回该位置的指针，否则返回 NULL	找到则返回字符串中第一次出现的指针，否则返回空指针
8	char *strrchr(const char *s, int c)	返回 c 所代表的字符在 s 中最后一次出现的位置指针，否则返回 NULL	找到则返回最后一次出现的指针，否则返回空指针
9	size_t strlen(const char *s)	确定字符串 s 的长度，返回字符结束符前的字符个数	返回字符串长度

（5）数据转换、改变程序进程和动态存储分配函数

使用数据转换、改变程序进程和动态存储分配函数时应先使用的文件包含#include "stdlib.h"或#include "malloc.h"。常用的数据转换、改变程序进程和动态存储分配函数如表 C-5 所示。

表 C-5 数据转换、改变程序进程和动态存储分配函数

序号	函数原型	功能	结果
1	void *malloc(unsigned n,int size)	为数组分配内存空间，大小为 n*size	返回一个指向已分配内存单元的起始地址；若不成功，返回 NULL
2	void free(void *p)	释放 p 指向的内存空间	无返回值
3	void *malloc(size-t)	分配 size 个字节的存储区	返回所分配内存的起始地址；若地址不够返回 NULL

续表

序号	函数原型	功能	结果
4	void *realloc(void *p,int size)	将 p 所指出的已分配内存区的大小改为 size	返回指向该内存的指针
5	void abort();	结束程序的运行	非正常地结束程序
6	void exit(int status);	终止程序的进程	无返回值
7	int rand(void)	取随机数	返回一个伪随机数
8	void srand(unsigned seed)	初始化随机数发生器	无返回值
9	int random(int num)	随机数发生器	返回的随机数大小为 0～num-1
10	void randomize(void)	用一个随机值初始化随机数发生器	无返回值

（6）时间函数

使用系统的时间与日期函数时，应先使用的文件包含#include "time.h"，其中，time_t、clock_t 和 struct tm 都是定义了的数据类型。常用的时间处理函数如表 C-6 所示。

表 C-6　时间函数

序号	函数原型	功能	结果
1	char *asctime(struct tm * ptr)	将 tm 结构的时间转化为日历时间	返回一个指向字符串的指针
2	char *ctime(long time)	将机器时间转化为日历时间	返回指向该字符串的指针
3	struct tm *gmtime(time_t *time)	将机器时间转化为 tm 时间	返回指向结构体 tm 的指针
4	time_t time(time_t *ptr)	得到或设置机器时间，当 ptr 为空时得到机器时间；非空时设置机器时间	返回系统自 1970 年 1 月 1 日开始到现在所逝去的时间；若系统无时间，返回-1
5	double difftime(time_t time2, time_t time1)	得到两次机器时间差，单位为秒	返回两个时间的双精度差值
6	void getdate(struct date *d)	得到系统日期，d 存放得到的日期信息	返回系统日期
7	void gettime(struct date *t)	得到系统时间，t 存放得到的时间信息	返回系统时间